国家示范性高职高专教改系列特色教材

高等数学

机械类

夏德昌　沙淑波　主编　胡　伟　副主编

江苏大学出版社
JIANGSU UNIVERSITY PRESS
镇　江

图书在版编目(CIP)数据

高等数学：机械类/沙淑波主编. —镇江：江苏大学出版社，2011.8(2015.8 重印)
ISBN 978-7-81130-241-7

Ⅰ. ①高… Ⅱ. ①沙… Ⅲ. ①高等数学—高等职业教育—教材 Ⅳ. ①O13

中国版本图书馆 CIP 数据核字(2011)第 168656 号

高等数学：机械类

主　　编/夏德昌　沙淑波
副 主 编/胡　伟
责任编辑/吴昌兴　段学庆
出版发行/江苏大学出版社
地　　址/江苏省镇江市梦溪园巷 30 号(邮编：212003)
电　　话/0511-84443089
传　　真/0511-84446464
排　　版/镇江文苑制版印刷有限责任公司
印　　刷/江苏省凤凰数码印务有限公司
经　　销/江苏省新华书店
开　　本/787 mm×1 092 mm　1/16
印　　张/16.25
字　　数/398 千字
版　　次/2011 年 8 月第 1 版　2015 年 8 月第 2 次印刷
书　　号/ISBN 978-7-81130-241-7
定　　价/37.00 元

如有印装质量问题请与本社发行部联系(电话：0511-84440882)

前　言

高等数学是高职高专的重要基础课，也是职业教育体系中服务于专业教育的必修课。编者基于国家级示范性高职院校的教学经验和教改成果，针对高职高专教学的基础性与应用性特点，组织编写了面向应用型高职高专院校的《高等数学》。

本书为其中的计算机类分册，包括函数、极限与连续，导数与微分，不定积分与定积分，线性代数共四个基本知识模块。它以讲解高等数学在计算机类专业课中的应用案例为切入点，本着够用为度、注重实效的原则，采用目标驱动的方式、模块化的知识结构和独特的编排体例，使学生通过学习可以具备与专业技能需求相适应的数学知识、与职业要求相适应的数学能力以及可持续发展的潜力，体现了编者不同于传统的数学教育思想。

目前，高职院校的学生学业水平参差不齐，教学课时及内容受到一定限制，这使高职院校的教学面临一定的困难。根据高职高专基础课程以应用为目的，以必需、够用为度的教学原则，我们在制订教学计划时，充分考虑高职高专学生的认知规律，根据不同层次、不同专业学生对数学知识的不同需求，循序渐进、由浅入深，适当增加学时，强化基础，解决知识衔接问题，提高学生概括问题能力、逻辑推理能力、自学能力、运算能力及综合运用能力。

本书内容体现了全新的“三书”教材模式，即：

(1) 课前指导书。明确每节课的学习内容、目的要求、重点难点，设置与课堂内容密切相关的课前问题，要求学生通过各种途径主动查阅资料，参与小组讨论，完成课前指导书的任务并进行评价，以达到课前预习的目的。

(2) 课堂任务书。合理组织每次课的教学内容，结合专业和实际生活相关问题进行案例设置，提高学生学习数学的兴趣和观察生活的能力；在例题后又设置相应的练习题，要求学生在教师的引导下当堂完成并进行评价，以达到课堂学习的目标。

(3) 课后作业书。根据学习内容选取难度适当、题量适宜、具有一定思考性的习题，要求学生独立完成并进行评价，以达到课后复习的要求。

“三书”创新模式突破了“一生、一师、一教材”的传统模式，也是编者建设精品课程教材的积极尝试。

本教材在编写过程中得到了山东科技职业学院领导的关心、支持，在此深表谢意。

由于编者自身的水平有限，书中难免存在一些不足和缺点，诚恳期望广大读者提出宝贵的意见和建议，对此表示衷心的感谢！

编　者

2011 年 8 月

目录

第 1 模块　函数的极限与连续

第 2 模块　一元函数微分学

第 3 模块　不定积分

第 4 模块　定积分及其应用

第 5 模块　微分方程

第 6 模块　线性代数

第1模块

函数的极限与连续

【学习目标】

掌握极限思想、极限概念、极限法则和求极限方法；理解无穷小和无穷大的概念；理解函数的连续性概念，掌握函数的性质并会应用.

在工程力学及其他专业课程中应用最广的就是函数的微积分学，微分定义在导数的概念基础上，而导数是函数因变量改变量与自变量改变量之比且当自变量的改变量趋向零时的极限. 所以，极限是后续内容的基础. 本模块在分别研究数列极限与函数极限的基础上，讨论极限的一些重要性质及其运算法则，函数的连续性，闭区间上连续函数的性质等.

日期：________________　　教师：________________

1.1　初等函数

学习内容：函数的定义与性质.

目的要求：熟练掌握函数的定义、定义域、对应法则，了解分段函数、显函数、隐函数、反函数、复合函数的概念，熟练掌握函数的单调性、有界性、奇偶性、周期性及五种基本初等函数的图形、性质.

重点难点：判断函数的四大特性，初等函数性质的应用.

课前探讨

1. 阐述现实生活中的函数，并举例(至少 3 个).
2. 阐述函数的定义.
3. 阐述定义域、值域、对应法则的概念.
4. 阐述邻域、半径、去心邻域的概念.
5. 阐述分段函数的定义，分段函数的应用.
6. 阐述显函数、隐函数的定义.
7. 阐述反函数、复合函数的概念.
8. 阐述函数的四性(单调性、有界性、奇偶性、周期性).
9. 介绍五种基本初等函数的图形及性质.

课堂讲习

案例　考虑一天中气温的变化. 气温(T)随时间(t)的变化而变化，即对于每一个气温值(T)都有一个确定的时间(t)与其对应.

1.1.1　函数概念

1. 函数的定义

设集合 D 是一个给定的非空数集. 若对于每一个数 $x\in D$，按照某一确定的对应法则 f，都有唯一确定的数值 y 与之对应，这种对应关系叫做集合 D 上的**函数**，记作

$$y=f(x),\quad x\in D.$$

其中，x 称为**自变量**，y 称为**因变量**；数集 D 称为该函数的**定义域**，是 x 的取值范围.

自变量取定义域内某一值时，因变量的对应值叫做函数值. 对于给定的函数 $y=f(x)$，当函数的定义域 D 确定后，按照对应法则 f，因变量的变化范围也随之确定. 函数值的集合叫做函数的**值域**. 所以**定义域和对应法则就是确定一个函数的两个要素**. 两个函数只有在它们的定义域和对应法则都相同时，才是相同的.

函数的三种表示方法：解析式、列表法、图形法.

2. 邻域的概念

邻域也是一个重要概念，在以后的学习中会经常遇到. 所谓**点 a 的 δ 邻域**，是指以 a 为中心的开区间 $(a-\delta,a+\delta)$. 也就是说，设 a,δ 为两个实数，$\delta>0$，则称满足不等式 $|x-a|<\delta$ 的实数的全体为**点 a 的 δ 邻域**. 点 a 为该邻域的**中心**，δ 为该邻域的**半径**. 若把邻域 $(a-\delta,a+\delta)$ 的中心点 a 去掉，称为**点 a 的去心 δ 邻域**，可表示为 $(a-\delta,a)\cup(a,a+\delta)$，或者 $0<|x-a|<\delta$.

为了方便，有时把开区间 $(a-\delta,a)$ 称为**点 a 的左 δ 邻域**，把开区间 $(a,a+\delta)$ 称为**点 a 的右 δ 邻域**.

3. 分段函数

对于自变量的不同取值范围，对应法则也不同的函数，称为**分段函数**.

注意 (1) 分段函数是一个函数，而不是几个函数；

(2) 分段函数的定义域是各段定义域的并集.

例如，$y=|x|=\begin{cases}x, & x\geqslant 0,\\ -x, & x<0,\end{cases}$ $f(x)=\begin{cases}1, & 0<x\leqslant 5,\\ 0, & x=0,\\ -1, & -5<x<0\end{cases}$ 都是分段函数.

4. 显函数和隐函数

若函数中的因变量 y 用自变量 x 的表达式直接表示出来，这样的函数称为**显函数**.

有些函数的表达方式却不是这样. 例如方程 $x+y^3-1=0$ 表示一个函数，当 $x\in(-\infty,+\infty)$ 时，y 都有唯一确定的值与之对应.

一般地，若两个变量 x,y 的函数关系用方程 $F(x,y)=0$ 的形式来表示，即 x,y 的函数关系隐藏在方程里，这样的函数叫做**隐函数**.

有的隐函数，可以从方程 $F(x,y)=0$ 中解出 y 来化为显函数，但有的隐函数化为显函数比较困难，甚至是不可能的. 例如由方程 $xy-\mathrm{e}^{x+y}=0$ 确定的隐函数就不能化为显函数.

5. 反函数

设函数 $y=f(x)$，$x\in D$，$y\in Z$. 若对于任意一个 $y\in Z$，在 D 中都有唯一的一个 x，使得 $f(x)=y$ 成立，这时 x 是以 Z 为定义域的 y 的函数，称它为 $y=f(x)$ 的**反函数**，记作 $x=f^{-1}(y)$，$y\in Z$.

在函数 $x=f^{-1}(y)$ 中，y 是自变量，x 是因变量. 但按照习惯，我们需对调函数 $x=f^{-1}(y)$ 中的字母 x,y，并把它改写成 $y=f^{-1}(x)$，$x\in Z$. 今后凡不特别说明，函数 $y=f(x)$，$x\in D$ 的反函数都是这种改写过的 $y=f^{-1}(x)$，$x\in Z$ 形式.

函数 $y=f(x)$，$x\in D$ 与 $y=f^{-1}(x)$，$x\in Z$ 互为反函数，它们的定义域与值域互换.

在同一直角坐标系下，$y=f(x)$，$x\in D$ 与 $y=f^{-1}(x)$，$x\in Z$ 互为反函数，且它们的图形关于直线 $y=x$ 对称.

例题 1 函数 $y=3x-2$ 与函数 $y=\frac{x+2}{3}$ 互为反函数，如图 1-1 所示；函数 $y=2^x$ 与函数 $y=\log_2 x$ 互为反函数，如图 1-2 所示. 它们的图形都是关于直线 $y=x$ 对称的.

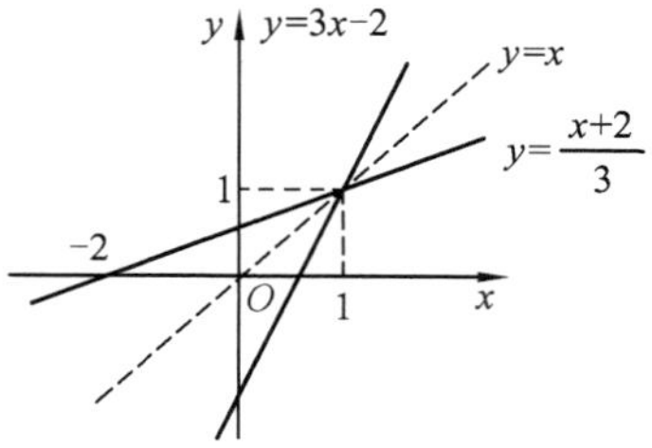

图 1-1

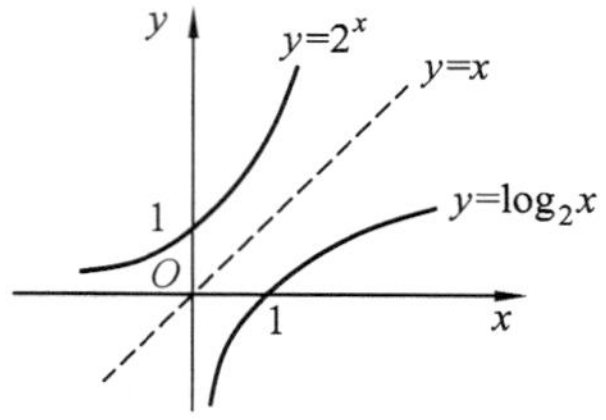

图 1-2

定理(反函数存在定理) 单调函数必有反函数，且单调增加(减少)的函数的反函数也是单调增加(减少)的.

求函数 $y=f(x)$ 的反函数可以按以下步骤进行：

(1) 从方程 $y=f(x)$ 中解出唯一的 x，并写成 $x=f^{-1}(y)$；

(2) 将 $x=f^{-1}(y)$ 中的字母 x,y 对调，得到函数 $y=f^{-1}(x)$，这就是所求的函数的反函数.

6. 复合函数

假设有两个函数 $y=f(u)$，$u=\varphi(x)$，与 x 对应的 u 值能使 $y=f(u)$ 有定义，将 $u=\varphi(x)$ 代入 $y=f(u)$，得到函数 $y=f[\varphi(x)]$. 这个新函数 $y=f[\varphi(x)]$ 就是由 $y=f(u)$ 和 $u=\varphi(x)$ 经过复合而成的**复合函数**，u 称为中间变量.

例如，由 $y=f(u)=\sin u$，$u=\varphi(x)=x^2$ 可以复合成复合函数 $y=f[\varphi(x)]=\sin x^2$.

复合函数不仅可以用两个函数复合而成，也可以由多个函数相继进行复合而成. 如由 $y=\sqrt{u}$，$u=\ln v$，$v=\sin x$ 可以复合成复合函数 $y=\sqrt{\ln \sin x}$.

例题 2 下列函数是由哪几个函数复合而成的：

(1) $y=\ln\cos x$； (2) $y=\sin\sqrt{x+1}$； (3) $y=e^{\cos 2x}$.

解 (1) 令 $u=\cos x$，则 $y=\ln u$. 于是 $y=\ln\cos x$ 是由 $y=\ln u$，$u=\cos x$ 复合而成的.

(2) 令 $v=x+1$，$u=\sqrt{v}$，则 $y=\sin u$. 所以 $y=\sin\sqrt{x+1}$ 是由 $y=\sin u$，$u=\sqrt{v}$，$v=x+1$ 复合而成的.

(3) 令 $v=2x$，$u=\cos v$，则 $y=e^u$. 所以 $y=e^{\cos 2x}$ 是由 $y=e^u$，$u=\cos v$，$v=2x$ 复合而成的.

注意 不是任何两个函数都能复合成复合函数.

由定义易知，只有当 $u=\varphi(x)$ 的值域与 $y=f(u)$ 的定义域的交集非空时，这两个函数才能复合成复合函数. 例如函数 $y=\ln u$ 和 $u=-x^2$ 就不能复合成一个复合函数. 因为 $u=-x^2$ 的值域为 $(-\infty,0]$，而 $y=\ln u$ 的定义域为 $(0,+\infty)$，显然 $(-\infty,0]\cap(0,+\infty)=\varnothing$，$y=\ln(-x^2)$ 无意义.

1.1.2 函数性质

1. 单调性

设有函数 $y=f(x)$，$x\in(a,b)$，若对任意两点 $x_1,x_2\in(a,b)$，当 $x_1<x_2$ 时，总有 (1) $f(x_1)<f(x_2)$，则称函数 $f(x)$ 在 (a,b) 上是**单调增加**的，区间 (a,b) 称为**单调增加区间**；

(2) $f(x_1)>f(x_2)$，则称函数 $f(x)$在(a,b)上是**单调减少的**，区间(a,b)称为**单调减少区间**.

单调增加的函数和单调减少的函数统称为**单调函数**，单调增加区间和单调减少区间统称为**单调区间**.

2. 有界性

设函数 $y=f(x)$，$x\in D$，如果存在 $M>0$，使得对任意 $x\in D$，均有 $|f(x)|\leqslant M$ 成立，则称函数 $f(x)$在 D 内是**有界**的；如果这样的 M 不存在，则称函数 $f(x)$在 D 内是**无界**的.

例如 $y=\sin x$ 是有界函数，其中对任意的 $x\in(-\infty,+\infty)$，均有 $|\sin x|\leqslant 1$；而 $y=x^2$ 在$(-\infty,+\infty)$上是无界函数，因为 $y=x^2$ 在$(-\infty,+\infty)$上仅有下界.

3. 奇偶性

设函数 $y=f(x)$的定义域关于原点对称，如果对于定义域内任意的 x 都有

(1) $f(-x)=-f(x)$，则称函数 $f(x)$为**奇函数**；

(2) $f(-x)=f(x)$，则称函数 $f(x)$为**偶函数**.

奇函数的图形关于原点对称；偶函数的图形关于 y 轴对称. 如果函数 $f(x)$既不是奇函数也不是偶函数，则称 $f(x)$为**非奇非偶函数**.

例如，$y=\sin x$ 与 $y=x^3$ 在$(-\infty,+\infty)$上是奇函数，$y=\cos x$ 与 $y=x^2$ 在$(-\infty,+\infty)$上是偶函数.

4. 周期性

设函数 $y=f(x)$，$x\in D$，如果存在常数 $T\neq 0$，对任意 $x\in D$，$f(x+T)=f(x)$恒成立，则称函数 $y=f(x)$为**周期函数**；使上式成立的最小正数 T，称为函数 $y=f(x)$的**最小正周期**，简称**周期**.

例如，$y=\sin x$ 与 $y=\cos x$ 的周期 $T=2\pi$，$y=\tan x$ 与 $y=\cot x$ 的周期 $T=\pi$，正弦型曲线函数 $y=A\sin(\omega x+\varphi)$的周期为 $T=\dfrac{2\pi}{|\omega|}$.

狄利克雷函数 $y=D(x)=\begin{cases}1, & x\ \text{为有理数},\\ 0, & x\ \text{为无理数}\end{cases}$是周期函数，但它没有最小正周期.

练习 1(旅馆定价) 某旅馆有 200 间房间，若定价不超过 40 元/间，则可全部出租. 若每间定价高出 1 元，则会少出租 4 间. 设房间出租后的服务成本费为 8 元，试建立旅馆一天的利润与房价间的函数关系.

解

1.1.3 基本初等函数

幂函数、指数函数、对数函数、三角函数、反三角函数统称为**基本初等函数**.

基本初等函数及其图形、性质见表 1-1.

表 1-1　基本初等函数及其图形、性质

<table>
<tr><th>序号</th><th colspan="2">函　数</th><th>图　形</th><th>性　质</th></tr>
<tr><td>1</td><td colspan="2">幂函数
$y=x^a, a\in\mathbf{R}$</td><td>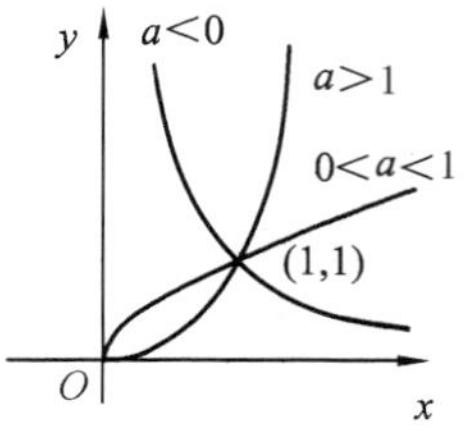</td><td>在第一象限，$a>0$ 时函数单调增加；$a<0$ 时函数单调减少.
共性：过点(1,1)</td></tr>
<tr><td>2</td><td colspan="2">指数函数
$y=a^x$
($a>0$ 且 $a\neq 1$)</td><td>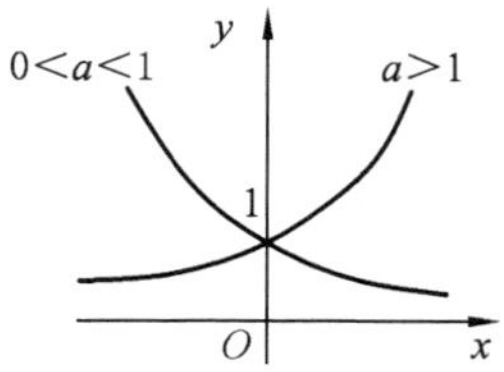</td><td>$a>1$ 时函数单调增加；$0<a<1$ 时函数单调减少.
共性：过(0,1)点，以 x 轴为渐近线</td></tr>
<tr><td>3</td><td colspan="2">对数函数
$y=\log_a x$
($a>0$ 且 $a\neq 1$)</td><td>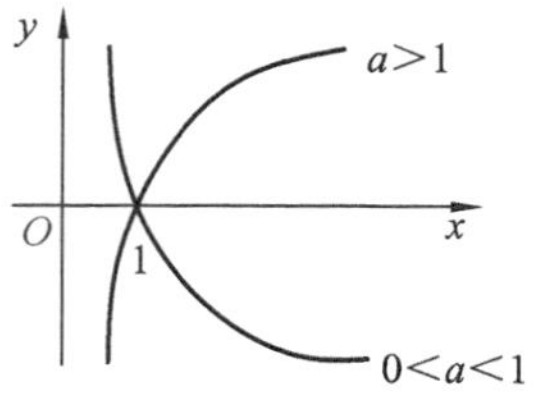</td><td>$a>1$ 时函数单调增加；$0<a<1$ 时函数单调减少.
共性：过(1,0)点，以 y 轴为渐近线</td></tr>
<tr><td rowspan="4">4</td><td rowspan="4">三角函数</td><td>正弦函数
$y=\sin x$</td><td>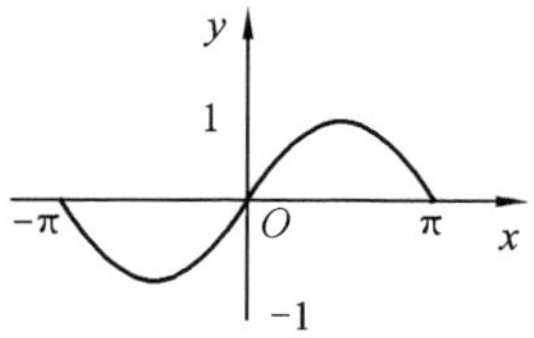</td><td>奇函数，周期 $T=2\pi$，有界
$|\sin x|\leqslant 1$</td></tr>
<tr><td>余弦函数
$y=\cos x$</td><td>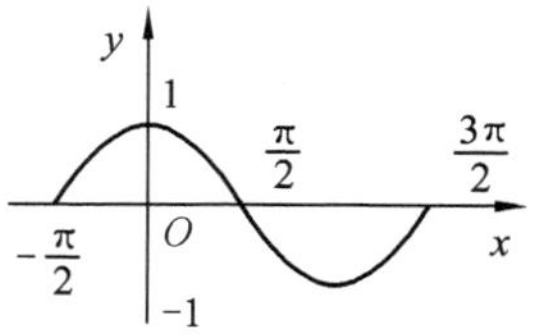</td><td>偶函数，周期 $T=2\pi$，有界
$|\cos x|\leqslant 1$</td></tr>
<tr><td>正切函数
$y=\tan x$</td><td>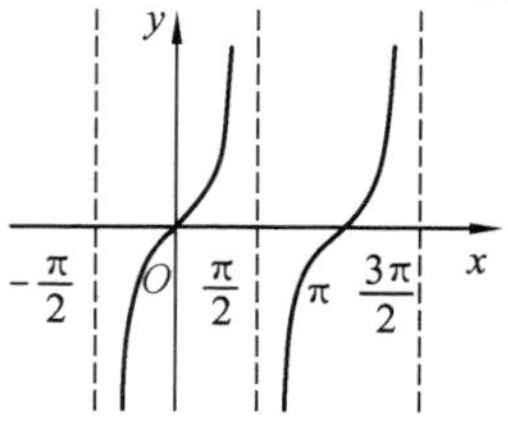</td><td>奇函数，周期 $T=\pi$，无界</td></tr>
<tr><td>余切函数
$y=\cot x$</td><td>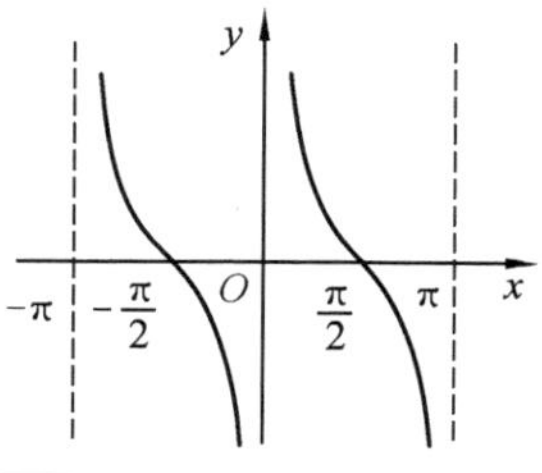</td><td>奇函数，周期 $T=\pi$，无界</td></tr>
</table>

续表

序号	函数		图形	性质
5	反三角函数	反正弦函数 $y=\arcsin x$	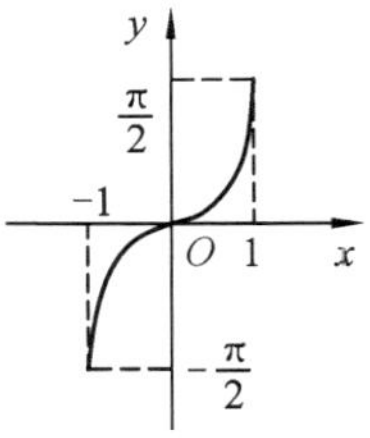	$x\in[-1,1]$，$y\in\left[-\frac{\pi}{2},\frac{\pi}{2}\right]$，奇函数，单调增加，有界
		反余弦函数 $y=\arccos x$	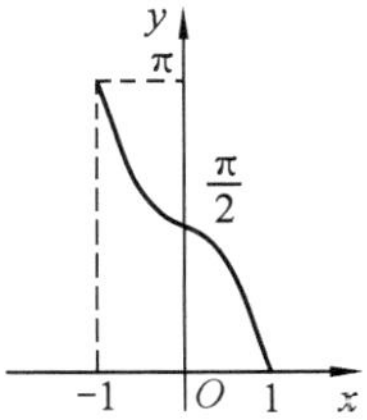	$x\in[-1,1]$，$y\in[0,\pi]$，单调减少，有界
		反正切函数 $y=\arctan x$	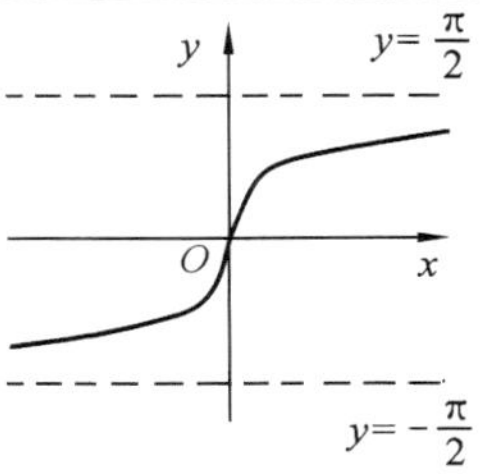	$x\in(-\infty,+\infty)$，$y\in\left(-\frac{\pi}{2},\frac{\pi}{2}\right)$，奇函数，单调增加，有界，$y=\pm\frac{\pi}{2}$为两条水平渐近线
		反余切函数 $y=\operatorname{arccot} x$	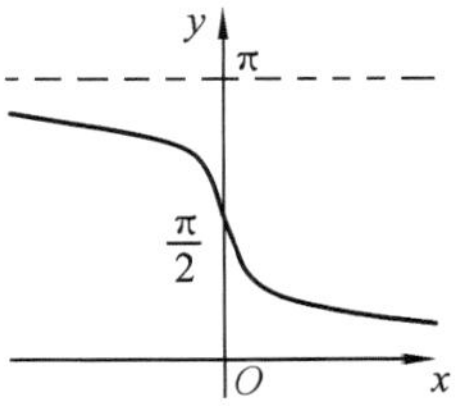	$x\in(-\infty,+\infty)$，$y\in(0,\pi)$，单调减少，有界，$y=0$ 与 $y=\pi$ 为两条水平渐近线

1.1.4 初等函数

定义 由基本初等函数经过有限次四则运算或有限次复合所构成的，并能用一个式子表示的函数，统称为**初等函数**.

初等函数的本质就是一个函数. 为了研究需要，今后经常要将一个给定的初等函数看成由若干个简单函数经过四则运算或复合而成的形式. 简单函数是指基本初等函数，或由基本初等函数经过有限次四则运算而成的函数.

本课程研究的函数主要是初等函数. 凡不是初等函数的函数，皆称为非初等函数.

练习 2(汽车租赁) 一汽车租赁公司出租某种汽车的收费标准为每天的基本租金 200 元加每公里收费 15 元. 试建立租用一辆该种汽车一天的租车费 y(单位：元)与行车路程 x(单位：km)之间的函数关系.

解

日期：________________　　教师：________________

1.2　数列的极限

学习内容：数列的极限.

目的要求：掌握数列、数列极限、数列收敛与发散的概念，熟练掌握数列极限的判断、数列极限的四则运算法则.

重点难点：数列极限的判断，数列极限的四则运算法则.

课前探讨

1. 求半径为 1 的圆的面积，及其以下图形的面积：内接正四边形、外切正四边形、内接正六边形、外切正六边形、内接正八边形、外切正八边形.

2. 阐述数列的定义，并举例(至少 2 个).

3. 观察下列数列的变化趋势：

(1) $\left\{\frac{1}{n}\right\}:1,\frac{1}{2},\frac{1}{3},\cdots,\frac{1}{n},\cdots$;

(2) $\{n^2\}:1,4,9,16,\cdots,n^2,\cdots$.

4. 阐述数列极限的定义，并举例(至少 2 个).

5. 阐述收敛数列的定义，并举例(至少 2 个).

6. 阐述发散数列的定义，并举例(至少 2 个).

7. 阐述数列极限的四则运算法则，并举例(每项至少 2 个).

8. 阐述无穷递缩等比数列的求和公式，并举例(至少 2 个).

课堂讲习

案例 1　公元 263 年，我国古代数学家刘徽提出利用内接正多边形推算圆的面积.

设有一圆，首先作内接正六边形，它的面积记为 A_1；再作内接正十二边形，它的面积记为 A_2；再作内接正二十四边形，它的面积记为 A_3；如此下去，每次边数加倍，一般把内接正 $6\times2^{n-1}$ 边形的面积记为 $A_n(n\in\mathbf{N}^*)$. 这样就得到一系列内接正多边形的面积：

$$A_1,A_2,A_3,\cdots,A_n,\cdots$$

内接正多边形的边数越多，即正整数 n 无限增大(记为 $n\to\infty$，读作 n 趋向于无穷大)时，内接正多边形的面积也在不断增大，却无限接近于一个定值——圆的面积 A.

刘徽的割圆术还给我们一个重要启示：圆的周长最初是未知的，通过与未知有联系的一列数——圆内接正多边形的周长，在无限增加正多边形边数的过程中，化未知为已知. 这一思想正是这里所要介绍的极限的基本思想.

案例 2 春秋战国时期哲学家庄子在《庄子·天下篇》中对“截丈问题”有一段名言：“一尺之棰，日取其半，万世不竭.”这句话的意思是：一尺长的木棍，每天截取它的一半，此过程将无穷无尽. 这其中也隐含了深刻的极限思想.

1.2.1 数列极限的概念

定义 1 按照一定次序排列的一列数称为**数列**，记作$\{y_n\}$，其中 y_n 称为数列的一般项或通项；n 为正整数，称为下标. 例如：

(1) $\left\{\dfrac{1}{n}\right\}$：$1,\dfrac{1}{2},\dfrac{1}{3},\cdots,\dfrac{1}{n},\cdots$；

(2) $\left\{\dfrac{1+(-1)^{n-1}}{n}\right\}$：$2,0,\dfrac{2}{3},0,\dfrac{2}{5},0,\cdots,\dfrac{1+(-1)^{n-1}}{n},\cdots$；

(3) $\{(-1)^n\}$：$-1,1,-1,1,\cdots,(-1)^n,\cdots$；

(4) $\{n^2\}$：$1,4,9,16,\cdots,n^2,\cdots$.

观察上述各数列，随着 n 的取值逐渐增大，$y_n=\dfrac{1}{n}$的取值越来越小，并逐渐逼近于零；对于 $y_n=\dfrac{1+(-1)^{n-1}}{n}$，当 n 取奇数值时，其值越来越小，并向零靠近，当 n 取偶数值时，其值均为零；$y_n=(-1)^n$ 的取值总是在 1 和 -1 之间跳跃；$y_n=n^2$ 的取值越来越大. 随着 n 值的增大，y_n 逐渐接近于某一个固定常数，就认为该数列的极限存在，否则就认为该数列没有极限，或者极限不存在.

定义 2 设有数列$\{y_n\}$，如果存在一个常数 A，当 n 无限增大时，y_n 无限地接近于 A，则称**当 $n\to\infty$ 时，数列$\{y_n\}$以 A 为极限**，记作

$$\lim_{n\to\infty}y_n=A \text{ 或 } y_n\to A\ (n\to\infty).$$

如果一个数列存在极限，则称这个数列是收敛的，否则称这个数列是发散的. 上述 4 个数列中，因为$\lim\limits_{n\to\infty}\dfrac{1}{n}=0$，$\lim\limits_{n\to\infty}\dfrac{1+(-1)^{n-1}}{n}=0$，所以(1)，(2)两数列是收敛的；又因极限$\lim\limits_{n\to\infty}(-1)^n$，$\lim\limits_{n\to\infty}n^2$不存在，所以(3)，(4)两数列是发散的. 极限$\lim\limits_{n\to\infty}n^2$ 是趋于无穷大而不存在，也可记为$\lim\limits_{n\to\infty}n^2=\infty$.

列举 2 个数列，并说明其是否收敛：

1.2.2 收敛数列的性质

性质 1(唯一性) 若数列$\{y_n\}$收敛，则其极限值唯一.

性质 2(有界性) 收敛数列必有界.

推论 无界数列必发散.

性质 3(存在性) 单调有界数列必有极限.

例题 1 讨论下列数列的极限情况：

(1) $y_n=(-1)^{n-1}\dfrac{1}{n}$； (2) $y_n=\sqrt{n+1}-\sqrt{n}$.

解 (1) 当 n 为奇数时，y_n 为正数，当 n 为偶数时，y_n 为负数. 当 n 越来越大时，$|y_n|$越来越小. 当 $n\to\infty$时，y_n 与常数 0 无限接近，所以数列$\{y_n\}$的极限是 0，即

$$\lim_{n\to\infty}y_n=\lim_{n\to\infty}(-1)^n\frac{1}{n}=0.$$

(2) $y_n=\sqrt{n+1}-\sqrt{n}=\dfrac{1}{\sqrt{n+1}+\sqrt{n}}$，由观察可知，当 $n\to\infty$时，分母 $\sqrt{n+1}+\sqrt{n}\to\infty$，而分子为常数 1，所以$\dfrac{1}{\sqrt{n+1}+\sqrt{n}}\to 0$，即

$$\lim_{n\to\infty}(\sqrt{n+1}-\sqrt{n})=\lim_{n\to\infty}\frac{1}{\sqrt{n+1}+\sqrt{n}}=0.$$

1.2.3 数列极限的四则运算法则

根据极限的定义，可用观察的方法求出一些简单数列的极限，但对于比较复杂的数列，很难用观察法求极限，此时便需要通过研究数列极限的运算进行判断. 下面给出数列极限的四则运算法则.

设有数列$\{x_n\}$，$\{y_n\}$，且$\lim\limits_{n\to\infty}x_n=a$，$\lim\limits_{n\to\infty}y_n=b$，则

(1) $\lim\limits_{n\to\infty}(x_n\pm y_n)=\lim\limits_{n\to\infty}x_n\pm\lim\limits_{n\to\infty}y_n=a\pm b$；

(2) $\lim\limits_{n\to\infty}(x_n\cdot y_n)=\lim\limits_{n\to\infty}x_n\cdot\lim\limits_{n\to\infty}y_n=a\cdot b$；

(3) $\lim\limits_{n\to\infty}(C\cdot x_n)=C\cdot\lim\limits_{n\to\infty}x_n=C\cdot a$($C$是常数)；

(4) $\lim\limits_{n\to\infty}\dfrac{x_n}{y_n}=\dfrac{\lim\limits_{n\to\infty}x_n}{\lim\limits_{n\to\infty}y_n}=\dfrac{a}{b}(b\neq 0)$.

注意 法则(1)，(2)可以推广到 3 个及 3 个以上有限个数列的极限情形.

例题 2 已知$\lim\limits_{n\to\infty}x_n=2$，$\lim\limits_{n\to\infty}y_n=3$，求：

(1) $\lim\limits_{n\to\infty}(3x_ny_n)$； (2) $\lim\limits_{n\to\infty}\dfrac{y_n}{5x_n}$； (3) $\lim\limits_{n\to\infty}\left(3x_n-\dfrac{y_n}{5}\right)$.

解

例题 3 求下列各极限：

(1) $\lim\limits_{n\to\infty}\left(2-\frac{1}{n^2}+\frac{2}{n^3}\right)$； (2) $\lim\limits_{n\to\infty}\frac{3n^3-n+3}{2n+n^3}$.

解

1.2.4 无穷递缩等比数列的求和公式

例题 4 求等比数列$\frac{1}{2},\frac{1}{4},\frac{1}{8},\cdots,\frac{1}{2^n},\cdots$的前 n 项和，并求当 $n\to\infty$时数列的极限.

解

定义 3 一般地，等比数列 $a_1,a_1q,a_1q^2,\cdots,a_1q^{n-1},\cdots$，当$|q|<1$ 时，称为无穷递缩等比数列. 当 $n\to\infty$时，其前 n 项和 S_n 的极限叫做这个无穷递缩等比数列的和，并用符号 S 表示. 因为 $S_n=\frac{a_1(1-q^n)}{1-q}$，所以 $S=\lim\limits_{n\to\infty}S_n=\lim\limits_{n\to\infty}\frac{a_1(1-q^n)}{1-q}=\lim\limits_{n\to\infty}\frac{a_1}{1-q}\cdot\lim\limits_{n\to\infty}(1-q^n)=\frac{a_1}{1-q}$，则称公式 $S_n=\frac{a_1}{1-q}$为**无穷递缩等比数列的求和公式**.

例题 5(弹球模型) 一只球从 100 m 的高空掉下，每次弹回的高度为上次弹回高度的$\frac{2}{3}$，这样下去，用球第 1,2,3,…,n,…次的高度来表示球的运动规律，则得数列

$$100,100\times\frac{2}{3},100\times\left(\frac{2}{3}\right)^2,\cdots,100\times\left(\frac{2}{3}\right)^{n-1},\cdots\text{或}\left\{100\times\left(\frac{2}{3}\right)^{n-1}\right\}.$$

试求在此运动过程中球所经过的总路程.

解

日期：________________ 教师：________________

1.3 函数的极限

学习内容：函数的极限.

目的要求：掌握当 $x\to\infty$，$x\to x_0$ 时函数极限的概念，以及 $x\to x_0$ 时左极限、右极限的概念；熟练掌握当 $x\to\infty$，$x\to x_0$ 时，函数极限以及 $x\to x_0$ 时左、右极限的求解方法；掌握函数极限的性质.

重点难点：当 $x\to\infty$，$x\to x_0$ 时函数极限，以及 $x\to x_0$ 时左、右极限的求解方法.

课前探讨

1. 阐述当 $x\to\infty$ 时，函数 $f(x)$ 的极限是什么，并举例(至少 2 个).
2. 阐述当 $x\to+\infty$ 时，函数 $f(x)$ 的极限是什么，并举例(至少 2 个).
3. 阐述当 $x\to-\infty$ 时，函数 $f(x)$ 的极限是什么，并举例(至少 2 个).
4. 阐述当 $x\to\infty$ 时，函数 $f(x)$ 以 A 为极限的充分必要条件.
5. 阐述当 $x\to x_0$ 时，函数 $f(x)$ 的极限是什么，并举例(至少 2 个).
6. 阐述当 $x\to x_0$ 时，函数 $f(x)$ 的左极限是什么，并举例(至少 2 个).
7. 阐述当 $x\to x_0$ 时，函数 $f(x)$ 的右极限是什么，并举例(至少 2 个).
8. 阐述极限 $\lim\limits_{x\to x_0}f(x)$ 存在且等于 A 的充分必要条件.
9. 理解并记忆极限的性质.

课堂讲习

案例(自然保护区中动物数量的变化规律) 在某自然保护区中生活的一群野生动物，其群体数量 x 会随时间 t 逐渐增长，但随着时间的推移($t\to\infty$)，由于自然环境保护区内各种资源的限制，这一动物群体不可能无限地增大，它应达到某一饱和状态($x\to x_m$)，如右图所示. 饱和状态就是时间 $t\to\infty$ 时野生动物群体的数量.

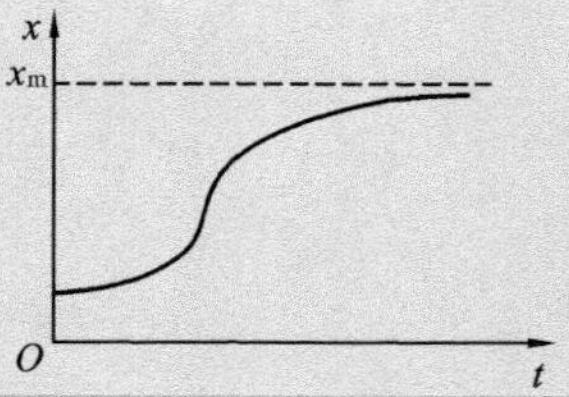

1.3.1 当 $x\to\infty$ 时，函数 $f(x)$ 的极限

定义 1 设函数 $y=f(x)$，如果存在一个常数 A，当 $|x|$ 无限增大时，函数 $f(x)$ 无限趋近于 A，则称**当 $x\to\infty$ 时，函数 $f(x)$ 以 A 为极限**，记作

$$\lim_{x\to\infty} f(x)=A \text{ 或 } f(x)\to A(x\to\infty).$$

例题 1 讨论 $y=\dfrac{1}{x}$ 在 $x\to\infty$ 时的极限.

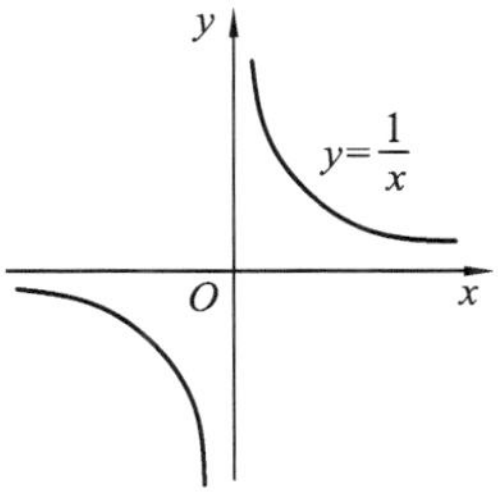

图 1-3

解 作出 $y=\dfrac{1}{x}$ 的图形，如图 1-3 所示，当 $|x|$ 无限增大时，函数 $y=\dfrac{1}{x}$ 的值与 $A=0$ 无限接近，所以 $\lim\limits_{x\to\infty}\dfrac{1}{x}=0$.

定义 2 设函数 $y=f(x)$，如果存在一个常数 A，当 $x\to+\infty$ ($x\to-\infty$) 时，函数 $f(x)$ 无限趋近于 A，则称**当 $x\to+\infty$ ($x\to-\infty$) 时，函数 $f(x)$ 以 A 为极限**，记作

$$\lim_{x\to+\infty} f(x)=A\left(\lim_{x\to-\infty} f(x)=A\right) \text{ 或 } f(x)\to A(x\to+\infty)\left(f(x)\to A(x\to-\infty)\right).$$

注意 (1) 当 $x\to\infty$ 时，函数 $f(x)$ 以 A 为极限的充分必要条件可表示为

$$\lim_{x\to\infty} f(x)=A \Leftrightarrow \lim_{x\to+\infty} f(x)=\lim_{x\to-\infty} f(x)=A;$$

(2) 当 $\lim\limits_{x\to+\infty} f(x)=A$，$\lim\limits_{x\to-\infty} f(x)=B$，且 $A\neq B$ 或 A,B 中至少有一个不存在时，则 $\lim\limits_{x\to\infty} f(x)$ 不存在.

例如，$\lim\limits_{x\to+\infty} \arctan x=\dfrac{\pi}{2}$，$\lim\limits_{x\to-\infty} \arctan x=-\dfrac{\pi}{2}$，所以 $\lim\limits_{x\to\infty} \arctan x$ 不存在.

1.3.2 当 $x\to x_0$ 时，函数 $f(x)$ 的极限

例题 2 考察函数 $f(x)=\dfrac{x^2-1}{x-1}$，当 $x\to1$ 时的变化情况.

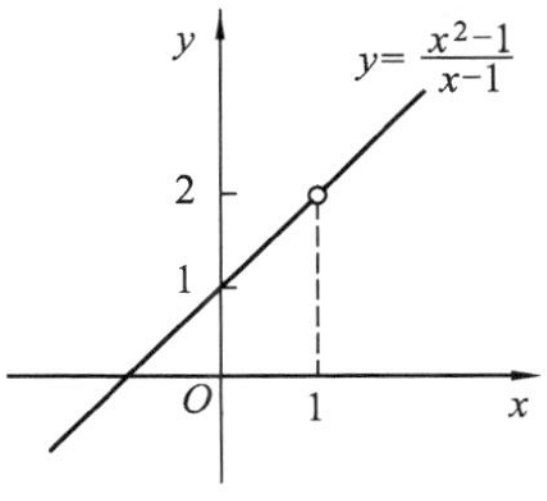

图 1-4

解 因为当 $x=1$ 时，函数没有意义；而当 $x\neq1$ 时，$f(x)=\dfrac{x^2-1}{x-1}=x+1$，其图形如图 1-4 所示.

不难看出，当 $x\to1(x\neq1)$ 时，函数 $f(x)$ 无限趋近于 2，则称当 $x\to1$ 时 $f(x)=\dfrac{x^2-1}{x-1}$ 以 2 为极限.

定义 3 设函数 $y=f(x)$ 在点 x_0 的某邻域内有定义（但在 x_0 点可以没有定义），如果存在一个常数 A，当 x 无限趋近于 x_0 (但 $x\neq x_0$) 时，函数 $f(x)$ 无限趋近于 A，则称**当 $x\to x_0$ 时，函数 $f(x)$ 以 A 为极限**，记作

$$\lim_{x\to x_0} f(x)=A \text{ 或 } f(x)\to A(x\to x_0).$$

注意 在 x_0 点函数可以没有定义.

1.3.3 当 $x\to x_0$ 时，函数 $f(x)$ 的左、右极限

在上述 $x\to x_0$ 时函数 $f(x)$ 以 A 为极限的讨论中，x 是以任意方式趋近于 x_0 的. 但在许多问题中，只能或只需考虑当 x 从大于 x_0（或小于 x_0）的方向趋于 x_0 时 $f(x)$ 的变化趋势. 例如，考察 x 趋近于 0 时函数 $y=\sqrt{x}$ 的变化趋势时，只能考虑 x 从 0 点的右侧 ($x>0$) 趋近于 0 时的情形. 于是有必要引入左极限与右极限的概念.

定义 4 设函数 $y=f(x)$ 在点 x_0 的左邻域（或右邻域）有定义，如果存在一个常数 A，

当 x 从 x_0 的左侧($x<x_0$)(或右侧($x>x_0$))趋近于 x_0 时，函数 $f(x)$ 无限趋近于 A，则称**当 $x\to x_0$ 时，函数 $f(x)$ 以 A 为左极限(或右极限)**，记作

$$\lim_{x\to x_0^-} f(x)=A\ (\lim_{x\to x_0^+} f(x)=A) \text{或}\ f(x_0-0)=A\ (f(x_0+0)=A).$$

函数 $f(x)$ 当 $x\to x_0$ 时的极限与它在 x_0 处的左右极限之间有如下关系.

定理 极限 $\lim\limits_{x\to x_0} f(x)$ 存在且等于 A 的充分必要条件是极限 $\lim\limits_{x\to x_0^-} f(x)$ 与 $\lim\limits_{x\to x_0^+} f(x)$ 都存在且等于 A，即

$$\lim_{x\to x_0} f(x)=A \Leftrightarrow \lim_{x\to x_0^-} f(x)=\lim_{x\to x_0^+} f(x)=A.$$

例题 3 设 $f(x)=\begin{cases} x, & x\leqslant 1, \\ 2x+1, & x>1, \end{cases}$ 试讨论极限 $\lim\limits_{x\to 1} f(x)$.

解 因为 $\lim\limits_{x\to 1^-} f(x)=\lim\limits_{x\to 1^-} x=1$，$\lim\limits_{x\to 1^+} f(x)=\lim\limits_{x\to 1^+}(2x+1)=3$，$\lim\limits_{x\to 1^-} f(x)\neq \lim\limits_{x\to 1^+} f(x)$，所以 $\lim\limits_{x\to 1} f(x)$ 不存在.

例题 4 函数 $f(x)=2^{\frac{1}{x}}$ 在 $x=0$ 处的极限是否存在？

解

1.3.4 函数极限的性质

性质 1(函数极限的唯一性) 若极限 $\lim\limits_{x\to x_0} f(x)$ 存在，则其极限值唯一.

性质 2(函数极限的局部有界性) 若极限 $\lim\limits_{x\to x_0} f(x)$ 存在，则函数 $f(x)$ 在 x_0 的某去心邻域内有界.

性质 3(函数极限的局部保号性) 若极限 $\lim\limits_{x\to x_0} f(x)=A$，且 $A>0$(或 $A<0$)，则在 x_0 的某去心邻域内恒有 $f(x)>0$(或 $f(x)<0$).

推论 若极限 $\lim\limits_{x\to x_0} f(x)=A$，且 $f(x)\geqslant 0$(或 $f(x)\leqslant 0$)，则在 x_0 的某去心邻域内恒有 $A\geqslant 0$(或 $A\leqslant 0$).

性质 4(夹逼定理) 若在 x_0 的某去心邻域内有 $f(x)\leqslant h(x)\leqslant g(x)$，且 $\lim\limits_{x\to x_0} f(x)=\lim\limits_{x\to x_0} g(x)=A$，则 $\lim\limits_{x\to x_0} h(x)=A$.

注意 上述性质当 $x\to\infty$ 时也成立.

例题 5(矩形波分析) 矩形波的函数表达式为

$$f(x)=\begin{cases} 0, & -\pi\leqslant x<0, \\ A, & 0\leqslant x<\pi. \end{cases}$$

求此函数在 $x=0$ 处的极限.

解

日期：______________________　　　　教师：______________________

1.4　无穷小量与无穷大量

学习内容： 无穷小量与无穷大量，无穷小量的比较.

目的要求： 熟练掌握无穷小量与无穷大量的定义，熟练掌握无穷小量的运算法则与无穷小量的比较，重点掌握运用无穷小量的性质计算有关极限问题.

重点难点： 无穷小量的性质与比较.

课前探讨

1. 现实生活中的无穷小量举例(至少 3 个).
2. 阐述无穷小量的定义.
3. 阐述有关无穷小量应注意的问题.
4. 阐述无穷小量的性质.
5. 如何运用无穷小量性质?
6. 阐述无穷大量的定义.
7. 无穷大量的举例(至少 2 个).
8. 阐述无穷小量的比较方法.
9. 找出等价无穷小量，并举列(至少 5 个).

课堂讲习

案例 1(洗涤效果)　用洗衣机清洗衣物时，清洗次数越多，衣物上残留的污质就越少. 当洗涤次数无限增大时，衣物上的污质数量趋于零.

案例 2(单摆运动)　单摆离开铅直位置的偏度可以用角 θ 来度量. 这个角可规定当偏到一方(如右方)时为正，而偏到另一方(如左方)为负. 如果让单摆自己摆，则由于机械摩擦力和空气阻力，振幅就会不断地减少，在这个过程中，角 θ 就是一个无穷小量.

1.4.1　无穷小量

定义 1　在自变量的某一变化过程中，以零为极限的变量称为**无穷小量**，简称**无穷小**.

例如，因为 $\lim\limits_{x\to 0}3x^2=0$，所以当 $x\to 0$ 时，变量 $y=3x^2$ 为无穷小；

因为$\lim\limits_{x\to\infty}\frac{1}{x^3}=0$，所以当$x\to\infty$时，变量$y=\frac{1}{x^3}$为无穷小；

因为$\lim\limits_{n\to\infty}\frac{1}{n^2}=0$，所以当$n\to\infty$时，变量$y=\frac{1}{n^2}$为无穷小；

因为$\lim\limits_{x\to 1}(x^3-1)=0$，所以当$x\to 1$时，变量$y=x^3-1$为无穷小.

注意 (1) 一个变量是否为无穷小，除了与变量本身有关外，还与自变量的变化趋势有关.

如上例，变量$y=x^3-1$，当$x\to 1$时为无穷小；而当$x\to 2$时，$y\to 7$，极限是一个不为零的常数. 因此，不能笼统地称某一变量为无穷小，必须明确指出变量在何种变化过程中是无穷小.

(2) 按照定义，在实数中零也是无穷小. 除此之外，即使绝对值很小的常数，也不能认为是无穷小.

由函数在一点处的极限定义可知，$\lim\limits_{x\to x_0}f(x)=A$的充要条件是：$x\to x_0$时，函数$f(x)$无限接近于某个常数$A$，即$f(x)-A$无限趋近于0，从而$\alpha(x)=f(x)-A$为$x\to x_0$时的无穷小. 由以上分析，可得到有关函数极限与无穷小量的关系定理.

定理1 极限$\lim\limits_{x\to x_0}f(x)=A$成立的充要条件是

$$f(x)=A+\alpha(x),$$

其中$\alpha(x)$是$x\to x_0$的无穷小，即$\lim\limits_{x\to x_0}\alpha(x)=0$.

对于自变量的其他变化过程，也有类似的结论. 一般可简单地表述为

$$\lim f(x)=A\Leftrightarrow f(x)=A+\alpha(x), \lim\alpha(x)=0.$$

1.4.2 无穷大量

定义2 在自变量的某一变化过程中，变量y的绝对值无限增大，则称变量y为在该变化过程中的**无穷大量**，简称**无穷大**，记作$\lim y=\infty$或$y\to\infty$.

例如，当$x\to 0$时，$\left|\frac{1}{x^3}\right|$无限增大，所以$\frac{1}{x^3}$是$x\to 0$时的无穷大，即$\lim\limits_{x\to 0}\frac{1}{x^3}=\infty$.

注意 (1) 无穷大是一个变量，不能称一个绝对值很大的常数为无穷大.

(2) 一个变量是否为无穷大，与其自变量的变化过程有关. 与无穷小类似，不能笼统地说某一变量为无穷大，必须明确指出变量在何种变化过程中是无穷大.

从上面的例子中不难看出，在自变量的某种变化趋势下，无穷小与无穷大之间存在着非常密切的关系：在同一变化过程中，无穷大的倒数是无穷小，非零的无穷小的倒数是无穷大.

例题1 求$\lim\limits_{x\to 3}\frac{4x}{x^2-9}$.

解 因$\lim\limits_{x\to 3}4x=12\neq 0$，故$\lim\limits_{x\to 3}\frac{x^2-9}{4x}=0$. 因此当$x\to 3$时，$\frac{x^2-9}{4x}$为无穷小. 根据无穷小与无穷大的关系可知，当$x\to 3$时，$\frac{4x}{x^2-9}$为无穷大，所以$\lim\limits_{x\to 3}\frac{4x}{x^2-9}=\infty$.

1.4.3 无穷小的运算法则

由无穷小的定义可以推出无穷小的运算法则.

对同一变化过程中的无穷小与有界变量，有如下运算法则：

（1）两个无穷小的代数和仍是无穷小；

（2）两个无穷小的乘积是无穷小；

（3）无穷小与有界变量的乘积是无穷小.

例如，当 $x\to0$ 时，x 为无穷小，而 $\left|\sin\dfrac{1}{x}\right|\leqslant1$ 即 $\sin\dfrac{1}{x}$ 为有界函数，所以 $x\sin\dfrac{1}{x}$ 也是无穷小，即 $\lim\limits_{x\to0}\left(x\sin\dfrac{1}{x}\right)=0$.

练习 1 求 $\lim\limits_{x\to\infty}\dfrac{\sin x}{x^2}$.

解

1.4.4 无穷小的比较

在同一变化过程中会有很多变量为无穷小. 例如，当 $x\to0$ 时，变量 $x,x^2,\sin x$ 都是无穷小. 但它们趋近于零的速度是不同的. 因快慢是相对的，所以不同的无穷小趋近于零的速度可以通过它们的比值表现出来. 为了刻画这种快慢程度，需要引入无穷小阶的概念.

定义 3 设 α 与 β 是同一变化过程中的无穷小.

（1）如果 $\lim\dfrac{\beta}{\alpha}=0$，则称 β 为 α 的**高阶无穷小**，记作 $\beta=o(\alpha)$；

（2）如果 $\lim\dfrac{\beta}{\alpha}=C\neq0$（$C$ 为常数），则称 β 与 α 为**同阶无穷小**；特别地，当 $C=1$ 时，称 β 与 α 是**等价无穷小**，记作 $\alpha\sim\beta$；

（3）如果 $\lim\dfrac{\beta}{\alpha}=\infty$，则称 β 为 α 的**低阶无穷小**.

例如，因为 $\lim\limits_{x\to0}\dfrac{x^2}{x}=0$，所以当 $x\to0$ 时，x^2 为 x 的高阶无穷小，即 $x^2=o(x)\ (x\to0)$；因为 $\lim\limits_{x\to0}\dfrac{2x}{x}=2$，所以当 $x\to0$ 时，$2x$ 与 x 是同阶无穷小；因为 $\lim\limits_{x\to0}\dfrac{\sin x}{x}=1$，所以当 $x\to0$ 时，$\sin x$ 与 x 是等价无穷小，即 $\sin x\sim x\ (x\to0)$.

在求极限时，如果分子、分母均为无穷小，则等价无穷小的替换定理可使问题简单化.

定理 2 在自变量的同一变化过程中，若 $\alpha,\alpha',\beta,\beta'$ 均为无穷小，且 $\alpha\sim\alpha',\beta\sim\beta'$，$\lim\dfrac{\alpha'}{\beta'}$ 存在，则 $\lim\dfrac{\alpha}{\beta}$ 也存在，且有 $\lim\dfrac{\alpha}{\beta}=\lim\dfrac{\alpha'}{\beta'}$.

证 $\lim\dfrac{\alpha}{\beta}=\lim\left(\dfrac{\alpha}{\alpha'}\cdot\dfrac{\alpha'}{\beta'}\cdot\dfrac{\beta'}{\beta}\right)=\lim\dfrac{\alpha}{\alpha'}\cdot\lim\dfrac{\alpha'}{\beta'}\cdot\lim\dfrac{\beta'}{\beta}=\lim\dfrac{\alpha'}{\beta'}$.

定理得证.

常见的一些等价无穷小有：

当 $x\to0$ 时，$\sin x\sim x$，$\tan x\sim x$，$\arcsin x\sim x$，$\arctan x\sim x$，$1-\cos x\sim\dfrac{1}{2}x^2$，$e^x-1\sim x$，

$\ln(1+x)\sim x$，$\sqrt[n]{1+x}-1\sim\frac{1}{n}x$，$\sqrt{1+x}-\sqrt{1-x}\sim x$.

例题 2 求$\lim\limits_{x\to 0}\frac{\sin x}{x^3+x}$.

解 当 $x\to 0$ 时，$\sin x\sim x$，所以

$$\lim_{x\to 0}\frac{\sin x}{x^3+x}=\lim_{x\to 0}\frac{x}{x^3+x}=\lim_{x\to 0}\frac{1}{x^2+1}=1.$$

练习 2 求$\lim\limits_{x\to 0}\frac{x^2+5x}{\sqrt{1+x}-1}$.

解

注意 在计算极限时，对乘积或商中以因子形式出现的无穷小，可以用等价无穷小来替换；对于加、减运算一般情况下不使用，否则可能得出错误的结论.

例题 3 求$\lim\limits_{x\to 0}\frac{\sin x-\tan x}{x\tan^2 x}$.

分析 当 $x\to 0$ 时，$\sin x\sim x$，$\tan x\sim x$. 如果在分子的减法运算中使用无穷小的等价代换，则有

$$\lim_{x\to 0}\frac{\sin x-\tan x}{x\tan^2 x}=\lim_{x\to 0}\frac{x-x}{x\tan^2 x}=0.$$

这是错误的答案. 请写出正确的解法.

解

日期：______________ 教师：______________

1.5 极限的运算

学习内容： 极限的运算及两个重要极限.

目的要求： 熟练掌握极限的 3 种运算法则，并能运用极限的四则运算法则求解数列及函数的极限；掌握用变量代换求解复合函数极限的方法；熟练掌握两个重要极限的表达形式，并且会灵活运用这两个极限计算各种类型的极限.

重点难点： 运用四则运算法则及两个重要极限求解函数和数列的极限.

课前探讨

1. 回顾无穷小与函数极限的关系.
2. 阐述极限的四则运算法则及其推论.
3. 阐述复合函数极限的运算法则.
4. 阐述极限运算法则的应用，并求 $\lim\limits_{x\to 1}(2x^2-x)$.
5. 阐述复合函数极限的求法.
6. 阐述两个重要极限的公式及推广形式.

课堂讲习

案例（细菌培养） 已知在时刻 t（单位：min）容器中的细菌个数为 $y=10^4\times 2^{kt}$（k 为常数）：

（1）若经过 30 min，细菌个数增加一倍，求 k 值；

（2）预测 $t\to+\infty$ 时，容器中细菌的个数.

1.5.1 四则运算法则及推论

在下面的讨论中，记号“lim”下没有标明自变量的变化过程，实际上，以下法则对 $x\to x_0$ 及 $x\to\infty$ 都成立.

法则 1 如果 $\lim f(x)=A$，$\lim g(x)=B$，则 $\lim[f(x)\pm g(x)]$ 存在，且有

$$\lim[f(x)\pm g(x)]=\lim f(x)\pm\lim g(x)=A\pm B.$$

证 由于 $\lim f(x)=A$，$\lim g(x)=B$，

所以
$$f(x)=A+\alpha(x),\ g(x)=B+\beta(x),$$
其中 $\alpha(x)$，$\beta(x)$ 均为同一变化趋势下的无穷小.

故
$$f(x)\pm g(x)=(A\pm B)+[\alpha(x)\pm\beta(x)],$$

所以 $$\lim[f(x)\pm g(x)]=A\pm B=\lim f(x)\pm\lim g(x).$$

推论 有限个有极限的变量的代数和的极限等于它们的极限的代数和.

法则 2 如果 $\lim f(x)=A$，$\lim g(x)=B$，则 $\lim[f(x)\cdot g(x)]$存在，且
$$\lim[f(x)\cdot g(x)]=\lim f(x)\cdot\lim g(x)=A\cdot B.$$

推论 1 有限个有极限的变量的乘积的极限等于它们的极限的乘积.

推论 2 如果 $\lim f(x)$存在，C 是常数，则 $\lim[Cf(x)]=C\lim f(x)$.

推论 3 如果 $\lim f(x)$存在，n 是正整数，则 $\lim[f(x)]^n=[\lim f(x)]^n$.

法则 3 如果 $\lim f(x)=A$，$\lim g(x)=B\neq0$，且 $g(x)\neq0$，则 $\lim\dfrac{f(x)}{g(x)}$存在，且
$$\lim\frac{f(x)}{g(x)}=\frac{\lim f(x)}{\lim g(x)}=\frac{A}{B}.$$

注意 （1）求函数和、差、积、商的极限时，必须在各自极限都存在的前提下进行.

（2）在商的情形，要求分母的极限不等于零.

（3）极限的运算法则是对有限项而言的，对于无限项不能适用.

例题 1 求 $\lim\limits_{x\to2}\dfrac{2x^2+x-5}{3x+1}$.

解 $$\lim_{x\to2}\frac{2x^2+x-5}{3x+1}=\frac{\lim\limits_{x\to2}(2x^2+x-5)}{\lim\limits_{x\to2}(3x+1)}=\frac{5}{7}.$$

由此例可见，对于有理分式函数 $F(x)=\dfrac{p(x)}{q(x)}$，其中 $p(x)$，$q(x)$ 均为 x 的多项式，且 $\lim\limits_{x\to x_0}q(x)\neq0$时，要求 $\lim\limits_{x\to x_0}F(x)=\lim\limits_{x\to x_0}\dfrac{p(x)}{q(x)}$，只需将 $x=x_0$ 代入即可.

例题 2 求 $\lim\limits_{x\to1}\dfrac{x^2+2x-3}{x^2+x-2}$.

解 $$\lim_{x\to1}\frac{x^2+2x-3}{x^2+x-2}=\lim_{x\to1}\frac{(x-1)(x+3)}{(x-1)(x+2)}=\lim_{x\to1}\frac{x+3}{x+2}=\frac{4}{3}.$$

在求极限时经常会遇到分子分母的极限均为 0 的情形，我们把它记作"$\dfrac{0}{0}$"型. 对于这种类型的极限，通常采用的方法有：提取公因式法、因式分解法、分式有理化法，找出并消去分子、分母公共的零因子.

练习 1 求 $\lim\limits_{x\to0}\dfrac{\sqrt{x^2+9}-3}{x^2}$.

解

例题 3 求 $\lim\limits_{x\to\infty}\dfrac{3x+2}{x^3+4x^2-2}$.

解 $$\lim_{x\to\infty}\frac{3x+2}{x^3+4x^2-2}=\lim_{x\to\infty}\frac{\dfrac{3}{x^2}+\dfrac{2}{x^3}}{1+\dfrac{4}{x}-\dfrac{2}{x^3}}=\frac{\lim\limits_{x\to\infty}\left(\dfrac{3}{x^2}+\dfrac{2}{x^2}\right)}{\lim\limits_{x\to\infty}\left(1+\dfrac{4}{x}-\dfrac{2}{x^3}\right)}=0.$$

由本例题还可知 $$\lim_{x\to\infty}\frac{x^3+4x^2-2}{3x+2}=\infty.$$

上例中分子分母的极限均为∞，属于“$\frac{\infty}{\infty}$”型. 对该类型极限的一般情形，有下述结论：

$$\lim_{x\to\infty}\frac{a_0x^m+a_1x^{m-1}+\cdots+a_m}{b_0x^n+b_1x^{n-1}+\cdots+b_n}=\begin{cases}\frac{a_0}{b_0}, & m=n,\\ 0, & m<n,\\ \infty, & m>n,\end{cases}$$

其中 $a_0\neq0, b_0\neq0, m, n$ 均为非负整数.

例题 4 求$\lim\limits_{x\to1}\left(\frac{2}{1-x^2}-\frac{1}{1-x}\right)$.

分析 当 $x\to1$ 时，两个分式的极限都不存在，属于“$\infty-\infty$”型，它不能直接使用法则 1，须先通分，消去零因子，再求极限.

解 $\lim\limits_{x\to1}\left(\frac{2}{1-x^2}-\frac{1}{1-x}\right)=\lim\limits_{x\to1}\frac{2-(1+x)}{1-x^2}=\lim\limits_{x\to1}\frac{1}{1+x}=\frac{1}{2}$.

1.5.2 复合函数的极限运算法则

定理 设函数 $y=f[\varphi(x)]$ 由函数 $y=f(u)$ 与函数 $u=\varphi(x)$ 复合而成. 若 $\lim\limits_{u\to u_0}f(u)=f(u_0)$，$\lim\limits_{x\to x_0}\varphi(x)=u_0$，则 $\lim\limits_{x\to x_0}f[\varphi(x)]=\lim\limits_{u\to u_0}f(u)$.

上式又可写为 $\lim\limits_{x\to x_0}f[\varphi(x)]=f[\lim\limits_{x\to x_0}\varphi(x)]$.

这个定理的意义在于：在一定条件下可以交换函数取值与计算极限的次序.

1.5.3 两个重要极限

1. $\lim\limits_{x\to0}\frac{\sin x}{x}=1$

推广形式：$\lim\limits_{x\to a}\frac{\sin\varphi(x)}{\varphi(x)}=1$ $(\lim\limits_{x\to a}\varphi(x)=0)$，即在极限 $\lim\limits_{x\to a}\frac{\sin\varphi(x)}{\varphi(x)}$ 中，如果 $\varphi(x)$ 无穷小，就有 $\lim\limits_{x\to a}\frac{\sin\varphi(x)}{\varphi(x)}=1$.

例题 5 求 $\lim\limits_{x\to0}\frac{\sin kx}{x}$ $(k\neq0)$.

解 令 $kx=u$，因 $k\neq0$，则当 $x\to0$ 时，$u\to0$，所以

$$\lim_{x\to0}\frac{\sin kx}{x}=k\lim_{x\to0}\frac{\sin kx}{kx}=k\lim_{u\to0}\frac{\sin u}{u}=k.$$

练习 2 求 $\lim\limits_{n\to\infty}n\sin\frac{2}{n}$.

解 令 $\frac{2}{n}=u$，则当 $n\to\infty$ 时，$u\to0$，

例题 6 求$\lim\limits_{x\to 0}\dfrac{\tan x}{x}$.

解 $\lim\limits_{x\to 0}\dfrac{\tan x}{x}=\lim\limits_{x\to 0}\dfrac{\sin x}{x}\cdot\dfrac{1}{\cos x}=\lim\limits_{x\to 0}\dfrac{\sin x}{x}\cdot\lim\limits_{x\to 0}\dfrac{1}{\cos x}=1.$

练习 3 求$\lim\limits_{x\to 0}\dfrac{\tan 2x}{\sin 3x}$.

解

一般地，极限$\lim\limits_{x\to 0}\dfrac{x}{\sin x}=1$，$\lim\limits_{x\to 0}\dfrac{\tan x}{x}=1$，$\lim\limits_{x\to 0}\dfrac{x}{\tan x}=1$ 等亦可作为公式使用.

练习 4 求$\lim\limits_{x\to 1}\dfrac{\sin(x-1)}{x^2-1}$.

解

2. $\lim\limits_{n\to\infty}\left(1+\dfrac{1}{n}\right)^n=\mathrm{e}$

e 是一个无理数，其值为 e=2.718 281 828 459 045…

推广形式：$\lim\limits_{x\to\infty}\left(1+\dfrac{1}{x}\right)^x=\mathrm{e}$，$\lim\limits_{x\to 0}(1+x)^{\frac{1}{x}}=\mathrm{e}$，$\lim\limits_{x\to a}[1+\varphi(x)]^{\frac{1}{\varphi(x)}}=\mathrm{e}$（其中$\lim\limits_{x\to a}\varphi(x)=0$）.

例题 7 求$\lim\limits_{x\to\infty}\left(1+\dfrac{k}{x}\right)^x(k\neq 0)$.

解 因为$\left(1+\dfrac{k}{x}\right)^x=\left[\left(1+\dfrac{k}{x}\right)^{\frac{x}{k}}\right]^k$，设 $t=\dfrac{k}{x}$，当 $x\to\infty$时，$t\to 0$，所以

$$\lim_{x\to\infty}\left(1+\frac{k}{x}\right)^x=\lim_{x\to\infty}\left[\left(1+\frac{k}{x}\right)^{\frac{x}{k}}\right]^k=\lim_{t\to 0}[(1+t)^{\frac{1}{t}}]^k=[\lim_{t\to 0}(1+t)^{\frac{1}{t}}]^k=\mathrm{e}^k.$$

练习 5 求$\lim\limits_{x\to\infty}\left(1-\dfrac{2}{x}\right)^x$.

解

练习 6 求$\lim\limits_{x\to 0}(1+2x)^{\frac{5}{x}}$.

解

日期：________________　　教师：________________

1.6　函数的连续性(一)

学习内容：函数的连续性、间断点及其分类.

目的要求：掌握函数连续性概念，以及可去间断点、跳跃间断点、第二类间断点、区间上连续函数的定义；会判断一般函数在一点或区间上的连续性，区分间断点及其分类.

重点难点：函数的连续性概念及连续性和间断点的判断.

课前探讨

1. 回顾函数在 x_0 点的极限 $\lim\limits_{x\to x_0}f(x)=A$ 的定义，讨论 $f(x_0)$ 与 A 的关系.

2. 阐述函数在某点连续的定义(两个等价定义).

3. 阐述函数在区间连续的定义.

4. 阐述间断点及其分类，即第一类间断点(包括可去间断点、跳跃间断点)和第二类间断点(包括无穷间断点).

5. 阐述判断函数的连续性及其间断点的方法.

课堂讲习

案例 1(气温的连续变化)　一天中的气温 T 是时间 t 的函数 $T(t)$，T 随着 t 的变化而连续变化. 事实上，当时间 t 的变化很微小时，气温 T 的变化也很微小，即当 $\Delta t\to 0$ 时，$\Delta T\to 0$.

案例 2(电流的连续性)　导线中电流通常是连续变化的，但当电流增加到一定的程度，就会烧断保险丝，电流突然为 0，这时连续性被破坏而出现间断.

自然界中有许多现象，如人体高度变化、河水流动、植物生长等都是连续变化的. 这种现象反映在函数关系上就是函数连续性. 可以将上述例子理解为当自变量有一个微小变化时，函数值的变化也很微小. 通过分析，可用极限给出函数连续性的概念.

若函数在 x_0 点的极限 $\lim\limits_{x\to x_0}f(x)=A$，这里 $f(x_0)$ 可以有 3 种情况：

(1) $f(x_0)$ 无定义，比如特殊极限 $\lim\limits_{x\to x_0}\dfrac{\sin(x-x_0)}{x-x_0}=1$(如图(a)所示).

(2) $f(x_0)\neq A$，比如 $f(x)=\begin{cases}x, & x\neq x_0,\\ x+1, & x=x_0,\end{cases}$ $\lim\limits_{x\to x_0}f(x)=x_0\neq f(x_0)$(如图(b)所示).

(3) $f(x_0)=A$(如图(c)所示).

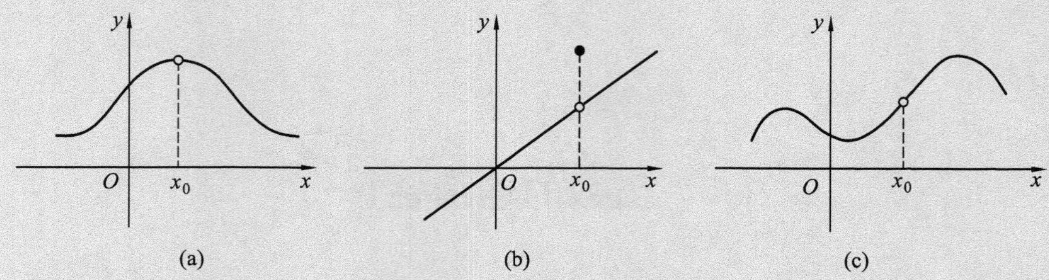

1.6.1 函数的连续性

1. 改变量(或称增量)

定义 1 设变量 u 从它的初值 u_0 改变到终值 u_1，终值与初值之差 u_1-u_0 称为变量 u 的改变量，记作

$$\Delta u=u_1-u_0.$$

注意 改变量 Δu 可以是正的、负的，也可以为零.

对函数 $y=f(x)$，当自变量 x 从 x_0 改变到 $x_0+\Delta x$ 时，函数 $f(x)$ 相应地从 $f(x_0)$ 变到 $f(x_0+\Delta x)$，称 $f(x_0+\Delta x)-f(x_0)$ 为函数 $f(x)$ 在 x_0 处的相应改变量，记作 Δy，即

$$\Delta y=f(x_0+\Delta x)-f(x_0).$$

2. 函数连续的概念

直观上，如果一个函数是连续变化的，那么它的图形应该是一条连续不断的曲线，亦即可一笔画成. 先观察图 1-5 和图 1-6 两个函数的图形.

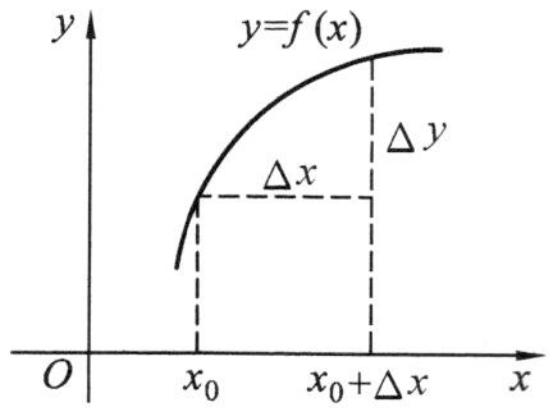

图 1-5

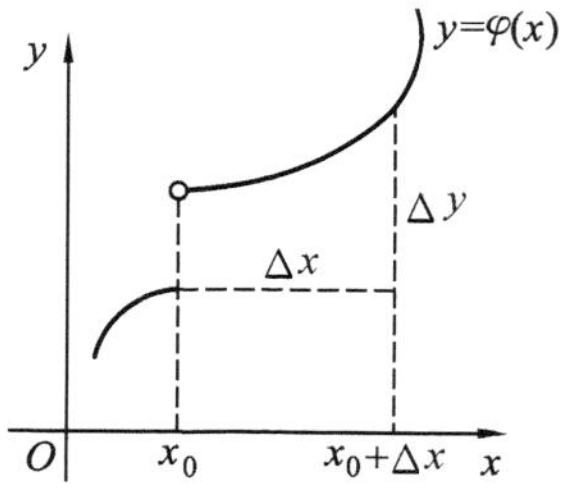

图 1-6

从图中可以看出，函数 $y=f(x)$ 在 x_0 点是连续的，而 $y=\varphi(x)$ 在 x_0 是间断的. 经分析，当自变量在 x_0 处的改变量 $\Delta x\to 0$ 时，函数 $y=f(x)$ 的改变量 $\Delta y=f(x_0+\Delta x)-f(x_0)$ 也趋于零，而函数 $y=\varphi(x)$ 的改变量 $\Delta y=\varphi(x_0+\Delta x)-\varphi(x_0)$ 不可能趋于零. 据此，给出函数在一点处连续的严格定义.

定义 2 设函数 $y=f(x)$ 在点 x_0 的某邻域内有定义，如果自变量 x 在 x_0 处取得的改变量 Δx 趋于零时，函数相应的改变量 Δy 也趋于零，即

$$\lim_{\Delta x\to 0}\Delta y=0 \text{ 或 } \lim_{\Delta x\to 0}[f(x_0+\Delta x)-f(x_0)]=0,$$

则称函数 $y=f(x)$ 在点 x_0 处**连续**.

若令 $x=x_0+\Delta x$，则 $\Delta x=x-x_0$. 易见，$\Delta x\to 0$ 时，$x\to x_0$.

所以 $$\lim_{\Delta x\to 0}\Delta y=\lim_{\Delta x\to 0}[f(x_0+\Delta x)-f(x_0)]=0.$$

上式可改写为 $$\lim_{x\to x_0}[f(x)-f(x_0)]=0,$$

即 $$\lim_{x\to x_0}f(x)=f(x_0).$$

因此我们可以得到与定义 2 等价的定义.

定义 3 设函数 $y=f(x)$ 在点 x_0 的某邻域内有定义，如果当 $x\to x_0$ 时，函数 $f(x)$ 的极限存在，且

$$\lim_{x\to x_0}f(x)=f(x_0),$$

则称函数 $y=f(x)$ 在 x_0 处连续.

相应于左极限与右极限两个概念，我们有：

(1) 若 $\lim\limits_{x\to x_0^-}f(x)=f(x_0)$，则称函数 $y=f(x)$ 在 x_0 处**左连续**；

(2) 若 $\lim\limits_{x\to x_0^+}f(x)=f(x_0)$，则称函数 $y=f(x)$ 在 x_0 处**右连续**.

定理 函数 $y=f(x)$ 在点 x_0 处连续的充要条件是 $f(x)$ 在 x_0 点既左连续又右连续.

该定理常用来**判定分段函数在分段点处的连续性**.

例题 1 函数 $f(x)=\begin{cases}1-x, & x<1,\\ x^2-1, & x\geqslant 1\end{cases}$ 在 $x=1$ 处是否连续？

解 因为 $\lim\limits_{x\to 1^-}f(x)=\lim\limits_{x\to 1^-}(1-x)=0$，$\lim\limits_{x\to 1^+}f(x)=\lim\limits_{x\to 1^+}(x^2-1)=0$，而 $f(1)=0$，所以 $f(x)$ 在 $x=1$ 处连续.

定义 4 如果函数 $y=f(x)$ 在开区间 (a,b) 内每一点都连续，则称函数 $f(x)$ 在 (a,b) 内连续；如果函数 $y=f(x)$ 在开区间 (a,b) 内连续，且在左端点 a 处右连续，右端点 b 处左连续，则称函数 $f(x)$ 在闭区间 $[a,b]$ 上连续；使函数 $f(x)$ 连续的区间叫做函数的连续区间.

1.6.2 函数间断点及其分类

由定义 3 知，函数 $f(x)$ 在 x_0 点连续，必须同时满足下列 3 个条件：

(1) $f(x)$ 在 x_0 点有定义；

(2) $\lim\limits_{x\to x_0}f(x)$ 存在；

(3) $\lim\limits_{x\to x_0}f(x)=f(x_0)$.

如果上述 3 个条件中有一个不满足，则函数 $f(x)$ 在点 x_0 处不连续. 此时，称函数 $f(x)$ 在 x_0 点间断，x_0 点称为**间断点**.

下面举例说明函数间断点的几种常见类型.

例题 2 函数 $f(x)=\dfrac{1-x^2}{1-x}$ 在 $x=1$ 处没有定义，所以 $x=1$ 是 $f(x)$ 的间断点. 但

$$\lim_{x\to 1}f(x)=\lim_{x\to 1}\frac{1-x^2}{1-x}=\lim_{x\to 1}(1+x)=2.$$

如果补充 $f(1)=2$，则所给函数在 $x=1$ 处连续，所以称 $x=1$ 为该函数的**可去间断点**.

例题 3 对于函数 $$f(x)=\begin{cases}x-2, & x<0,\\ 0, & x=0,\\ x+2, & x>0,\end{cases}$$

因为
$$\lim_{x\to 0^-} f(x)=\lim_{x\to 0^-}(x-2)=-2,$$
$$\lim_{x\to 0^+} f(x)=\lim_{x\to 0^+}(x+2)=2,$$
显然 $\lim\limits_{x\to 0^-} f(x)\neq \lim\limits_{x\to 0^+} f(x)$，故$\lim\limits_{x\to 0} f(x)$不存在. 所以 $x=0$ 为函数的间断点. 因函数的图形在 $x=0$ 处产生了一个跳跃，我们称 $x=0$ 为该函数的**跳跃间断点**(如图 1-7 所示).

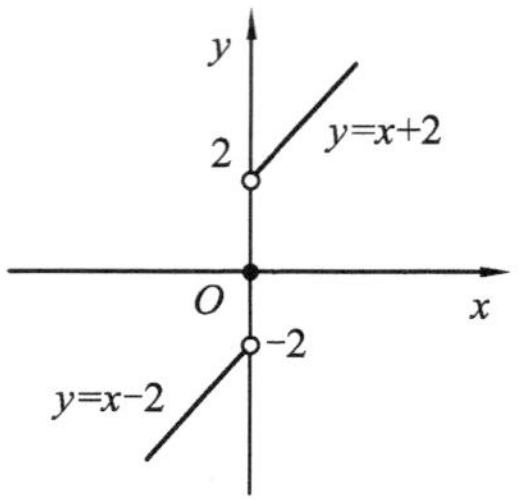

图 1-7

例题 4 函数 $y=\dfrac{1}{x}$在 $x=0$ 处没有定义，所以 $x=0$ 是函数 $y=\dfrac{1}{x}$的间断点. 因为$\lim\limits_{x\to 0}\dfrac{1}{x}=\infty$，我们称 $x=0$ 为函数 $y=\dfrac{1}{x}$的**无穷间断点**(如图 1-8 所示).

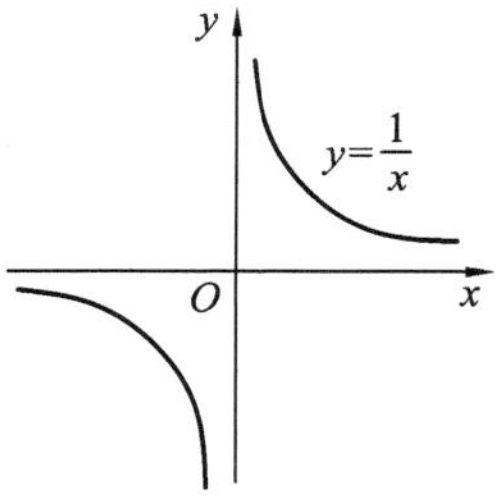

图 1-8

一般地，我们把间断点分为两类：

第一类间断点 设 x_0 为 $f(x)$的间断点，如果左极限 $\lim\limits_{x\to x_0^-} f(x)$ 与右极限 $\lim\limits_{x\to x_0^+} f(x)$均存在，则称 x_0 为函数 $f(x)$的第一类间断点.

其中，若 $\lim\limits_{x\to x_0^-} f(x)=\lim\limits_{x\to x_0^+} f(x)$，即极限$\lim\limits_{x\to x_0} f(x)$存在，则称间断点 x_0 为 $f(x)$的**可去间断点**；若 $\lim\limits_{x\to x_0^-} f(x)\neq \lim\limits_{x\to x_0^+} f(x)$，则称间断点 x_0 为 $f(x)$的**跳跃间断点**.

第二类间断点 若函数 $f(x)$在 x_0 点左极限 $\lim\limits_{x\to x_0^-} f(x)$与右极限 $\lim\limits_{x\to x_0^+} f(x)$至少有一个不存在，则称 x_0 为函数 $f(x)$的第二类间断点.

其中，若$\lim\limits_{x\to x_0} f(x)=\infty$(或 $\lim\limits_{x\to x_0^+} f(x)=\infty$，$\lim\limits_{x\to x_0^-} f(x)=\infty$)，则称间断点 x_0 为 $f(x)$的**无穷间断点**.

日期：______________　　教师：______________

1.7　函数的连续性(二)

学习内容：函数的连续性.
目的要求：进一步理解函数连续性概念，掌握连续函数的运算法则，理解并学会应用闭区间上连续函数的性质.
重点难点：连续函数的运算法则，闭区间上连续函数的性质.

课前探讨

1. 复习函数在某点连续(两个等价定义)和区间连续的定义.
2. 阐述连续函数的四则运算法则.
3. 阐述复合函数、反函数、初等函数的连续性.
4. 阐述闭区间上连续函数的性质(有界性、最值定理、介值定理、零点存在定理).
5. 阐述连续函数性质的应用.

课堂讲习

案例　证明方程 $e^{2x}-x^2=3$ 在 $(0,1)$ 内至少有一个实根.

1.7.1　连续函数的运算法则

定理 1(四则运算法则)　如果函数 $f(x)$，$g(x)$ 在 x_0 点连续，那么 $f(x)\pm g(x)$，$f(x)\cdot g(x)$，$\dfrac{f(x)}{g(x)}$ $(g(x_0)\neq 0)$ 在 x_0 处也连续.

由定理 1 容易得到：

(1) 多项式函数 $y=a_0x^n+a_1x^{n-1}+\cdots+a_{n-1}x+a_n$ 在 $(-\infty,+\infty)$ 内连续.

(2) 分式函数 $y=\dfrac{a_0x^n+a_1x^{n-1}+\cdots+a_{n-1}x+a_n}{b_0x^m+b_1x^{m-1}+\cdots+b_{m-1}x+b_m}$ 除分母为零的点外，在其他点都连续.

下面再给出连续函数的其他运算法则，这里均不证明.

定理 2(复合函数的连续性)　如果函数 $u=g(x)$ 在 x_0 点连续，$g(x_0)=u_0$，而且函数 $y=f(u)$ 在 u_0 点连续，则复合函数 $y=f[g(x)]$ 在 x_0 点连续，即

$$\lim_{x\to x_0}f[g(x)]=f[g(x_0)].$$

定理 3(反函数的连续性) 设函数 $y=f(x)$ 在某区间上连续，且单调增加(减少)，则它的反函数 $y=f^{-1}(x)$ 在对应的区间上连续且单调增加(减少).

定理 4(初等函数的连续性) 基本初等函数在其定义区间上连续.

利用初等函数的连续性，可使极限运算简便化. 如果 x_0 是初等函数 $y=f(x)$ 定义域内的点，则 $\lim\limits_{x\to x_0}f(x)=f(x_0)$，即将极限运算转化为函数值的计算.

注意 分段函数在其定义区间上不一定连续，但可以证明当且仅当分段函数在其分段点连续时，函数是连续的.

例题 1 设函数 $f(x)=\begin{cases}e^x, & x<0,\\ a+x, & x\geqslant 0,\end{cases}$ 问 a 为何值时，$f(x)$ 在其定义域内连续？

解 若 $f(x)$ 在定义域内连续，则 $f(x)$ 必在 $x=0$ 处连续，因此必有

$$\lim_{x\to 0^-}f(x)=f(0)=\lim_{x\to 0^+}f(x).$$

而

$$\lim_{x\to 0^-}f(x)=\lim_{x\to 0^-}e^x=1,$$

$$\lim_{x\to 0^+}f(x)=\lim_{x\to 0^+}(a+x)=a=f(0),$$

所以 $a=1$.

练习 讨论函数 $f(x)=\begin{cases}2x, & 0\leqslant x\leqslant 1,\\ 3-x, & 1<x\leqslant 3\end{cases}$ 在[0,3]上的连续性.

解

1.7.2 闭区间上连续函数的性质

闭区间上的连续函数具有很多特殊性质，这些性质在理论和应用上都有重要意义. 这里仅给出结论，不予证明.

定理 5(有界性) 若函数 $f(x)$ 在闭区间 $[a,b]$ 上连续，则 $f(x)$ 在 $[a,b]$ 上有界(如图1-9所示).

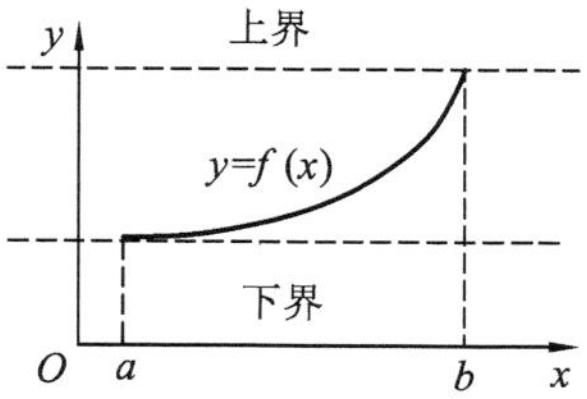

图 1-9

注意 开区间上的连续函数不一定有界. 例如，$y=\dfrac{1}{x}$ 在 $(0,1)$ 内无界.

定理 6(最值定理) 若函数 $f(x)$ 在闭区间 $[a,b]$ 上连续，则 $f(x)$ 在 $[a,b]$ 上必能取得最大值 M 和最小值 m. 也就是说存在 $x_1,x_2\in[a,b]$，使 $f(x_1)=m$，$f(x_2)=M$，且对任意的 $x\in[a,b]$，都有 $m\leqslant f(x)\leqslant M$(如图 1-10 所示).

定理 6 表明：(1) 在闭区间上的连续函数一定能够取到最大值和最小值；(2) 尽管有最大值和最小值存在，但在哪一点取得最值及其大小仍是未知的.

注意 开区间上的连续函数不一定具有此性质.

定理 7(介值定理) 若函数 $f(x)$ 在闭区间 $[a,b]$ 上连续，m 和 M 分别为 $f(x)$ 在闭区间

$[a,b]$上的最小值和最大值，则对于任何介于 m 与 M 之间的 C（即 $m<C<M$），在(a,b)内至少存在一点 ξ，使得 $f(\xi)=C$（如图 1-10 所示）.

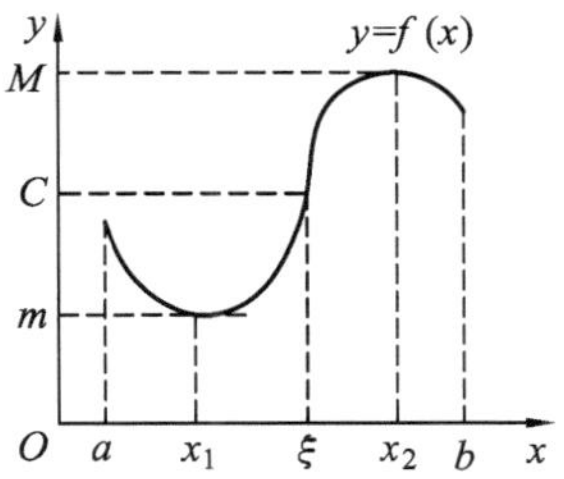

图 1-10

定理 8(零点存在定理) 若函数 $f(x)$在闭区间$[a,b]$上连续，$f(a)\cdot f(b)<0$，则在开区间(a,b)内至少存在一点 ξ，使得 $f(\xi)=0$（如图 1-11 所示）.

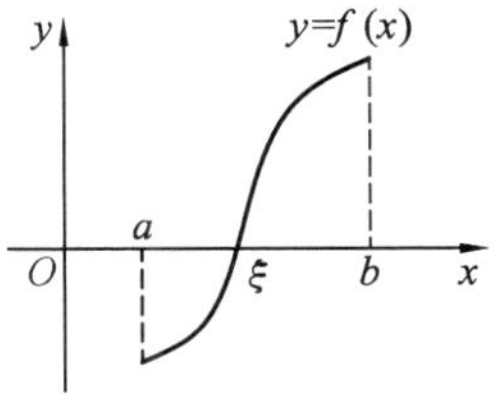

图 1-11

零点存在定理表明，如果 $f(x)$在闭区间$[a,b]$上满足定理 8 条件，则方程 $f(x)=0$ 在(a,b)内至少存在一个实根. 因此，可以利用零点存在定理证明一个方程的根的存在性及判断根的所属范围.

例题 2 证明方程 $x^5-5x+1=3$ 在$(1,2)$内至少有一个实根.

证

日期：________________　　教师：________________

1.8　第 1 模块习题课

学习内容：函数的极限与连续.
目的要求：熟练掌握本模块的函数、极限和连续的有关概念，会求各种情况下的极限，会判断函数在某一点的连续，以及利用初等函数的连续性求极限问题.
重点难点：极限求法及连续性概念的把握.

课前探讨

1. 复习本模块学过的内容.

2. 讨论以下问题：

(1) 无穷小与无穷大的关系.

(2) 在 $x\to 0$ 时，与 $1-\cos x$ 与 $\frac{1}{2}x^2$ 是否为等价无穷小.

(3) $\lim\limits_{x\to\pi}\frac{\tan 3x}{\sin 2x}=\lim\limits_{x\to\pi}\frac{3x}{2x}=\frac{3}{2}$.

(4) 函数 $f(x)=\frac{x^2-1}{x^2-2x-3}$ 的间断点是________，其中可去间断点是________，无穷间断点是________.

(5) 设 $f(x^2+1)=x^4+5x^2+3$ 则 $f(x^2-1)=$________.

A. x^4-x^2-3　　B. x^4+x^2+3　　C. x^4-x^2+3　　D. x^4+x^2-3

(6) $\lim\limits_{n\to\infty}\sqrt{n}(\sqrt{n+2}-\sqrt{n-3})=$________.

A. 0　　B. $+\infty$　　C. $\frac{5}{2}$　　D. 1

(7) 求 $\lim\limits_{x\to -2}\frac{x^2-4}{x+2}$.

(8) 求 $\lim\limits_{x\to\infty}\left(\frac{x+1}{x-2}\right)^{x+1}$.

(9) 已知 $f\left(\frac{1}{x}-1\right)=\frac{x}{2x-1}$，求 $f(x)$.

(10) 证明方程 $e^{2x}-x^2=3$ 在 $(0,1)$ 内至少有一个实根.

内容精要

1. 函数

(1) 函数 $y=f(x),x\in D$. 定义域和对应法则是确定函数的两个要素.

(2) 函数的一些特性：单调性、有界性、奇偶性、周期性.

(3) 函数 $y=f(x)$的对应法则是一一对应的，则存在反函数 $y=f^{-1}(x)$.

(4) 由 $y=f(u)$与 $u=\varphi(x)$可以复合成复合函数 $y=f[\varphi(x)]$.

(5) 初等函数：由基本初等函数经过有限次四则运算或有限次复合所得到的并能用一个式子表示的函数.

2. 极限概念

(1) 数列极限：若$\lim\limits_{n\to\infty}y_n=A$，称数列$\{y_n\}$收敛，否则发散.

(2) 函数极限：

① 当 $x\to\infty$时(x 的绝对值无限增大)，$f(x)\to A$，则$\lim\limits_{x\to\infty}f(x)=A$.

$$\lim_{x\to\infty}f(x)=A\Leftrightarrow\lim_{x\to+\infty}f(x)=\lim_{x\to-\infty}f(x)=A.$$

② 当 $x\to x_0$ 时，$f(x)\to A$，则$\lim\limits_{x\to x_0}f(x)=A$.

$$\lim_{x\to x_0}f(x)=A\Leftrightarrow\lim_{x\to x_0^-}f(x)=\lim_{x\to x_0^+}f(x)=A.$$

(3) 无穷小与无穷大.

若 $\lim y=0$，则称变量 y 为在这种变化趋势下的无穷小.

若 $\lim y=\infty$，则称变量 y 为在这种变化趋势下的无穷大.

在同一变化趋势下，无穷大的倒数是无穷小，非零的无穷小的倒数是无穷大.

$\lim f(x)=A\Leftrightarrow f(x)=A+\alpha(x)$，其中 $\lim\alpha(x)=0$.

3. 极限运算

(1) 运算法则和推论.

在同一个自变量的变化过程中，设 $\lim f(x)=A,\lim g(x)=B$，则：

① $\lim[f(x)\pm g(x)]=\lim f(x)\pm\lim g(x)=A\pm B$，可推广到有限项；

② $\lim[f(x)\cdot g(x)]=\lim f(x)\cdot\lim g(x)=A\cdot B$，可推广到有限项；

③ $\lim[Cf(x)]=C\lim f(x)$，C 为常数；

④ $\lim[f(x)]^n=[\lim f(x)]^n$，$n$ 为整数；

⑤ $\lim\dfrac{f(x)}{g(x)}=\dfrac{\lim f(x)}{\lim g(x)}=\dfrac{A}{B}$，$B\neq0$.

有界变量与无穷小的乘积还是无穷小.

$\lim\limits_{u\to u_0}f(u)=f(u_0)$，$\lim\limits_{x\to x_0}\varphi(x)=u_0\Rightarrow\lim\limits_{x\to x_0}f[\varphi(x)]=f[\lim\limits_{x\to x_0}\varphi(x)]$.

(2) 求极限的常用方法.

① $\dfrac{0}{0}$型，通常采用的方法有：提取公因式法、因式分解法、分式有理化法.

② $\dfrac{\infty}{\infty}$型，用分子分母中的最高次幂项分别去除分子和分母的每一项(分母的极限存在且不为零)，然后求极限.

有理分式的极限：

$$\lim_{x\to\infty}\frac{a_0x^m+a_1x^{m-1}+\cdots+a_m}{b_0x^n+b_1x^{n-1}+\cdots+b_n}=\begin{cases}\dfrac{a_0}{b_0}, & m=n,\\ 0, & m<n,\\ \infty, & m>n.\end{cases}$$

③ $\infty-\infty$型，要先通分，消去零因子，再求极限.

4. 重要极限与无穷小的比较

(1) 第一个重要极限：$\lim\limits_{x\to 0}\dfrac{\sin x}{x}=1$.

属于上式变形的有$\lim\limits_{x\to 0}\dfrac{x}{\sin x}=1$，$\lim\limits_{x\to 0}\dfrac{\tan x}{x}=1$，$\lim\limits_{x\to 0}\dfrac{x}{\tan x}=1$，$\lim\limits_{x\to C}\dfrac{\sin\varphi(x)}{\varphi(x)}=1$ ($x\to C$时，$\varphi(x)\to 0$).

(2) 第二个重要极限：$\lim\limits_{n\to\infty}\left(1+\dfrac{1}{n}\right)^n=\mathrm{e}$.

属于上式变形的有$\lim\limits_{x\to\infty}\left(1+\dfrac{1}{x}\right)^x=\mathrm{e}$，$\lim\limits_{t\to 0}(1+t)^{\frac{1}{t}}=\mathrm{e}$，$\lim\limits_{x\to C}[1+\varphi(x)]^{\frac{1}{\varphi(x)}}=\mathrm{e}$ ($x\to C$时，$\varphi(x)\to 0$)，$\lim\limits_{x\to a}\left[1+\dfrac{1}{\varphi(x)}\right]^{\varphi(x)}=\mathrm{e}$ ($x\to a$时，$\varphi(x)\to\infty$).

(3) 无穷小的比较.

① $\lim\dfrac{\beta}{\alpha}=0\Rightarrow\beta=o(\alpha)$，$\beta$为$\alpha$的高阶无穷小.

② $\lim\dfrac{\beta}{\alpha}=C\neq 0$，$\beta$与$\alpha$是同阶无穷小；特别地，$C=1$时，$\beta$与$\alpha$是等价无穷小，记为$\alpha\sim\beta$.

③ $\lim\dfrac{\beta}{\alpha}=\infty$，则称$\beta$为$\alpha$的低阶无穷小.

5. 函数连续性

(1) 连续的定义式：

① $\lim\limits_{\Delta x\to 0}\Delta y=0$ 或 $\lim\limits_{\Delta x\to 0}[f(x_0+\Delta x)-f(x_0)]=0$；

② $\lim\limits_{x\to x_0}f(x)=f(x_0)$.

(2) 间断点的分类(x_0是间断点(不连续的点))：

第一类间断点：$\lim\limits_{x\to x_0^-}f(x)$与$\lim\limits_{x\to x_0^+}f(x)$都存在；

第二类间断点：$\lim\limits_{x\to x_0^-}f(x)$与$\lim\limits_{x\to x_0^+}f(x)$至少有一个不存在.

(3) 初等函数在其定义区间上是连续的.

(4) 闭区间上连续函数有如下性质：具有最大值和最小值；有界；若端点函数值异号，则在开区间上至少有一点的函数值为零.

习题讲解

1. 判断题

(1) 单调减的数列一定没有极限.(　　)

(2) 若$\lim\limits_{x\to x_0}f(x)$不存在，则 $y=f(x)$在 x_0 处无意义.(　　)

(3) 若 $\lim\limits_{x\to x_0^+}f(x)=\lim\limits_{x\to x_0^-}f(x)=A$，则$\lim\limits_{x\to x_0}f(x)=A$.(　　)

(4) 无穷大实际上就是绝对值非常大的常数.(　　)

(5) 若 $\lim\limits_{x\to+\infty}f(x)$和 $\lim\limits_{x\to-\infty}f(x)$都存在，则$\lim\limits_{x\to\infty}f(x)$存在.(　　)

(6) 初等函数在其定义区间内都是连续的.(　　)

(7) 若 $f(x)$为有界函数且$\lim\limits_{x\to\infty}g(x)=0$，则$\lim\limits_{x\to\infty}[f(x)\cdot g(x)]=0$.(　　)

2. 填空题

(1) 函数 $y=e^{\tan\frac{1}{x}}$是由________、________、________复合而成.

(2) 函数 $f(x)=\dfrac{1}{\sqrt{x^2-3x+2}}$的连续区间为________________.

(3) $\lim\limits_{x\to0}(1-2x)^{\frac{1}{x}}=$________。

(4) 设 $f(x)=\begin{cases}\dfrac{\sin ax}{x}, & x<0,\\ 1, & x=0,\\ \dfrac{2\ln(1+x)}{x}, & x>0\end{cases}$ 在 $x=0$ 处极限存在，则 $a=$________.

(5) 若 $x\to0$，无穷小($\sqrt{1+x}-\sqrt{1-x}$)是无穷小 x 的________无穷小.

(6) 函数 $f(x)=\dfrac{x^2-1}{x^2-2x-3}$的间断点是________，其中可去间断点是________，无穷间断点是________.

3. 选择题

(1) 数列 0,1,2,0,1,2,0,1,2,…，________.

A. 收敛于 0　　B. 收敛于 1　　C. 收敛于 2　　D. 发散

(2) 已知函数 $f(\sin x)=\cos 2x$，则 $f(x)=$________.

A. $1-x^2$　　B. $1-2x^2$　　C. $1+2x^2$　　D. $2x^2-1$

(3) 设函数 $f(x)=\dfrac{|x+1|}{x+1}$，则 $\lim\limits_{x\to-1}f(x)=$________.

A. 0　　B. -1　　C. 1　　D. 不存在

(4) 当 $x\to x_0$ 时，α 和 $\beta(\beta\neq0)$都是无穷小. 当 $x\to x_0$ 时，下列变量中可能不是无穷小的是________.

A. $\alpha+\beta$　　B. $\alpha-\beta$　　C. $\alpha\cdot\beta$　　D. $\dfrac{\alpha}{\beta}$

(5) 若 $\lim\limits_{x\to x_0^-}f(x)=A$，$\lim\limits_{x\to x_0^+}f(x)=A$，则 $f(x)$在点 x_0 处________.

A. 一定有定义　　B. 一定有 $f(x_0)=A$

C. 一定有极限　　D. 一定连续

(6) 若$\lim\limits_{x\to\infty}\left(1+\dfrac{k}{x}\right)^x=\sqrt{e}$，则 $k=$________.

A. 2　　B. -2　　C. $\dfrac{1}{2}$　　D. $-\dfrac{1}{2}$

4. 求下列极限

(1) $\lim\limits_{x\to\infty}\dfrac{2x^2-4}{3x^2-x-5}$.

(2) $\lim\limits_{x\to\infty}\left(1-\dfrac{1}{x}\right)^{2x}$.

(3) $\lim\limits_{x\to 0}\dfrac{\sin 2x}{\sin 5x}$.

(4) $\lim\limits_{x\to 1}\dfrac{\sin(x-1)}{x^2-1}$.

(5) $\lim\limits_{x\to 0}\left(x\sin\dfrac{1}{x}\right)$.

(6) $\lim\limits_{x\to\infty}\left(1+\dfrac{1}{x}\right)^{x+1}$.

5. 解答题

(1) 求函数 $f(x)=\dfrac{x^2+2x-3}{x^2-3x+2}$的间断点，并求$\lim\limits_{x\to 1}f(x)$.

(2) 设函数 $f(x)=\begin{cases}\dfrac{\sin 2x}{x}, & x<0,\\ (x+k)^2, & x\geqslant 0,\end{cases}$ 问 k 为何值时，$\lim\limits_{x\to 0}f(x)$存在？

6. 证明题

证明方程 $e^{2x}-x^2=3$ 在$(0,1)$内至少有一个实根.

第2模块

一元函数微分学

【学习目标】

理解导数、微分的概念,掌握导数的求法;掌握罗尔定理和拉格朗日中值定理;掌握洛必达法则的应用;了解函数的渐近线和作图方法;会判断函数的单调性,凹凸区间及拐点;会求函数的极值,进一步掌握求函数最大值和最小值的方法.

导数与微分在机械类专业课中有着很广泛的应用,可以说遍及了工程力学的方方面面,同时也是其他专业课程必备知识.

以下是工程力学中刚体运动部分内容的一个案例.

案例1 (1) 点的轨迹.

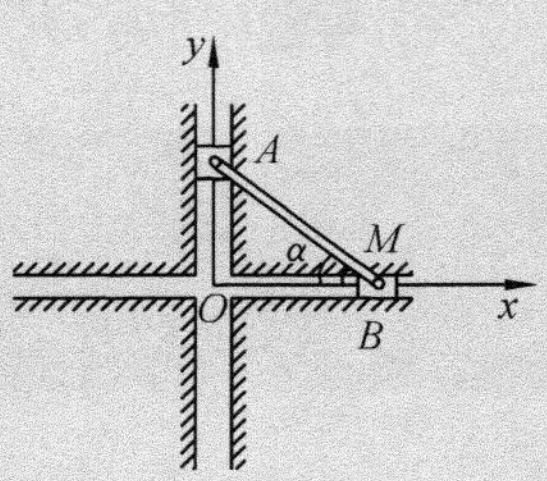

在右图所示的椭圆规机构中，已知连杆 AB 长为 l，连杆两端分别与滑块铰接，滑块可在两互相垂直的导轨内滑动，$\alpha=\omega t$，$AM=\frac{2}{3}l$. 求连杆上点 M 的运动方程和轨迹方程.

解 以垂直导轨的交点为原点，作直角坐标系 xOy（如右图所示），设点 M 坐标为(x,y).

由题意得
$$\begin{cases}x=\frac{2}{3}l\cos\alpha,\\ y=\frac{1}{3}l\sin\alpha.\end{cases}$$

将 $\alpha=\omega t$ 代入上式，得点 M 的运动方程
$$\begin{cases}x=\frac{2}{3}l\cos\omega t,\\ y=\frac{1}{3}l\sin\omega t.\end{cases}$$

从运动方程中消去时间 t，得点 M 的轨迹方程
$$\frac{x^2}{4}+y^2=\frac{l^2}{9}.$$

上式表明，点 M 的运动轨迹为一椭圆.

(2) 点的速度.

设点的速度 v 在3个坐标轴上的投影分别为 v_x, v_y, v_z，经推导有
$$\begin{cases}v_x=\frac{\mathrm{d}x}{\mathrm{d}t},\\ v_y=\frac{\mathrm{d}y}{\mathrm{d}t},\\ v_z=\frac{\mathrm{d}z}{\mathrm{d}t}.\end{cases}$$

由此，速度 v 的大小为
$$v=\sqrt{v_x^2+v_y^2+v_z^2}.$$

速度 v 的方向由方向余弦确定，方向余弦为
$$\begin{cases}\cos(\widehat{v,\boldsymbol{i}})=\frac{v_x}{v},\\ \cos(\widehat{v,\boldsymbol{j}})=\frac{v_y}{v},\\ \cos(\widehat{v,\boldsymbol{k}})=\frac{v_z}{v}.\end{cases}$$

(3) 点的加速度.

设点的加速度 $\boldsymbol{a}$ 在3个坐标轴上的投影分别为 a_x, a_y, a_z，则
$$\begin{cases}a_x=\frac{\mathrm{d}v_x}{\mathrm{d}t}=\frac{\mathrm{d}^2x}{\mathrm{d}t^2},\\ a_y=\frac{\mathrm{d}v_y}{\mathrm{d}t}=\frac{\mathrm{d}^2y}{\mathrm{d}t^2},\\ a_z=\frac{\mathrm{d}v_z}{\mathrm{d}t}=\frac{\mathrm{d}^2z}{\mathrm{d}t^2}.\end{cases}$$

加速度 $\boldsymbol{a}$ 的大小为

$$a=\sqrt{a_x^2+a_y^2+a_z^2}.$$

加速度的方向也由方向余弦确定，其方向余弦为

$$\begin{cases}\cos(\widehat{\boldsymbol{a},\boldsymbol{i}})=\dfrac{a_x}{a},\\ \cos(\widehat{\boldsymbol{a},\boldsymbol{j}})=\dfrac{a_y}{a},\\ \cos(\widehat{\boldsymbol{a},\boldsymbol{k}})=\dfrac{a_z}{a}.\end{cases}$$

设点的速度 v 在 3 个坐标轴上的投影分别为

$$v_x=\frac{\mathrm{d}x}{\mathrm{d}t},\qquad v_y=\frac{\mathrm{d}y}{\mathrm{d}t},\qquad v_z=\frac{\mathrm{d}z}{\mathrm{d}t}.$$

这 3 个式子分别表示 x 对 t 的一阶导数，y 对 t 的一阶导数和 z 对 t 的一阶导数.

点的加速度 $\boldsymbol{a}$ 在 3 个坐标轴上的投影分别为

$$a_x=\frac{\mathrm{d}v_x}{\mathrm{d}t}=\frac{\mathrm{d}^2x}{\mathrm{d}t^2},\qquad a_y=\frac{\mathrm{d}v_y}{\mathrm{d}t}=\frac{\mathrm{d}^2y}{\mathrm{d}t^2},\qquad a_z=\frac{\mathrm{d}v_z}{\mathrm{d}t}=\frac{\mathrm{d}^2z}{\mathrm{d}t^2}.$$

这 3 个式子分别表示 x 对 t 的二阶导数，y 对 t 的二阶导数和 z 对 t 的二阶导数.

同学们必须很好地掌握导数的概念及其求法.

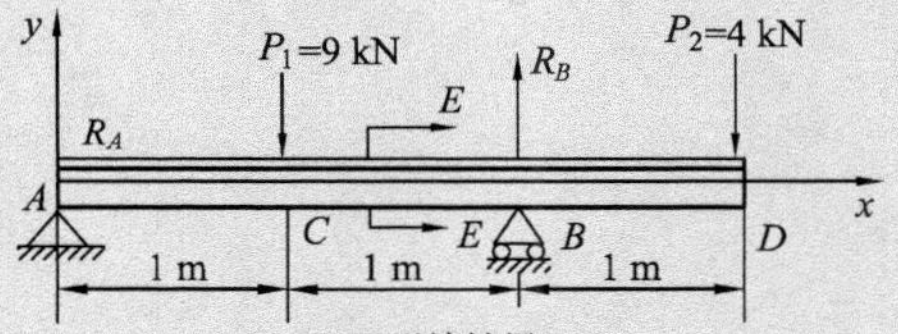

(a) T形铸铁梁

以下是工程力学中平面弯曲部分内容的一个案例.

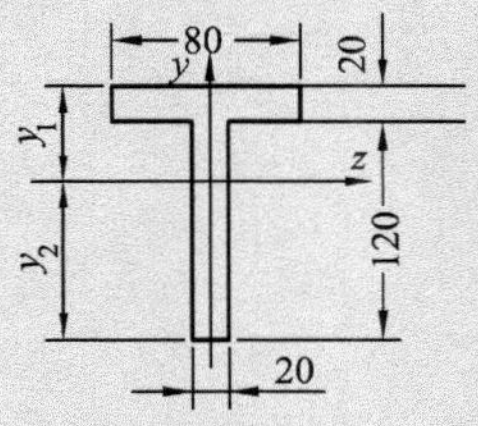

(b) E-E截面

案例 2 图(a)为一 T 形铸铁梁的示意图. 铸铁的许用拉应力 $[\sigma_l]=30$ MPa，许用压应力 $[\sigma_y]=60$ MPa，T 形截面尺寸如图(b)所示. 已知截面对中性轴 z 的惯性矩 $I_z=763\ \text{cm}^4$，且 $y_1=52$ mm，试校核梁的强度.

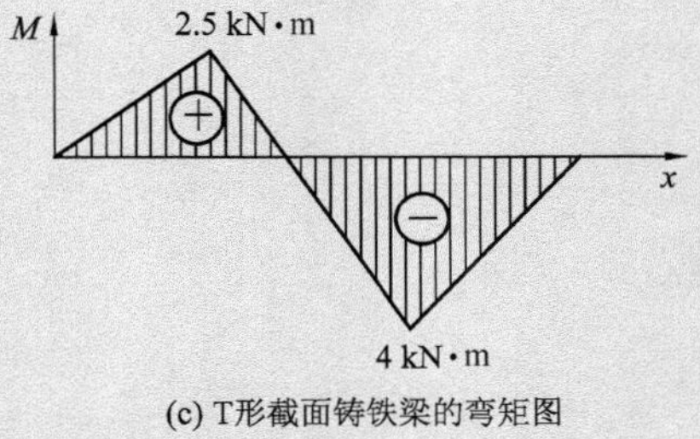

(c) T形截面铸铁梁的弯矩图

解 由平衡条件可以求出支座反力为

$$R_A=2.5\ \text{kN},\qquad R_B=10.5\ \text{kN}.$$

作出弯矩图，如图(c)所示. 由图可知，最大正弯矩在截面 C 上，$M_C=2.5\ \text{kN}\cdot\text{m}$；最大负弯矩在截面 B 上，$M_B=-4\ \text{kN}\cdot\text{m}$.

在截面 B 上，最大拉应力在截面的上边缘各点处，其值为

$$\sigma_{l\max}=\frac{M_By_1}{I_z}=\frac{4\times10^3\times52\times10^{-3}}{763\times10^{-8}}=27.3\ \text{MPa}.$$

最大压应力在下边缘各点处，其值为

$$\sigma_{y\max}=\frac{M_By_2}{I_z}=\frac{4\times10^3\times(120+20-52)\times10^{-3}}{763\times10^{-8}}$$
$$=46.1\ \text{MPa}.$$

弯矩 M_C 虽小于 M_B 的绝对值，但最大拉应力发生在 C 截面的下边缘，而下边缘到中性轴的距离较大，因而有可能发生比 B 截面上还要大的拉应力. 在截面 C 上

$$\sigma_{l\max}=\frac{M_C y_2}{I_z}=\frac{2.5\times10^3\times(120+20-52)\times10^{-3}}{763\times10^{-8}}$$
$$=28.8\ \mathrm{MPa}.$$

这个案例用到了求函数的最大值和最小值问题，而求函数的最值是导数的一个具体的应用. 本模块我们将学习导数与微分及其应用.

导数与微分统称为微分学. 导数的概念产生于以下两个实际问题的研究：① 求曲线的切线问题；② 求非匀速运动的速度. 作曲线的切线问题是微分学的基本问题.

本模块将从实际问题出发引入导数与微分的概念，讨论其计算方法，并利用导数来研究函数的单调性、极值、最值和曲线的一些性质及微分的应用.

日期：________________　　教师：________________

2.1　导数及其运算法则

学习内容：导数及其运算法则.

目的要求：理解导数的定义，会求函数在某点的导数，掌握基本求导公式，会求函数的导函数，理解导数的几何意义，了解可导与连续的关系.

重点难点：导数的概念及运算.

课前探讨

1. 举出 3 个与变化率有关的例子.
2. 阐述函数在某点的导数与某区间的导数的定义.
3. 阐述左导数、右导数的概念.
4. 阐述可导的充分必要条件.
5. 阐述基本求导公式与运算法则.
6. 阐述导数的几何意义.
7. 阐述曲线在某点的切线方程与法线方程.
8. 阐述可导与连续的关系.

课堂讲习

案例 1（液体的 pH 值变化率）　化学家利用 pH 值比较不同液体的酸性. pH 值由液体中氢离子的浓度 x 决定：$\mathrm{pH}=\lg x$. 求当 $\mathrm{pH}=2$ 时 pH 对氢离子的浓度的变化率.

案例 2（汽车行驶瞬时速度）　若物体做匀速直线运动，则其速度为常量 $v=\frac{\Delta s}{\Delta t}$. 例如小王驱车到 80 km 外的一个小镇，共用了 2 h，则 $\bar{v}=\frac{\Delta s}{\Delta t}=\frac{80}{2}=40$ km/h 为汽车行驶的平均速度. 然而车速器显示的速度（瞬时速度）却在不停地变化，这是因为汽车在做变速运动. 如何计算汽车行驶的瞬时速度呢？

案例 3（冷却速度）　当物体的温度高于周围介质的温度时，物体就不断冷却. 若物体的温度 T 与时间 t 的函数关系为 $T=T(t)$，请表示出物体在 t 时刻的冷却速度.

2.1.1 导数的定义

定义 1 设函数 $y=f(x)$在点 x_0 的某邻域内有定义，而且当自变量 x 在 x_0 处取得改变量 Δx 时，相应地，函数 y 取得改变量 $\Delta y=f(x_0+\Delta x)-f(x_0)$. 如果当 $\Delta x\to 0$ 时，比值$\frac{\Delta y}{\Delta x}$极限存在，则称函数 $y=f(x)$在点 x_0 处**可导**，并称此极限值为函数 $y=f(x)$在 x_0 处的**导数**，记作

$$f'(x_0),y'\Big|_{x=x_0},\frac{\mathrm{d}y}{\mathrm{d}x}\Big|_{x=x_0}或\frac{\mathrm{d}f}{\mathrm{d}x}\Big|_{x=x_0},$$

也可记作

$$f'(x_0)=\lim_{\Delta x\to 0}\frac{\Delta y}{\Delta x}=\lim_{\Delta x\to 0}\frac{f(x_0+\Delta x)-f(x_0)}{\Delta x}.$$

如果$\lim\limits_{\Delta x\to 0}\frac{\Delta y}{\Delta x}$不存在，则称 $f(x)$在 x_0 处**不可导**.

在上面定义中，若记 $x=x_0+\Delta x$，则 $f'(x_0)=\lim\limits_{x\to x_0}\frac{f(x)-f(x_0)}{x-x_0}$.

定义 2 若函数 $y=f(x)$在开区间 I 内的每点都可导，就称函数 $y=f(x)$**在开区间 I 内可导**. 这时，对于任意的 $x\in I$，都对应着 $f(x)$的一个确定的导数值. 这样就构成了一个新的函数，该函数称为原函数 $y=f(x)$的**导函数**，记作

$$f'(x),y',\frac{\mathrm{d}y}{\mathrm{d}x}或\frac{\mathrm{d}f}{\mathrm{d}x}.$$

由于导数本身是$\frac{\Delta y}{\Delta x}$的极限，而极限存在的充分必要条件是左右极限存在且相等，因此 $f'(x_0)$存在的充分必要条件是左右极限

$$f'_-(x_0)=\lim_{\Delta x\to 0^-}\frac{f(x_0+\Delta x)-f(x_0)}{\Delta x},f'_+(x_0)=\lim_{\Delta x\to 0^+}\frac{f(x_0+\Delta x)-f(x_0)}{\Delta x}$$

都存在且相等. 这两个极限分别称为函数 $f(x)$在点 x_0 的**左导数**和**右导数**，记作 $f'_-(x_0)$和 $f'_+(x_0)$. 上述等价关系可表示为

$$f'(x_0)存在\Leftrightarrow f'_-(x_0)=f'_+(x_0).$$

例题 1 求 $y=2x^2$ 的导数 y'，并求 $y'\Big|_{x=2}$.

解 对任意点 x，当自变量的改变量为 Δx，则相应的 y 的改变量

$$\Delta y=2(x+\Delta x)^2-2x^2=4x\Delta x+2(\Delta x)^2.$$

由导数的定义知

$$y'=\lim_{\Delta x\to 0}\frac{\Delta y}{\Delta x}=\lim_{\Delta x\to 0}\frac{4x\Delta x+2(\Delta x)^2}{\Delta x}=\lim_{\Delta x\to 0}(4x+2\Delta x)=4x.$$

由导函数再求指定点的导数值 $y'|_{x=2}=4x|_{x=2}=8$.

练习 1 求 $y=C$(C 是常数)的导数.

解

2.1.2 基本初等函数的导数公式(公式中要求 $a>0,a\neq1$)

(1) $(C)'=0$； (2) $(x^{\alpha})'=\alpha x^{\alpha-1}$；

(3) $(a^x)'=a^x\ln a$； (4) $(\mathrm{e}^x)'=\mathrm{e}^x$；

(5) $(\log_a x)'=\dfrac{1}{x\ln a}$； (6) $(\ln x)'=\dfrac{1}{x}$；

(7) $(\sin x)'=\cos x$； (8) $(\cos x)'=-\sin x$；

(9) $(\tan x)'=\sec^2 x$； (10) $(\cot x)'=-\csc^2 x$；

(11) $(\sec x)'=\sec x\cdot\tan x$； (12) $(\csc x)'=-\csc x\cdot\cot x$；

(13) $(\arcsin x)'=\dfrac{1}{\sqrt{1-x^2}}$； (14) $(\arccos x)'=-\dfrac{1}{\sqrt{1-x^2}}$；

(15) $(\arctan x)'=\dfrac{1}{1+x^2}$； (16) $(\text{arccot}\, x)'=-\dfrac{1}{1+x^2}$.

2.1.3 导数的几何意义

函数 $y=f(x)$ 于点 x_0 处的导数 $f'(x_0)$，在几何上表示曲线 $y=f(x)$ 在点 $M_0(x_0,f(x_0))$ 的切线 M_0T 的斜率，见图 2-1，由此可分别得到曲线在该点的切线方程和法线方程.

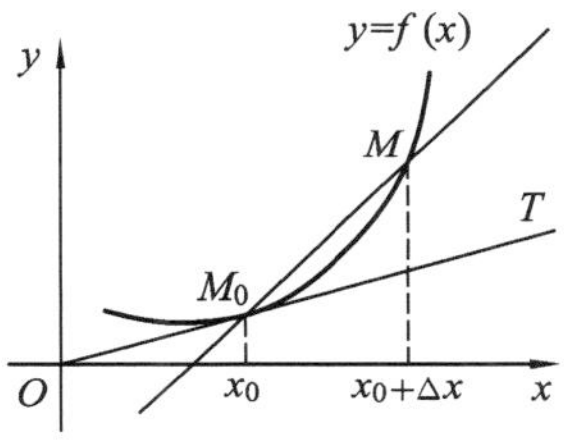

图 2-1

切线方程：$y-f(x_0)=f'(x_0)(x-x_0)$；

法线方程：$y-f(x_0)=-\dfrac{1}{f'(x_0)}(x-x_0)$， $f'(x_0)\neq0$.

若 $f'(x_0)=0$，则切线平行 x 轴，法线平行 y 轴.

例题 2 求曲线 $y=\cos x$ 在点 $\left(\dfrac{\pi}{3},\dfrac{1}{2}\right)$ 处的切线方程和法线方程.

解 由 $(\cos x)'=-\sin x$ 知 $y'\Big|_{x=\frac{\pi}{3}}=-\sin x\Big|_{x=\frac{\pi}{3}}=-\dfrac{\sqrt{3}}{2}$.

故所求切线方程为 $$y-\frac{1}{2}=-\frac{\sqrt{3}}{2}\left(x-\frac{\pi}{3}\right)；$$

法线方程为 $$y-\frac{1}{2}=\frac{2\sqrt{3}}{3}\left(x-\frac{\pi}{3}\right).$$

2.1.4 可导与连续的关系

若函数 $y=f(x)$ 在点 x_0 可导，即 $f'(x_0)$ 存在，由导数定义知 $f'(x_0)=\lim\limits_{\Delta x\to0}\dfrac{\Delta y}{\Delta x}$，得 $\dfrac{\Delta y}{\Delta x}=f'(x_0)+\alpha(x)$，其中 $\lim\limits_{\Delta x\to0}\alpha(x)=0$，则

$$\Delta y=f'(x_0)\Delta x+\alpha(x)\Delta x.$$

从而 $$\lim_{\Delta x\to0}\Delta y=\lim_{\Delta x\to0}[f'(x_0)\Delta x+\alpha(x)\Delta x]=0,$$

即 $f(x)$ 在 x_0 连续.

因而有如下结论：

若函数 $f(x)$在点 x_0 可导，则它在点 x_0 必连续，反之不成立. 即函数 $f(x)$在点 x_0 连续只是 $f(x)$在点 x_0 可导的必要非充分条件.

例如，函数 $y=|x-1|$在 $x=1$ 处连续，但是不可导.

事实上，$\lim\limits_{\Delta x\to 0}\dfrac{f(1+\Delta x)-f(1)}{\Delta x}=\lim\limits_{\Delta x\to 0}\dfrac{|0+\Delta x|-0}{\Delta x}=\lim\limits_{\Delta x\to 0}\dfrac{|\Delta x|}{\Delta x}$.

当 $\Delta x<0$ 时，$\lim\limits_{\Delta x\to 0^-}\dfrac{|\Delta x|}{\Delta x}=\lim\limits_{\Delta x\to 0^-}\dfrac{-\Delta x}{\Delta x}=-1$；

当 $\Delta x>0$ 时，$\lim\limits_{\Delta x\to 0^+}\dfrac{|\Delta x|}{\Delta x}=\lim\limits_{\Delta x\to 0^+}\dfrac{\Delta x}{\Delta x}=1$.

由于左右导数不相等，所以 $y=|x-1|$在 $x=1$ 处不可导.

2.1.5 导数的运算法则

当求一些比较复杂的函数的导数时，我们还需要借助于导数的四则运算法则.

定理 设函数 $u=u(x)$，$v=v(x)$在 x 处可导，则

(1) $u(x)\pm v(x)$可导，且$[u(x)\pm v(x)]'=u'(x)\pm v'(x)$.

(2) $u(x)\cdot v(x)$可导，且$[u(x)\cdot v(x)]'=u'(x)v(x)+u(x)v'(x)$.

(3) $\dfrac{u(x)}{v(x)}$可导，且$\left[\dfrac{u(x)}{v(x)}\right]'=\dfrac{u'(x)v(x)-u(x)v'(x)}{v^2(x)}\quad(v(x)\neq 0)$.

我们只证明乘积的导数运算法则，其他法则可类似证明.

证 设函数 $y=u(x)\cdot v(x)$在点 x 取得改变量 Δx，相应的 y 的改变量

$$\begin{aligned}\Delta y &=u(x+\Delta x)v(x+\Delta x)-u(x)v(x)\\&=u(x+\Delta x)v(x+\Delta x)-u(x)v(x+\Delta x)+u(x)v(x+\Delta x)-u(x)v(x)\\&=[u(x+\Delta x)-u(x)]v(x+\Delta x)+u(x)[v(x+\Delta x)-v(x)].\end{aligned}$$

因为 $u=u(x)$，$v=v(x)$都可导，且可导必连续，于是

$$\begin{aligned}y'&=\lim_{\Delta x\to 0}\frac{\Delta y}{\Delta x}=\lim_{\Delta x\to 0}\frac{u(x+\Delta x)-u(x)}{\Delta x}\cdot\lim_{\Delta x\to 0}v(x+\Delta x)+u(x)\cdot\lim_{\Delta x\to 0}\frac{v(x+\Delta x)-v(x)}{\Delta x}\\&=u'(x)v(x)+u(x)v'(x).\end{aligned}$$

加法、乘积法则可推广到有限个函数的情形.

练习 2 设 $f(x)=2x^3+3x-\ln 2$，求 $f'(x)$，$f'(2)$.

解

练习 3(制冷效果) 某电器厂在对冰箱制冷后断电测试其制冷效果，t h 后冰箱的温度为 $T=\dfrac{2t}{0.05t+1}-20$ (单位：℃). 问冰箱温度 T 关于时间 t 的变化率是多少?

解

日期：____________________ 教师：____________________

2.2 求导法则

学习内容：求导法则.

目的要求：掌握复合函数、隐函数、参数方程的求导法则，理解并掌握对数求导法及高阶导数的概念.

重点难点：复合函数的求导法则.

课前探讨

1. 回顾复合函数及其复合过程，并举例(至少 2 个).
2. 阐述复合函数求导法则.
3. 阐述隐函数求导法则.
4. 阐述参数方程求导法则.
5. 阐述对数求导法.
6. 阐述高阶导数的概念.

课堂讲习

案例(放射物的衰减) 放射性元素碳-14 的衰减由下式给出：$Q=\mathrm{e}^{-0.000\,12t}$，其中 Q 是 t 年后碳-14 存余的数量(单位：g). 问碳-14 的衰减速度(单位：g/a)是多少？

2.2.1 复合函数求导法则

定理 1 如果 $u=\varphi(x)$ 在点 x 可导，而 $y=f(u)$ 在 $u=\varphi(x)$ 可导，则复合函数 $y=f[\varphi(x)]$ 在点 x 处可导，且

$$\frac{\mathrm{d}y}{\mathrm{d}x}=\frac{\mathrm{d}y}{\mathrm{d}u}\cdot\frac{\mathrm{d}u}{\mathrm{d}x},$$

或记作

$$\{f[\varphi(x)]\}'=f'(u)\varphi'(x)=f'[\varphi(x)]\varphi'(x).$$

证 设变量 x 有改变量 Δx，相应地，变量 u 有改变量 Δu，从而变量 y 有改变量 Δy. 由于函数 $u=\varphi(x)$ 可导，故必连续，即有 $\lim\limits_{\Delta x\to 0}\Delta u=0$.

因

$$\frac{\Delta y}{\Delta x}=\frac{\Delta y}{\Delta u}\cdot\frac{\Delta u}{\Delta x}\quad(\Delta u\neq 0),$$

所以 $$\lim_{\Delta x\to 0}\frac{\Delta y}{\Delta x}=\lim_{\Delta x\to 0}\left(\frac{\Delta y}{\Delta u}\cdot\frac{\Delta u}{\Delta x}\right)=\lim_{\Delta x\to 0}\frac{\Delta y}{\Delta u}\cdot\lim_{\Delta x\to 0}\frac{\Delta u}{\Delta x}=\lim_{\Delta u\to 0}\frac{\Delta y}{\Delta u}\cdot\lim_{\Delta x\to 0}\frac{\Delta u}{\Delta x},$$

即 $$\frac{\mathrm{d}y}{\mathrm{d}x}=\frac{\mathrm{d}y}{\mathrm{d}u}\cdot\frac{\mathrm{d}u}{\mathrm{d}x}.$$

以上是在 $\Delta u\neq 0$ 时证明的；当 $\Delta u=0$ 时，可以证明上式仍然成立.

例题 1 设 $y=\mathrm{e}^{\sin x}$，求 y'.

解 设 $y=f(u)=\mathrm{e}^u$，$u=\varphi(x)=\sin x$，于是

$$y'=f'(u)\varphi'(x)=(\mathrm{e}^u)'(\sin x)'=\mathrm{e}^{\sin x}\cdot\cos x.$$

练习 1 $y=(3x^2+2x+1)^4$，求 y'.

解

2.2.2 隐函数的导数

显函数 形如 $y=f(x)$ 的函数称为显函数. 例如 $y=\sin x$，$y=\ln x+\mathrm{e}^x$.

隐函数 由方程 $F(x,y)=0$ 所确定的函数称为隐函数. 例如方程 $x+y^3-1=0$ 表示的函数为隐函数.

如果在方程 $F(x,y)=0$ 中，当 x 取某区间内的任一值时，相应地，总有满足这方程的唯一的 y 值存在，那么就说方程 $F(x,y)=0$ 在该区间内确定了一个隐函数.

把一个隐函数化成显函数，叫做**隐函数的显化**. 隐函数的显化有时是有困难的，甚至是不可能的. 但在实际问题中，有时需要计算隐函数的导数. 因此，我们希望有一种方法，不管隐函数能否显化，都可直接由方程计算它所确定的隐函数的导数.

例题 2 求由方程 $\mathrm{e}^y+xy-\mathrm{e}=0$ 所确定的隐函数 y 的导数.

解 把方程两边的每一项对 x 求导数得

$$(\mathrm{e}^y)'+(xy)'-(\mathrm{e})'=(0)',$$

即 $$\mathrm{e}^y y'+y+xy'=0,$$

从而 $$y'=-\frac{y}{x+\mathrm{e}^y}\quad(x+\mathrm{e}^y\neq 0).$$

隐函数求导过程如下：

(1) 方程 $F(x,y)=0$ 两边同时对 x 求导，把 $F(x,y)$ 中的 y 看成是 x 的函数，利用复合函数的求导法则计算；

(2) 解出 y'.

练习 2 求由方程 $y^5+2y-x-3x^7=0$ 所确定的隐函数 $y=f(x)$ 在 $x=0$ 处的导数 $y'\Big|_{x=0}$.

解

2.2.3 对数求导法

这种方法是先在 $y=f(x)$ 的两边取对数，然后再求出 y 的导数.

设 $y=f(x)$，两边取对数，得 $\ln y=\ln f(x)$，两边对 x 求导，得

$$\frac{1}{y}y'=[\ln f(x)]',$$

即
$$y'=f(x)[\ln f(x)]'.$$

对数求导法适用于求幂指函数 $y=[u(x)]^{v(x)}$ 的导数及多因子之积和商构成的较复杂的函数的导数.

例题 3 求 $y=x^{\sin x}(x>0)$ 的导数.

解法 1 两边取对数，得

$$\ln y=\sin x\cdot\ln x.$$

上式两边对 x 求导，得

$$\frac{1}{y}y'=\cos x\cdot\ln x+\sin x\cdot\frac{1}{x}.$$

于是
$$y'=y\left(\cos x\cdot\ln x+\sin x\cdot\frac{1}{x}\right)=x^{\sin x}\left(\cos x\cdot\ln x+\frac{\sin x}{x}\right).$$

解法 2 这种幂指函数的导数也可按下面的方法求解.

因为
$$y=x^{\sin x}=\mathrm{e}^{\sin x\cdot\ln x},$$

所以
$$y'=\mathrm{e}^{\sin x\cdot\ln x}(\sin x\cdot\ln x)'=x^{\sin x}\left(\cos x\cdot\ln x+\frac{\sin x}{x}\right).$$

例题 4 求函数 $y=\sqrt{\dfrac{(x-1)(x-2)}{(x-3)(x-4)}}$ 的导数.

解 先在两边取对数(假定 $x>4$)，得

$$\ln y=\frac{1}{2}[\ln(x-1)+\ln(x-2)-\ln(x-3)-\ln(x-4)].$$

上式两边对 x 求导，得

$$\frac{1}{y}y'=\frac{1}{2}\left(\frac{1}{x-1}+\frac{1}{x-2}-\frac{1}{x-3}-\frac{1}{x-4}\right),$$

于是
$$y'=\frac{y}{2}\left(\frac{1}{x-1}+\frac{1}{x-2}-\frac{1}{x-3}-\frac{1}{x-4}\right).$$

对于当 $x<1$ 时，$y=\sqrt{\dfrac{(1-x)(2-x)}{(3-x)(4-x)}}$；当 $2<x<3$ 时，$y=\sqrt{\dfrac{(x-1)(x-2)}{(3-x)(4-x)}}$，用同样方法可得与上面相同的结果.

严格来说，本题应分 $x>4$，$x<1$，$2<x<3$ 三种情况讨论，但结果都是一样的.

2.2.4 参数方程的求导法则

定理 2 若函数 $y=f(x)$ 由参数方程 $\begin{cases}x=\varphi(t),\\ y=\psi(t)\end{cases}$ 确定，其中 $\varphi(t)$ 与 $\psi(t)$ 可导且 $\varphi'(t)\neq0$，则函数 $y=f(x)$ 可导，且 $\dfrac{\mathrm{d}y}{\mathrm{d}x}=\dfrac{\frac{\mathrm{d}y}{\mathrm{d}t}}{\frac{\mathrm{d}x}{\mathrm{d}t}}=\dfrac{\psi'(t)}{\varphi'(t)}$.

例题 5 求摆线 $\begin{cases} x=2(t-\sin t), \\ y=2(1-\cos t), \end{cases}$ 在 $t=\frac{\pi}{2}$ 处的切线方程.

解 摆线上 $t=\frac{\pi}{2}$ 的对应点是 $(\pi-2,\ 2)$，又因为

$$\frac{dy}{dx}=\frac{2\sin t}{2(1-\cos t)}=\frac{\sin t}{1-\cos t},$$

所以

$$\left.\frac{dy}{dx}\right|_{t=\frac{\pi}{2}}=1.$$

所求切线方程为

$$y-2=x-(\pi-2),$$

即

$$x-y-\pi+4=0.$$

2.2.5 高阶导数

一般地，如果函数 $y=f(x)$ 的导函数 $y'=f'(x)$ 仍是可导的，则称 $f'(x)$ 的导数为函数 $y=f(x)$ 的**二阶导数**，记作

$$y'',f''(x),\frac{d^2y}{dx^2}\text{或}\frac{d^2f}{dx^2}.$$

这时也称函数 $y=f(x)$ 二阶可导. 按照导数的定义，函数 $f(x)$ 的二阶导数应表示为

$$f''(x)=\lim_{\Delta x\to 0}\frac{f'(x+\Delta x)-f'(x)}{\Delta x}.$$

函数 $y=f(x)$ 在某点 x_0 的二阶导数，记作

$$\left.y''\right|_{x=x_0},f''(x_0),\left.\frac{d^2y}{dx^2}\right|_{x=x_0}\text{或}\left.\frac{d^2f}{dx^2}\right|_{x=x_0}.$$

同样，函数 $y=f(x)$ 的二阶导数 $f''(x)$ 的导数称为函数 $f(x)$ 的**三阶导数**，记作

$$y''',f'''(x),\frac{d^3y}{dx^3}\text{或}\frac{d^3f}{dx^3}.$$

一般地，导数 $f^{(n-1)}(x)$ 的导数称为函数 $y=f(x)$ 的 n **阶导数**，记作

$$y^{(n)},f^{(n)}(x),\frac{d^ny}{dx^n}\text{或}\frac{d^nf}{dx^n}.$$

二阶及二阶以上的导数统称为高阶导数，函数 $f(x)$ 的导数 $f'(x)$ 则称为一阶导数.

根据高阶导数的定义可知，求函数的高阶导数只需对函数逐次求导即可.

练习 3 设 $y=e^{-x^2}$，求 y''，$\left.y''\right|_{x=0}$.

解

日期：________________　　教师：________________

2.3　函数的微分

学习内容：函数的微分.

目的要求：理解微分的概念，掌握微分的基本公式，熟练求解各类函数的微分，理解微分形式的不变性及微分在近似计算中的应用.

重点难点：微分的概念及运算.

课前探讨

1. 举出 3 个求函数的改变量的例子.
2. 阐述微分的概念.
3. 阐述微分基本公式.
4. 阐述微分的运算法则.
5. 阐述微分形式的不变性.
6. 介绍微分在近似计算中的应用.

课堂讲习

案例　如右图所示，一块正方形金属薄片受温度变化影响时，其边长由 x_0 增到 $x_0+\Delta x$，问此薄片的面积改变了多少？

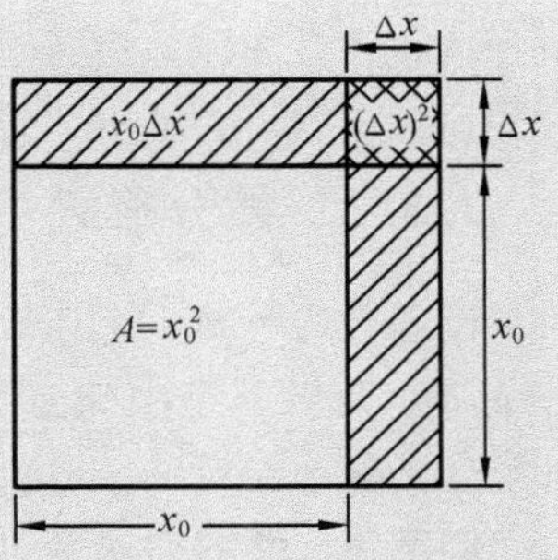

解　设边长为 x，面积为 A，则 A 是 x 的函数：$A=x^2$. 薄片受温度变化影响时，面积改变量可以看成是当自变量 x 自 x_0 取得改变量 Δx 时，函数 A 相应的改变量 ΔA，即

$$\Delta A=(x_0+\Delta x)^2-x_0^2=2x_0\Delta x+(\Delta x)^2.$$

一般说来，计算函数 $y=f(x)$ 的改变量 Δy 的精确值是较繁琐的. 所以往往需要计算它的近似值，找出简便的计算方法.

2.3.1　微分的概念

定义　设函数 $y=f(x)$ 在 x 处可导，称 $f'(x)\Delta x$ 为函数 $y=f(x)$ 在 x 处的**微分**，记作 $\mathrm{d}y$ 或 $\mathrm{d}f(x)$，即 $\mathrm{d}y=f'(x)\Delta x$ 或 $\mathrm{d}f(x)=f'(x)\Delta x$.

例题 1 求 $y=x$ 的微分.

解 $$dy=dx=x'\cdot\Delta x=\Delta x.$$

自变量 x 的微分 dx 就是自变量 x 的改变量 Δx，因此，函数的微分记作 $dy=f'(x)dx$，则有 $\frac{dy}{dx}=f'(x)$.

例题 2 求 $y=x^2$ 在 $x=1$，$\Delta x=0.1$ 时的改变量及微分.

解 $$\Delta y=(x+\Delta x)^2-x^2=1.1^2-1^2=0.21.$$

在点 $x=1$ 处，$$y'|_{x=1}=2x|_{x=1}=2,$$

所以 $$dy=y'\Delta x=2\times0.1=0.2.$$

2.3.2 微分基本公式与运算法则

微分基本公式有(公式中要求 $a>0,a\neq1$)：

(1) $dC=0$(C 为常数)；

(2) $d(x^\alpha)=\alpha x^{\alpha-1}dx$；

(3) $d(a^x)=a^x\ln a\,dx$；

(4) $d(e^x)=e^x dx$；

(5) $d(\log_a x)=\frac{1}{x\ln a}dx$；

(6) $d(\ln x)=\frac{1}{x}dx$；

(7) $d(\sin x)=\cos x\,dx$；

(8) $d(\cos x)=-\sin x\,dx$；

(9) $d(\tan x)=\sec^2 x\,dx$；

(10) $d(\cot x)=-\csc^2 x\,dx$；

(11) $d(\sec x)=\sec x\cdot\tan x\,dx$；

(12) $d(\csc x)=-\csc x\cdot\cot x\,dx$；

(13) $d(\arcsin x)=\frac{1}{\sqrt{1-x^2}}dx$；

(14) $d(\arccos x)=-\frac{1}{\sqrt{1-x^2}}dx$；

(15) $d(\arctan x)=\frac{1}{1+x^2}dx$；

(16) $d(\text{arccot}\, x)=-\frac{1}{1+x^2}dx$.

运算法则有：

(1) $d[f(x)\pm g(x)]=df(x)\pm dg(x)$；

(2) $d[f(x)\cdot g(x)]=g(x)df(x)+f(x)dg(x)$；

(3) $d\left[\frac{f(x)}{g(x)}\right]=\frac{g(x)df(x)-f(x)dg(x)}{[g(x)]^2}\quad(g(x)\neq0)$.

2.3.3 微分形式不变性

设函数 $y=f(u)$，则不论 u 是自变量还是中间变量，函数的微分 dy 总是可以写成 $dy=f'(u)du$. 如果 u 是中间变量且 $u=\varphi(x)$ 可导，则有 $du=\varphi'(x)dx$. 由 $y=f(u)$ 与 $u=\varphi(x)$ 得到复合函数 $y=f[\varphi(x)]$ 的微分为 $dy=f'[\varphi(x)]\varphi'(x)dx=f'(u)du$.

例题 3 求下列函数的微分：

(1) $y=e^x\sin x$；

(2) $y=\arctan x^2$.

解 (1) $dy=(e^x\sin x)'dx=(e^x\sin x+e^x\cos x)dx$.

(2) $dy=\frac{1}{1+(x^2)^2}dx^2=\frac{2x}{1+x^4}dx$.

练习 1 求下列函数的微分：

(1) $y=\ln(1+e^x)$；

(2) $y=f(\sin x)$.

解

2.3.4 微分用于近似计算

由微分的定义可知，当函数 $y=f(x)$ 在点 x_0 处可导，且 $|\Delta x|$ 很小时，可以用微分 $\mathrm{d}y$ 近似代替改变量 Δy，有 $\Delta y\approx \mathrm{d}y$，即

$$f(x_0+\Delta x)-f(x_0)\approx f'(x_0)\Delta x, \tag{1}$$

进而得

$$f(x_0+\Delta x)\approx f(x_0)+f'(x_0)\Delta x. \tag{2}$$

记 $\Delta x=x-x_0$，则

$$f(x)\approx f(x_0)+f'(x_0)(x-x_0). \tag{3}$$

在上述近似公式中，(1)式可以近似计算函数改变量，用在点 x_0 的微分 $f'(x_0)\Delta x$ 近似计算函数在点 x_0 的改变量 Δy；(2)式是近似计算函数值，用在点 x_0 的函数值 $f(x_0)$ 与其微分之和来近似计算函数在点 $x_0+\Delta x$ 的函数值 $f(x_0+\Delta x)$；(3)式是近似计算在点 x 的函数值 $f(x)$，这正是用 x 的线性函数 $f(x_0)+f'(x_0)(x-x_0)$ 来近似表示函数 $f(x)$.

例题 4 半径为 20 cm 的钢球加热后，半径增加了 0.05 cm，问此时钢球体积大约增加了多少？

解 用 V，r 分别表示钢球的体积和半径，则 $V=\frac{4}{3}\pi r^3$，因为增大的体积等于两个体积之差，所以问题就是求函数 $V=\frac{4}{3}\pi r^3$ 当 r 自 $r_0=20$ cm 取得 $\Delta r=0.05$ cm 时的近似值.

由(1)式得，

$$\Delta V\approx \mathrm{d}V=4\pi r_0^2\Delta r,$$

代入数值计算得

$$\Delta V\approx 4\pi\times 20^2\times 0.05=80\pi\ \mathrm{cm}^3.$$

所以该钢球体积大约增加了 $80\pi\ \mathrm{cm}^3$.

例题 5 计算$\sqrt{2}$的近似值.

解 $\sqrt{1.96}=1.4$，令 $f(x)=\sqrt{x}$，$f'(x)=\frac{1}{2\sqrt{x}}$，取 $x_0=1.96$，由(3)式得

$$\sqrt{2}=f(2)\approx f(1.96)+f'(1.96)\times(2-1.96)=1.4+\frac{1}{2\times 1.4}\times 0.04\approx 1.414.$$

练习 2 计算 $\sqrt[5]{1.02}$的近似值.

解

日期：________________　　教师：________________

2.4　微分中值定理

学习内容：微分中值定理.

目的要求：熟练掌握罗尔定理和拉格朗日中值定理的内容，并灵活运用罗尔定理判断方程根的存在问题，运用拉格朗日中值定理证明不等式.

重点难点：拉格朗日中值定理的应用，灵活运用罗尔定理和拉格朗日中值定理.

课前探讨

1. 阐述罗尔定理及其几何意义.
2. 阐述拉格朗日中值定理及其几何意义.
3. 介绍罗尔定理、拉格朗日中值定理的应用.

课堂讲习

导数是刻画函数在某一点处变化率的数学模型，它反映了函数在这一点处的局部变化性态. 而函数的变化趋势以及图形特征是函数在某区间上的整体变化性态. 微分中值定理是在理论上给出函数在某区间的整体性质与该区间内部一点的导数之间的关系. 由于这些性质都与区间内部的某个中间值有关，因此被统称为**中值定理**.

2.4.1　罗尔(Rolle)定理

定理 1(罗尔定理)　若函数 $f(x)$ 满足条件：

(1) 在闭区间 $[a,b]$ 上连续；

(2) 在开区间 (a,b) 内可导；

(3) $f(a)=f(b)$，

则在 (a,b) 内至少存在一点 $\xi(a<\xi<b)$，使得 $f'(\xi)=0$.

罗尔定理的几何意义是：如果连续曲线除端点外，处处都有不垂直于 x 轴的切线，且两端点处的纵坐标相等，那么其上至少有一条平行于 x 轴的水平切线(如图 2-2 所示)

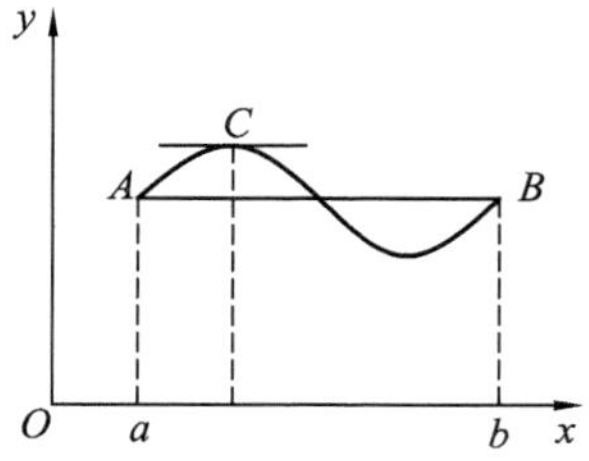

图 2-2

例题 1　验证函数 $f(x)=x^2-3x-4$ 在区间 $[-1,4]$ 上是否满足罗尔定理的条件. 若满足，试求罗尔定理中 ξ 的值.

证　因为 $f(x)=x^2-3x-4$ 在 $[-1,4]$ 上连续，且在 $(-1,4)$

内可导，又 $f(-1)=f(4)=0$，所以 $f(x)$ 在 $[-1,4]$ 上满足罗尔定理条件.

由于 $f'(x)=2x-3$，令 $f'(x)=2x-3=0$，解得 $x=\frac{3}{2}\in(-1,4)$，即 $\xi=\frac{3}{2}$.

练习 设 $f(x)=(x-1)(x-2)(x-3)(x-4)$，论述方程 $f'(x)=0$ 根的个数，并说出根所在的范围.

解

注意 罗尔定理的 3 个条件只是充分条件，不是必要条件. 也就是说，若满足定理中 3 个条件，结论一定是成立的；反之，若不满足定理的条件，结论仍然有可能成立.

例如，$y=f(x)=x^2-2x+2=(x-1)^2+1$，在 $[0,3]$ 上连续，在 $(0,3)$ 可导，$f(0)=2\neq f(3)=5$，而 $f'(1)=0$.

在罗尔定理中，条件 $f(a)=f(b)$ 比较特殊，若把这个条件去掉并相应地改变结论，就得到了微分学中十分重要的拉格朗日中值定理.

2.4.2 拉格朗日(Lagrange)中值定理

定理 2(拉格朗日中值定理) 若函数 $f(x)$ 满足条件：

(1) 在闭区间 $[a,b]$ 上连续；

(2) 在开区间 (a,b) 内可导，

则在 (a,b) 内至少存在一点 $\xi(a<\xi<b)$，使得 $f'(\xi)=\frac{f(b)-f(a)}{b-a}$.

拉格朗日中值定理的几何意义是：如果连续曲线除端点外，处处都有不垂直于 x 轴的切线，那么其上至少有一条平行于连接两端点的直线的切线(如图 2-3 所示).

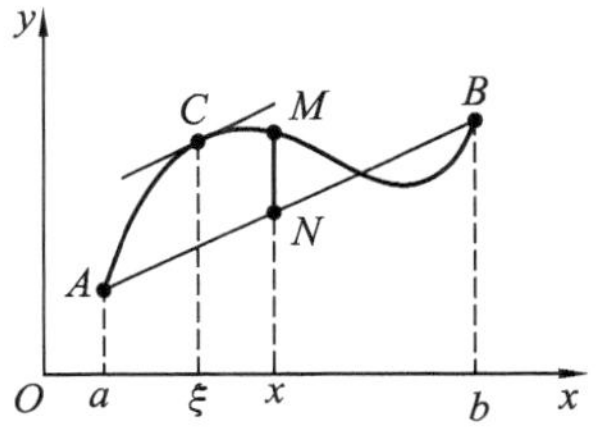

图 2-3

推论 1 若函数 $f(x)$ 在区间 (a,b) 内可导，且 $f'(x)\equiv 0$，则 $f(x)$ 在 (a,b) 内是一个常数.

证 在区间 (a,b) 内任取两点 $x_1,x_2(x_1<x_2)$，则 $f(x)$ 在 $[x_1,x_2]$ 上满足拉格朗日中值定理条件，所以有

$$f(x_2)-f(x_1)=f'(\xi)(x_2-x_1)\ (x_1<\xi<x_2)$$

又因 $f'(\xi)=0$，所以 $f(x_2)-f(x_1)=0$，即 $f(x_2)=f(x_1)$.

由 x_1,x_2 的任意性可知，函数 $f(x)$ 在区间 (a,b) 内是一个常数.

推论 2 若函数 $f(x)$，$g(x)$ 在区间 (a,b) 内可导，且对任意的 $x\in(a,b)$，有 $f'(x)\equiv g'(x)$，则在 (a,b) 内 $f(x)$ 与 $g(x)$ 仅相差一个常数，即 $f(x)=g(x)+C$，其中 C 为常数.

证 由假设条件知，对任意的 $x\in(a,b)$，有 $[f(x)-g(x)]'=0$.

由推论 1，有

$$f(x)-g(x)=C, x\in(a,b),$$

其中 C 为常数，即

$$f(x)=g(x)+C, x\in(a,b).$$

例题 2 证明 $\arcsin x+\arccos x=\frac{\pi}{2}, x\in(-1,1)$.

证 设函数 $f(x)=\arcsin x+\arccos x$，则 $f(x)$ 在 $(-1,1)$ 内可导，且

$$f'(x)=\frac{1}{\sqrt{1-x^2}}-\frac{1}{\sqrt{1-x^2}}=0.$$

由推论 1，$f(x)$ 在 $(-1,1)$ 内恒等于一个常数 C. 又 $x=0$ 时，$f(0)=\frac{\pi}{2}$，所以

$$\arcsin x+\arccos x=\frac{\pi}{2}.$$

日期：______________________ 教师：______________________

2.5 洛必达法则

学习内容：洛必达法则.
目的要求：理解洛必达法则的含义，能熟练应用洛必达法则求各种类型的未定式的极限.
重点难点：利用洛必达法则求未定式的极限.

课前探讨

1. 举若干求未定式极限的例子.
2. 阐述 $x \to x_0$ 时，“$\frac{0}{0}$”型未定式的洛必达法则.
3. 怎样应用“$\frac{0}{0}$”型未定式的洛必达法则求极限？
4. 阐述 $x \to \infty$ 时，“$\frac{0}{0}$”型未定式的洛必达法则.
5. 阐述“$\frac{\infty}{\infty}$”型未定式的洛必达法则.
6. 其他类型未定式都有哪些？怎样求其极限？

课堂讲习

案例 求 $\lim\limits_{x \to 0} \frac{x - \sin x}{x^2}$.

在某一变化过程中，两个无穷小之比或两个无穷大之比的极限可能存在，也可能不存在，称这类极限为未定式，记作 $\frac{0}{0}$ 或 $\frac{\infty}{\infty}$. 应用初等方法求这类极限有的会比较困难. 本节给出一种有效的求未定式的方法，即洛必达法则.

2.5.1 “$\frac{0}{0}$”型未定式的洛必达法则

定理 1 如果函数 $f(x)$ 及 $g(x)$ 满足：

(1) $\lim\limits_{x \to a} f(x) = \lim\limits_{x \to a} g(x) = 0$；

(2) 在点 a 的某去心邻域内可导，且 $g'(x) \neq 0$；

(3) $\lim\limits_{x \to a} \frac{f'(x)}{g'(x)} = A$(或$\infty$)，

则必有
$$\lim_{x \to a} \frac{f(x)}{g(x)} = \lim_{x \to a} \frac{f'(x)}{g'(x)} = A(\text{或}\infty).$$

这种在一定条件下通过分子、分母分别求导数再求极限来确定未定式极限值的方法称为洛必达法则.

例题 1 求$\lim\limits_{x \to 0} \frac{x - \sin x}{x^2}$.

解
$$\lim_{x \to 0} \frac{x - \sin x}{x^2} \overset{\left(\frac{0}{0}\right)}{=} \lim_{x \to 0} \frac{(x - \sin x)'}{(x^2)'} = \lim_{x \to 0} \frac{1 - \cos x}{2x} = \lim_{x \to 0} \frac{(1 - \cos x)'}{(2x)'}$$
$$= \lim_{x \to 0} \frac{\sin x}{2} = 0.$$

注意 使用一次洛必达法则后，如果$\frac{f'(x)}{g'(x)}$仍是满足定理条件的未定式，则可继续使用洛必达法则.

练习 1 求$\lim\limits_{x \to 2} \frac{x^4 - 16}{x - 2}$.

解

可以证明，对于$x \to \infty$时的$\frac{0}{0}$型未定式，也有相应的洛必达法则.

推论 如果函数$f(x)$及$g(x)$满足：

(1) $\lim\limits_{x \to \infty} f(x) = \lim\limits_{x \to \infty} g(x) = 0$；

(2) 当$|x| > N$时，$f'(x)$及$g'(x)$都存在，且$g'(x) \neq 0$；

(3) $\lim\limits_{x \to \infty} \frac{f'(x)}{g'(x)} = A$(或$\infty$)，

那么
$$\lim_{x \to \infty} \frac{f(x)}{g(x)} = \lim_{x \to \infty} \frac{f'(x)}{g'(x)} = A(\text{或}\infty).$$

例题 2 求$\lim\limits_{x \to +\infty} \frac{\frac{\pi}{2} - \arctan x}{\frac{1}{x}}$.

解
$$\lim_{x \to +\infty} \frac{\frac{\pi}{2} - \arctan x}{\frac{1}{x}} = \lim_{x \to +\infty} \frac{-\frac{1}{1+x^2}}{-\frac{1}{x^2}} = \lim_{x \to +\infty} \frac{x^2}{1+x^2} = 1.$$

2.5.2 “$\frac{\infty}{\infty}$”型未定式的洛必达法则

定理 2 如果函数$f(x)$及$g(x)$满足：

(1) $\lim\limits_{x \to a} f(x) = \lim\limits_{x \to a} g(x) = \infty$；

（2）在点 a 的某去心邻域内可导，且 $g'(x)\neq 0$；

（3）$\lim\limits_{x\to a}\dfrac{f'(x)}{g'(x)}=A$（或$\infty$），

则必有 $\lim\limits_{x\to a}\dfrac{f(x)}{g(x)}=\lim\limits_{x\to a}\dfrac{f'(x)}{g'(x)}=A$（或$\infty$）.

例题 3 求 $\lim\limits_{x\to+\infty}\dfrac{\ln(x+1)}{x^2}$.

解 $\lim\limits_{x\to+\infty}\dfrac{\ln(x+1)}{x^2}\overset{(\frac{\infty}{\infty})}{=}\lim\limits_{x\to+\infty}\dfrac{[\ln(x+1)]'}{(x^2)'}=\lim\limits_{x\to+\infty}\dfrac{\frac{1}{x+1}}{2x}=\lim\limits_{x\to+\infty}\dfrac{1}{2x(x+1)}=0$.

练习 2 求 $\lim\limits_{x\to+\infty}\dfrac{x^2+1}{e^x}$.

解

综上所述，利用洛必达法则求极限时应注意以下几点：

（1）洛必达法则只适用于$\dfrac{0}{0}$型或$\dfrac{\infty}{\infty}$型；

（2）如果$\dfrac{f'(x)}{g'(x)}$仍是满足定理条件的未定式，则可继续使用洛必达法则.

2.5.3 其他类型未定式（$0\cdot\infty,\infty-\infty,0^0,1^\infty,\infty^0$）的洛必达法则

例如，$\lim\limits_{x\to 0}\dfrac{\sin x}{x}$ $\left(\dfrac{0}{0}型\right)$，$\lim\limits_{x\to+\infty}\dfrac{\ln x}{x^n}(n>0)$ $\left(\dfrac{\infty}{\infty}型\right)$，$\lim\limits_{x\to 0^+}x^n\ln x(n>0)$（$0\cdot\infty$型），$\lim\limits_{x\to\frac{\pi}{2}}(\sec x-\tan x)$（$\infty-\infty$型），$\lim\limits_{x\to 0^+}x^x$（$0^0$ 型），$\lim\limits_{x\to\infty}\left(1+\dfrac{1}{x}\right)^x$（$1^\infty$型），$\lim\limits_{x\to\infty}(x^2+a^2)^{\frac{1}{x^2}}$（$\infty^0$ 型）.

对于 $0\cdot\infty$，$\infty-\infty$型未定式的求极限问题，可以经过适当的初等变换将其转化为$\dfrac{0}{0}$型或$\dfrac{\infty}{\infty}$型未定式来计算. 一般方法是：（1）$0\cdot\infty$转化为$\dfrac{0}{0}$型或$\dfrac{\infty}{\infty}$型；（2）$\infty-\infty$型用通分法.

例题 4 求$\lim\limits_{x\to\infty}x(e^{\frac{1}{x}}-1)$.

解 $\lim\limits_{x\to\infty}x(e^{\frac{1}{x}}-1)\overset{(0\cdot\infty)}{=}\lim\limits_{x\to\infty}\dfrac{e^{\frac{1}{x}}-1}{\frac{1}{x}}=\lim\limits_{x\to\infty}\dfrac{e^{\frac{1}{x}}\left(\frac{1}{x}\right)'}{\left(\frac{1}{x}\right)'}=e^0=1$.

练习 3 求$\lim\limits_{x\to\frac{\pi}{2}}(\sec x-\tan x)$.

解

日期：________________　　教师：________________

2.6　函数的单调性与极值

学习内容：函数的单调性与极值.

目的要求：熟练掌握函数的单调性的判定定理，熟练判断各种函数的单调性，熟练掌握函数的极值概念，会利用极值的两个判定定理求各种函数的极值.

重点难点：函数单调性的判断，求函数的极值.

课前探讨

1. 回顾函数的单调性的定义.
2. 如何判断函数的单调性.
3. 举例判断函数的单调性(至少 3 个).
4. 阐述函数极值的概念.
5. 如何判断函数 $f(x)$ 极大值与极小值，极值点，驻点.
6. 阐述极值判定的必要条件.
7. 阐述极值判定的第一充分条件.
8. 阐述极值判定的第二充分条件.

课堂讲习

案例 1(微波炉中食品的温度)　将一碗冷饭放进微波炉中，其温度 T 随着时间 t 的增加而升高. 我们称函数 $T=f(t)(t\geqslant 0)$ 是单调增加的.

案例 2(路程与速度的关系)　若做直线运动的物体的速度 $v(t)=\frac{\mathrm{d}s}{\mathrm{d}t}>0$，则物体的运动时间越长，路程 $s(t)$ 越大，即 $s(t)$ 是单调增加的.

由此可见，函数 $f(x)$ 单调性与其导数 $f'(x)$ 的正负符号之间存在着必然的联系.

2.6.1　函数的单调性判断

从几何图形上可以看出，曲线的单调性与其上各点切线的斜率密切相关，如果 $y=f(x)$ 在 $[a,b]$ 上单调增加(单调减少)，那么它的图形是一条沿 x 轴正向上升(下降)的曲线

(如图 2-4,2-5 所示). 这时,曲线上各点处的切线斜率是非负的(非正的),即 $y'=f'(x)\geqslant 0$ $(y'=f'(x)\leqslant 0)$.

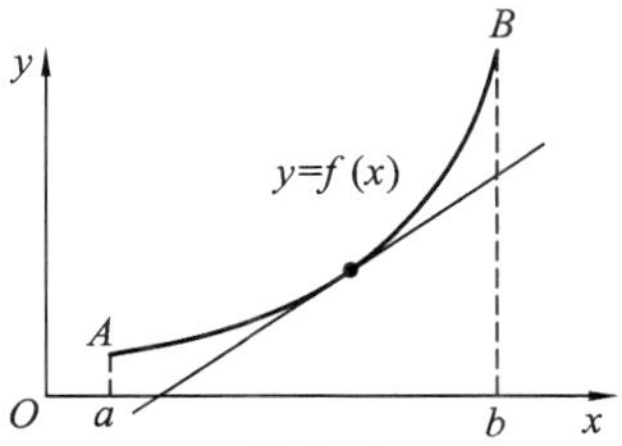

图 2-4

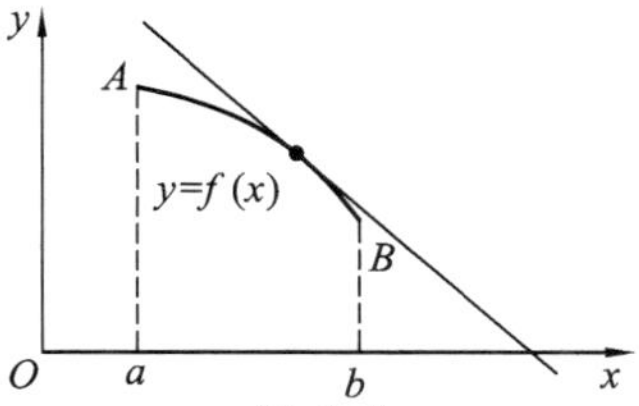

图 2-5

那么,能否用导数的符号来判定函数的单调性呢?

定理 1(函数单调性的判定) 设函数 $y=f(x)$ 在 $[a,b]$ 上连续,在 (a,b) 内可导,

(1) 如果在 (a,b) 内 $f'(x)>0$,那么函数 $y=f(x)$ 在 $[a,b]$ 上单调增加;

(2) 如果在 (a,b) 内 $f'(x)<0$,那么函数 $y=f(x)$ 在 $[a,b]$ 上单调减少.

例题 1 讨论函数 $f(x)=1-(x-2)^{\frac{2}{3}}$ 的单调性.

解 函数的定义域为 $(-\infty,+\infty)$. 当 $x\neq 2$ 时,$f'(x)=-\dfrac{2}{3}(x-2)^{-\frac{1}{3}}$;当 $x=2$ 时,$f'(x)$ 不存在.

以 2 为分点,将定义域 $(-\infty,+\infty)$ 分成两部分 $(-\infty,2)$,$(2,+\infty)$.

因为 $x<2$ 时,$f'(x)>0$,所以函数在 $(-\infty,2]$ 上单调增加;

因为 $x>2$ 时,$f'(x)<0$,所以函数在 $[2,+\infty)$ 上单调减少.

由该例可以看出,当函数 $y=f(x)$ 在 $[a,b]$ 内连续,在 (a,b) 内仅有个别点不可导时,这些点很可能改变函数的单调性.

如果函数在定义区间上连续,除去有限个导数不存在的点外导数存在且连续,那么只要用方程 $f'(x)=0$ 的根及导数不存在的点来划分函数 $f(x)$ 的定义区间,就能保证 $f'(x)$ 在各个部分区间内保持固定的符号,因而函数 $f(x)$ 在每个部分区间上单调增加或减少.

由此我们可以总结出判别函数单调性的步骤如下:

(1) 确定函数的定义域;

(2) 求出使 $f'(x)=0$ 和 $f'(x)$ 不存在的点,并以这些点为分界点,将定义域分割成几个子区间;

(3) 确定 $f'(x)$ 在各个子区间内的符号,从而判定函数 $y=f(x)$ 的单调性.

一般地,如果 $f'(x)$ 在某区间内的有限个点处为零,在其余各点处均为正(或负)时,那么 $f(x)$ 在该区间上仍旧是单调增加(或单调减少)的.

例题 2 证明:当 $x>1$ 时,$2\sqrt{x}>3-\dfrac{1}{x}$.

证 令 $f(x)=2\sqrt{x}-\left(3-\dfrac{1}{x}\right)$,则

$$f'(x)=\frac{1}{\sqrt{x}}-\frac{1}{x^2}=\frac{1}{x^2}(x\sqrt{x}-1).$$

因为当 $x>1$ 时,$f'(x)>0$,所以 $f(x)$ 在 $[1,+\infty)$ 上单调增加.

从而当 $x>1$ 时,$f(x)>f(1)$.

由于 $f(1)=0$，故 $f(x)>f(1)=0$，即

$$2\sqrt{x}-\left(3-\frac{1}{x}\right)>0,$$

也就是
$$2\sqrt{x}>3-\frac{1}{x}\quad(x>1).$$

上例说明，运用函数的单调性证明不等式的关键在于合理地构造相应的辅助函数，并研究其在相应区间的单调性及在相应区间端点处的值.

2.6.2 函数的极值及其求法

1. 极值的定义

设函数 $f(x)$ 在区间 (a,b) 内有定义，$x_0\in(a,b)$. 如果在 x_0 的某一去心邻域内恒有：

(1) $f(x)<f(x_0)$，则称 $f(x_0)$ 是函数 $f(x)$ 的一个**极大值**，x_0 称为 $f(x)$ 的**极大值点**；

(2) $f(x)>f(x_0)$，则称 $f(x_0)$ 是函数 $f(x)$ 的一个**极小值**，x_0 称为 $f(x)$ 的**极小值点**.

函数的极大值与极小值统称为函数的极值，极大值点、极小值点统称为函数的极值点.

注意 函数的极值仅仅是在某一点的邻域而言的，它是局部性概念. 在一个区间上，函数可能有几个极大值与几个极小值，甚至有的极小值可能大于某个极大值. 从图 2-6 可看出，极小值 $f(x_6)$ 就大于极大值 $f(x_2)$.

极值与水平切线的关系：在函数取得极值处（该点可导），曲线上的切线是水平的. 但曲线上有水平切线的地方，函数不一定取得极值，如图 2-6 中 x_3 处.

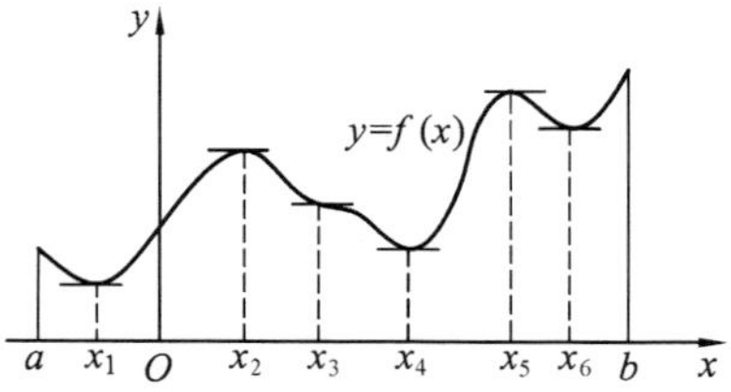

图 2-6

2. 极值的判别法

定理 2(必要条件) 设函数 $f(x)$ 在点 x_0 处可导，且在 x_0 处取得极值，那么函数在点 x_0 处的导数为零，即 $f'(x_0)=0$.

注意 (1) 定理 2 的几何解释是：可微函数的图形在极值点处有水平切线.

(2) 定理 2 的条件仅仅是取得极值的必要条件，但不是充分条件.

例如，$f(x)=x^3$ 在点 $x=0$ 处有 $f'(0)=0$，但 $x=0$ 并不是函数 $f(x)=x^3$ 的极值点.

使得 $f'(x)$ 为零的点（即方程 $f'(x)=0$ 的实根）称为函数 $f(x)$ 的**驻点**.

由定理 2 知：可导函数 $f(x)$ 的极值点必定是函数的驻点. 但反过来，函数 $f(x)$ 的驻点却不一定是极值点.

定理 2 是对函数在点 x_0 处可导而言的，在导数不存在的点，函数可能取得极值，也可能没有极值. 例如，由 $y=x^{\frac{2}{3}}$ 可得 $y'=\frac{2}{3}x^{-\frac{1}{3}}$，$y'\big|_{x=0}$ 不存在，但是在 $x=0$ 处函数却有极小值 $f(0)=0$，如图 2-7 所示.

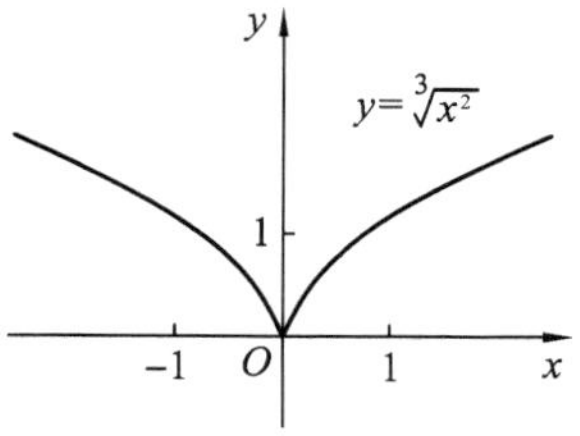

图 2-7

由此可知，函数的极值点必在函数的驻点或连续不可导的点中取得. 但是，驻点或导数不存在的点不一定是函数的极值点. 下面介绍函数取得极值的充分条件，并给出求函数极值的具体方法.

定理 3(第一充分条件) 设函数 $f(x)$在点 x_0 的某一邻域内可导，

(1) 当 $x<x_0$ 时，$f'(x)>0$，而当 $x>x_0$ 时，$f'(x)<0$，那么函数 $f(x)$在 x_0 处取得极大值 $f(x_0)$；

(2) 当 $x<x_0$ 时，$f'(x)<0$，而当 $x>x_0$ 时，$f'(x)>0$，那么函数 $f(x)$在 x_0 处取得极小值 $f(x_0)$；

(3) 当 $x<x_0$ 与 $x>x_0$ 时，$f'(x)$不变号，那么函数 $f(x)$在 x_0 处没有极值.

证 (1) 因为当 $x<x_0$ 时，$f'(x)>0$，所以在 x_0 的左邻域内函数单调增加. 当 $x>x_0$ 时，$f'(x)<0$，函数在 x_0 的右邻域内单调减少，因而在 x_0 的邻域内总有 $f(x)<f(x_0)$，故函数 $f(x)$在 x_0 处取得极大值.

(2) 同理可证(2).

(3) 因为函数 $f(x)$在 x_0 的邻域内 $f'(x)$不变号，因此函数在 x_0 的左右邻域内都是单调增加或单调减少，故函数 $f(x)$在 x_0 处没有极值.

综上所述，应用定理 3 求函数 $f(x)$极值点和极值的步骤如下：

(1) 求出函数的定义域及导数 $f'(x)$；

(2) 令 $f'(x)=0$，求出 $f(x)$的全部驻点以及导数不存在的点；

(3) 列表判断(用上述各点将定义域分成若干子区间，判定各子区间内 $f'(x)$的正负，以便确定该点是否为极值点)；

(4) 求出各极值点处的函数值，确定函数所有的极值点和极值.

例题 3 求函数 $f(x)=(x-4)\sqrt[3]{(x+1)^2}$的极值.

解 (1) $f(x)$在$(-\infty,+\infty)$内连续，$f'(x)=\dfrac{5(x-1)}{3\sqrt[3]{x+1}}$.

(2) 令 $f'(x)=0$，得驻点 $x=1$；而当 $x=-1$ 时，$f'(x)$不存在. 这两个点将函数 $f(x)$的定义区间分成三部分.

(3) 列表判断

x	$(-\infty,-1)$	-1	$(-1,1)$	1	$(1,+\infty)$
$f'(x)$	+	不存在	−	0	+
$y=f(x)$的图形	↗	0	↘	$-3\sqrt[3]{4}$	↗

(4) 极大值为 $f(-1)=0$，极小值为 $f(1)=-3\sqrt[3]{4}$.

定理 4(第二充分条件) 设函数 $f(x)$在点 x_0 处具有二阶导数，而且 $f'(x_0)=0$，$f''(x_0)\neq0$，那么

(1) 当 $f''(x_0)<0$ 时，函数 $f(x)$在 x_0 处取得极大值；

(2) 当 $f''(x_0)>0$ 时，函数 $f(x)$在 x_0 处取得极小值.

极值的第二充分条件适用范围较小. 它表明如果函数 $f(x)$在驻点 x_0 处的二阶导数 $f''(x_0)\neq0$，那么该点 x_0 一定是极值点，并且可以按二阶导数 $f''(x_0)$的符号来判定 $f(x_0)$是极大值还是极小值；但如果 $f''(x_0)=0$，定理 4 就不能适用了.

例题 4　求函数 $f(x)=(x^2-1)^3+1$ 的极值.

解　由题意得
$$f'(x)=6x(x^2-1)^2.$$
令 $f'(x)=0$，求得驻点
$$x_1=-1,x_2=0,x_3=1.$$
又
$$f''(x)=6(x^2-1)(5x^2-1),$$
$$f''(0)=6>0,$$
所以 $f(x)$ 在 $x=0$ 处取得极小值，极小值为 $f(0)=0$.

因 $f''(-1)=f''(1)=0$，用定理 4 无法判别. 但由定理 3 知，在 $x=-1$ 的左右邻域内 $f'(x)<0$，所以 $f(x)$ 在 $x=-1$ 处没有极值；同理，$f(x)$ 在 $x=1$ 处也没有极值.

日期：______________　　教师：______________

2.7　函数的最值，曲线的凹凸性与拐点

学习内容：函数的最值，曲线的凹凸性与拐点.

目的要求：理解函数的最值、曲线的凹凸性与拐点的定义，熟练掌握函数的最值、曲线的凹凸性与拐点的求法.

重点难点：函数的最值的求法，曲线的凹凸性、拐点的求法.

课前探讨

1. 列举有关“产品最多”、“用料最省”、“成本最低”、“效率最高”等生活中遇到的问题（至少 2 个）.
2. 阐述极值与最值的关系.
3. 阐述闭区间$[a,b]$上最大值和最小值的求法和步骤，并举例（至少 2 个）.
4. 阐述曲线的凹凸性、拐点的定义.
5. 凹凸曲线举例（至少 2 个）.
6. 阐述曲线凹凸性的判别法.
7. 确定曲线的凹凸区间和拐点的步骤，并举例（至少 2 个）.

课堂讲习

案例　工厂铁路线上 AB 段的距离为 100 km. 工厂 C 距 A 处为 20 km，AC 垂直于 AB（如右图所示）. 为了运输需要，要在 AB 线上选定一点 D 向工厂修筑一条公路. 已知铁路每公里货运的运费与公路上每公里货运的运费之比为 3 : 5. 为了使货物从供应站 B 运到工厂 C 的运费最省，问 D 点应选在何处？

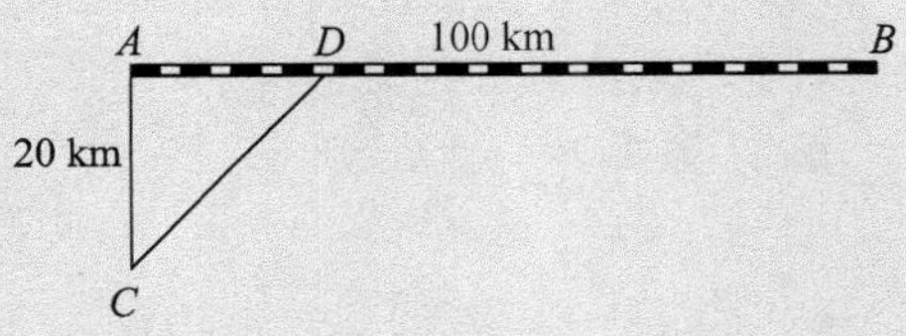

2.7.1　函数的最值

1. 极值与最值的关系

设函数 $f(x)$在闭区间$[a,b]$上连续，则函数的最大值和最小值一定存在. 函数的最大值和最小值有可能在区间的端点取得. 如果最大值不在区间的端点取得，则必在开区间(a,b)

内取得. 在这种情况下，最大值一定是函数的极大值. 因此，函数在闭区间$[a,b]$上的最大值一定是函数的所有极大值和函数在区间端点的函数值中的最大者. 同理，函数在闭区间$[a,b]$上的最小值一定是函数的所有极小值和函数在区间端点的函数值中的最小者.

2. 闭区间$[a,b]$上函数最大值和最小值的求解步骤

在闭区间$[a,b]$上函数最值的求解步骤如下：

(1) 求出函数 $f(x)$在(a,b)内的驻点和不可导点（它们可能是极值点）以及端点处的函数值；

(2) 比较这些函数值的大小，其中最大的和最小的就是函数 $f(x)$的最大值和最小值.

例题 1 求函数 $f(x)=2x^3+3x^2-12x+14$ 在$[-3,4]$上的最大值与最小值.

解 因为

$$f'(x)=6(x+2)(x-1),$$

令 $f'(x)=0$，解得

$$x_1=-2, x_2=1$$

又

$$f(-3)=23, f(-2)=34, f(1)=7, f(4)=142.$$

故函数的最大值和最小值分别为 142 和 7.

注意 在解决实际问题时，利用以下结论，会使我们讨论问题更方便、有效.

(1) $f(x)$在$[a,b]$内单调增加（或减少），则 $f(a)$（或 $f(b)$）为最小值，$f(b)$（或 $f(a)$）为最大值.

(2) 若函数在讨论的区间（有限或无限，开或闭）内仅有一个极值点，则当它是函数的极大值或极小值时，它就是该函数的最大值或最小值.

(3) 在实际问题中，若据分析确实存在最大值或最小值，且相应的函数 $f(x)$在它所对应的区间内只有一个驻点 x_0，那么不必讨论 $f(x_0)$是否是极值，一般就可以断定 $f(x_0)$是问题所需要的最大值或最小值.

例题 2 工厂铁路线上 AB 段之间的距离为 100 km. 工厂 C 距 A 处为 20 km，AC 垂直于 AB（如图 2-8 所示）. 为了运输需要，要在 AB 线上选定一点 D 向工厂修筑一条公路. 已知铁路每公里货运的运费与公路上每公里货运的运费之比为 3∶5. 为了使货物从供应站 B 运到工厂 C 的运费最省，问 D 点应选在何处？

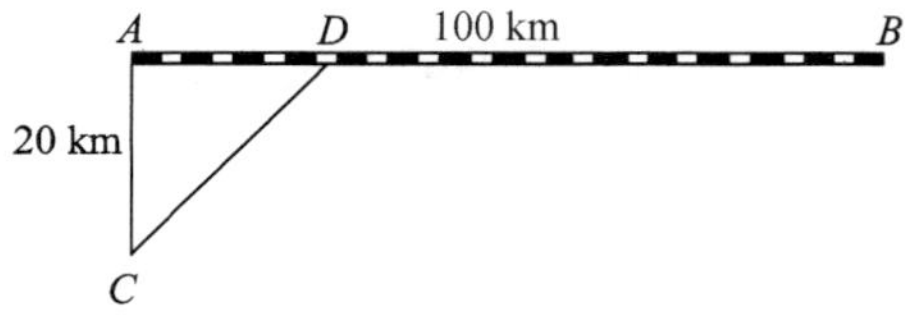

图 2-8

解 设 $AD=x$ km，则

$$DB=100-x,$$

$$CD=\sqrt{20^2+x^2}=\sqrt{400+x^2}.$$

由于铁路上每公里货运的运费与公路上每公里货运的运费之比为 3∶5，因此不妨设铁路上每公里的运费为 $3k$，公路上每公里的运费为 $5k$，从 B 点到 C 点需要的总运费为 y，那么

$$y=5k\cdot CD+3k\cdot DB\ (k \text{ 是某个正数}),$$

即

$$y=5k\sqrt{400+x^2}+3k(100-x)\ (0\leqslant x\leqslant 100).$$

现在，问题就归结为：x 在$[0,100]$内取何值时目标函数 y 的值最小.

先求 y 对 x 的导数：

$$y'=k\left(\frac{5x}{\sqrt{400+x^2}}-3\right).$$

解方程 $y'=0$，得 $x=15$ km.

由于 $y\Big|_{x=0}=400k$，$y\Big|_{x=15}=380k$，$y\Big|_{x=100}=500k\sqrt{1+\frac{1}{5^2}}$，其中以 $y\Big|_{x=15}=380k$ 为最小，因此，当 $AD=x=15$ km 时，总运费为最省.

2.7.2 曲线的凹凸性和拐点

在研究函数图形特性时，只知道它上升和下降的性质是不够的，还要研究曲线的弯曲方向. 讨论曲线的凹凸性就是讨论曲线的弯曲方向问题. 例如，函数 $y=x^2$ 与 $y=\sqrt{x}$ 虽然它们在 $(0,+\infty)$ 内都是单调增加的，但图形却显著不同，$y=\sqrt{x}$ 是向下弯曲的（或凸的）曲线，而 $y=x^2$ 是向上弯曲（或凹的）曲线.

定义 1 若曲线弧位于它每一点的切线的上方，则称此曲线弧是**凹**的；若曲线弧位于它每一点的切线的下方，则称此曲线弧是**凸**的.

另外常见的定义还有：

设 $f(x)$ 在区间 I 上连续，如果对 I 上任意两点 x_1,x_2，如果恒有

$$f\left(\frac{x_1+x_2}{2}\right)<\frac{f(x_1)+f(x_2)}{2},$$

那么称 $f(x)$ 在 I 上的图形是凹的（或凹弧），如图 2-9a 所示；如果恒有

$$f\left(\frac{x_1+x_2}{2}\right)>\frac{f(x_1)+f(x_2)}{2},$$

那么称 $f(x)$ 在 I 上的图形是凸的（或凸弧），如图 2-9b 所示.

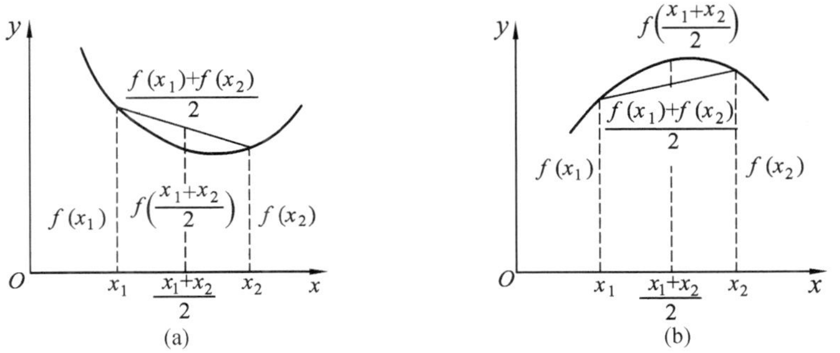

图 2-9

连续曲线 $y=f(x)$ 上凹弧与凸弧的分界点称为该曲线的**拐点**.

2.7.3 曲线凹凸的判定和拐点的求法

如何判别曲线在某一区间上的凹凸性呢？若曲线是凸弧，则当 x 由小增大时，x 轴与曲线的切线的夹角是减小的，即切线的斜率是递减的；若曲线是凹弧，则当 x 由小增大时，x 轴与曲线的切线的夹角是增大的，即切线的斜率是递增的. 因此，可以根据原函数的一阶导数是递增的还是递减的，或根据函数的二阶导数是正的还是负的判别曲线弧的凹凸性.

如果函数 $f(x)$ 在 I 内具有二阶导数，那么可以利用二阶导数的符号来判定曲线的凹凸

性，这就是曲线凹凸性的判定定理.

定理(曲线凹凸性的判别法) 设 $f(x)$在$[a,b]$上连续，在(a,b)内具有二阶导数$f''(x)$，那么若在(a,b)内 $f''(x)>0$，则 $f(x)$在$[a,b]$上的图形是凹的；若在(a,b)内 $f''(x)<0$，则 $f(x)$在$[a,b]$上的图形是凸的.

确定曲线 $y=f(x)$的凹凸区间和拐点的步骤：

(1) 求出函数 $y=f(x)$的定义域；

(2) 求出定义域内满足 $f''(x)=0$ 的点和 $f''(x)$不存在的点；

(3) 以上各点把 $f(x)$的定义域划分成若干子区间，观察各子区间上 $f''(x)$的符号，确定凹凸区间和拐点.

例题 3 求曲线 $f(x)=x^4-2x^3+1$ 的凹凸区间及拐点.

解 函数 $f(x)$的定义域为$(-\infty,+\infty)$，

$$f'(x)=4x^3-6x^2, f''(x)=12x^2-12x=12x(x-1).$$

令 $f''(x)=0$，解得 $x=0$，$x=1$，用它把定义域分成三个部分区间$(-\infty,0)$，$(0,1)$，$(1,+\infty)$，列表讨论如下：

x	$(-\infty,0)$	0	$(0,1)$	1	$(1,+\infty)$
$f''(x)$	+	0	−	0	+
$y=f(x)$的图形	∪	拐点(0,1)	∩	拐点(1,0)	∪

记号∪表示曲线弧是凹的，∩表示曲线弧是凸的.

由上面的讨论可知曲线 $f(x)$在区间$(-\infty,0)$及$(1,+\infty)$上是凹的，在区间$(0, 1)$上是凸的，曲线上有两个拐点$(0, 1)$和$(1, 0)$.

练习 求曲线 $f(x)=(x-2)^{\frac{5}{3}}$的凹凸区间和拐点.

解

*2.7.4 函数图形的描绘

定义 2 如果曲线上的一点沿着曲线远离原点时，该点与某一定直线的距离趋于 0，则称此定直线为曲线的一条**渐近线**.

1. 水平渐近线

设曲线 $y=f(x)$的定义域为无穷区间，如果$\lim\limits_{x\to\infty}f(x)=b$(或 $\lim\limits_{x\to+\infty}f(x)=b$，$\lim\limits_{x\to-\infty}f(x)=b$)，则直线 $y=b$ 是曲线 $y=f(x)$的一条水平渐近线.

例如，直线 $y=\frac{\pi}{2}$和 $y=-\frac{\pi}{2}$是曲线 $y=\arctan x$ 的水平渐近线.

2. 铅垂渐近线

若 $\lim\limits_{x \to x_0} f(x)=\infty$（或 $\lim\limits_{x \to x_0^+} f(x)=\infty$，$\lim\limits_{x \to x_0^-} f(x)=\infty$），则称直线 $x=x_0$ 为曲线 $y=f(x)$ 的铅垂渐近线.

例如，$x=2$ 是曲线 $y=\frac{1}{x-2}$ 的铅垂渐近线.

我们可以全面地研究函数的性态并画出其图形，具体步骤如下：

(1) 确定函数的定义域，讨论函数的奇偶性、周期性；

(2) 求出函数的一阶导数 $f'(x)$ 和二阶导数 $f''(x)$；

(3) 求出方程 $f'(x)=0$ 和 $f''(x)=0$ 在定义域内的全部实根，并求使 $f'(x)$ 和 $f''(x)$ 不存在的点，并用这些点将函数定义域划分为若干子区间；

(4) 列表讨论函数的单调性、极值、凹凸性与拐点；

(5) 讨论曲线有无渐近线；

(6) 求出曲线与坐标轴的交点及其他辅助点，并描点作图.

例题 4 画出函数 $y=x^3-x^2-x+1$ 的图形.

解 (1) 函数的定义域为 $(-\infty,+\infty)$.

(2) $f'(x)=3x^2-2x-1=(3x+1)(x-1)$，$f''(x)=6x-2=2(3x-1)$.

(3) $f'(x)=0$ 的根为 $x=-\frac{1}{3}, 1$；$f''(x)=0$ 的根为 $x=\frac{1}{3}$.

(4) 列表分析：

x	$\left(-\infty,-\frac{1}{3}\right)$	$-\frac{1}{3}$	$\left(-\frac{1}{3},\frac{1}{3}\right)$	$\frac{1}{3}$	$\left(\frac{1}{3},1\right)$	1	$(1,+\infty)$
$f'(x)$	+	0	−	−	−	0	+
$f''(x)$	−	−	−	0	+	+	+
$y=f(x)$ 的图形	∩↗	极大	∩↘	拐点	∪↘	极小	∪↗

(5) 当 $x\to+\infty$ 时，$y\to+\infty$；当 $x\to-\infty$ 时，$y\to-\infty$.

(6) 计算特殊点并描点作图：

$f\left(-\frac{1}{3}\right)=\frac{32}{27}$，$f\left(\frac{1}{3}\right)=\frac{16}{27}$，$f(1)=0$，$f(0)=1$，$f(-1)=0$，$f\left(\frac{3}{2}\right)=\frac{5}{8}$. 描点连线画出图形，如图 2-10 所示.

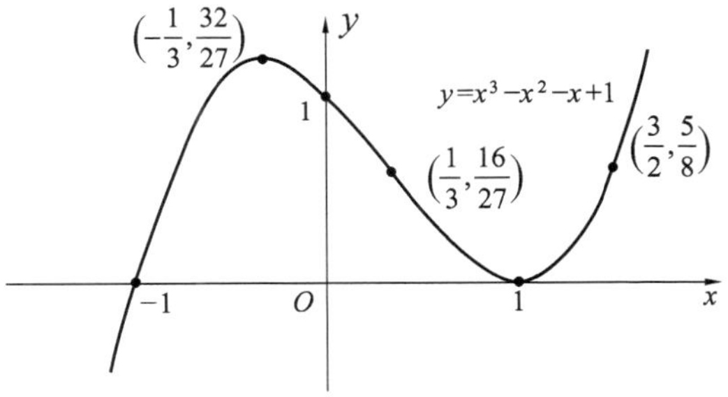

图 2-10

日期：________________ 教师：________________

2.8 第 2 模块习题课

学习内容：一元函数微分学.
目的要求：了解微分中值定理，掌握洛必达法则，熟练掌握导数在实际问题中的应用.
重点难点：微分中值定理，洛必达法则，导数在实际问题中的应用.

课前探讨

1. 复习总结微分中值定理、洛必达法则、导数应用部分内容.

2. 讨论以下问题：

(1) 设函数 $y=f(x)$ 在 $[a,b]$ 上连续，(a,b) 可导，在 (a,b) 内至少存在一点 ξ，使得 ________.

(2) $f(x)=\arctan x$ 的两条渐近线是 ________，________.

(3) 求函数 $y=2x^3-6x^2-18x+7$ 的极值.

(4) 设曲线 $y=x^3+3ax^2+3bx+c$ 在 $x=-1$ 处取得极大值，点 $(0,3)$ 是拐点，求 a,b,c 的值.

(5) 求函数 $f(x)=3x^4-4x^3-12x^2+1$ 在区间 $[-3,1]$ 上的最大值和最小值.

内容精要

1. 导数的概念及运算法则

(1) 导数的定义：

$$f'(x_0)=\lim_{\Delta x\to 0}\frac{\Delta y}{\Delta x}=\lim_{\Delta x\to 0}\frac{f(x_0+\Delta x)-f(x_0)}{\Delta x}.$$

(2) 切线方程：$y-f(x_0)=f'(x_0)(x-x_0)$，

法线方程：$y-f(x_0)=-\dfrac{1}{f'(x_0)}(x-x_0)$， $f'(x_0)\neq 0$.

(3) 基本初等函数的导数公式.

(4) 四则运算法则：

① $[u(x)\pm v(x)]'=u'(x)\pm v'(x)$；

② $[u(x)\cdot v(x)]'=u'(x)v(x)+u(x)v'(x)$；

③ $\left[\dfrac{u(x)}{v(x)}\right]'=\dfrac{u'(x)v(x)-u(x)v'(x)}{v^2(x)}$.

（5）复合函数的求导公式：$\{f[\varphi(x)]\}'=f'(u)\varphi'(x)=f'[\varphi(x)]\varphi'(x)$.

（6）对隐函数求导数通常有两种方法：

① 如果能从 $F(x,y)=0$ 中解出 $y=f(x)$，则可以用显函数求导数的方法进行处理. 但因为某些隐函数的复杂性，这种方法可能难以解决问题.

② 一般隐函数求导数常用下面的方法. 将 $F(x,y)=0$ 两边各项同时对 x 求导数，同时将 y 看做 x 的函数 $y=f(x)$；若遇到 y 的函数，利用复合函数的求导法则，先对 y 求导，然后乘以 y 对 x 的导数 y'，得到一个含有 y' 的方程，再从方程里解出 y' 即可.

（7）高阶导数，简单地说就是导数的导数.

（8）参数方程 $\begin{cases}x=\varphi(t)\\y=\psi(t)\end{cases}$ 所确定函数 $y=f(x)$ 的导数 $\dfrac{dy}{dx}=\dfrac{\frac{dy}{dt}}{\frac{dx}{dt}}=\dfrac{\psi'(t)}{\varphi'(t)}$.

2. 函数的微分

（1）微分的表示方法：$y=f(x)$ 微分为 $dy=f'(x)dx$.

（2）微分基本公式与运算法则.

3. 微分中值定理

条件：① 在闭区间 $[a,b]$ 上连续；

② 在开区间 (a,b) 内可导.

结论：在 (a,b) 内至少存在一点 ξ，使得 $f'(\xi)=\dfrac{f(b)-f(a)}{b-a}$.（拉格朗日中值定理）

当加上条件 $f(a)=f(b)$ 时，就是罗尔定理.

4. 洛必达法则

（1）如果函数 $f(x)$ 及 $g(x)$ 满足：

① $\lim\limits_{x\to a}f(x)=\lim\limits_{x\to a}g(x)=0$；

② 在点 a 的某去心邻域内可导，且 $g'(x)\neq 0$；

③ $\lim\limits_{x\to a}\dfrac{f'(x)}{g'(x)}=A$（或 ∞），

则必有 $\lim\limits_{x\to a}\dfrac{f(x)}{g(x)}=\lim\limits_{x\to a}\dfrac{f'(x)}{g'(x)}=A$（或 ∞）.

（2）学会计算 $\dfrac{0}{0}$，$\dfrac{\infty}{\infty}$，$0\cdot\infty$，$\infty-\infty$ 类型的极限.

5. 函数的单调性、极值、凹凸性

（1）单调性的判断.

设函数 $y=f(x)$ 在 $[a,b]$ 上连续，在 (a,b) 内可导，

① 如果在 (a,b) 内 $f'(x)>0$，那么函数 $y=f(x)$ 在 $[a,b]$ 上单调增加；

② 如果在 (a,b) 内 $f'(x)<0$，那么函数 $y=f(x)$ 在 $[a,b]$ 上单调减少.

（2）极值的判断.

① 极值的第一充分条件；② 极值的第二充分条件.

（3）最值：可能出现在驻点和不可导点处.

（4）凹凸性：曲线弧位于它每一点的切线的上方，则称此曲线弧是凹的；曲线弧位于它每一点的切线的下方，则称此曲线弧是凸的.

(5) 凹凸性判断：在(a,b)内，$f''(x)>0$，则$f(x)$在(a,b)上的图像是凹的；$f''(x)<0$，则$f(x)$在(a,b)上的图形是凸的.

(6) 水平和铅垂渐近线

如果$\lim\limits_{x\to\infty}f(x)=b$（或$\lim\limits_{x\to+\infty}f(x)=b$，$\lim\limits_{x\to-\infty}f(x)=b$），则直线$y=b$是曲线$y=f(x)$的一条水平渐近线；若$\lim\limits_{x\to x_0}f(x)=\infty$（或$\lim\limits_{x\to x_0^+}f(x)=\infty$，$\lim\limits_{x\to x_0^-}f(x)=\infty$），则称直线$x=x_0$为曲线$y=f(x)$的铅垂渐近线.

习题讲解

1. 判断题

(1) 连续函数在连续点都有导数.（　　）

(2) 若函数$y=f(x)$在点x_0不连续，则在x_0点一定不可导.（　　）

(3) 若函数$y=f(x)$在点x_0处不可导，则在x_0点一定不连续.（　　）

(4) $f'(x_0)=[f(x_0)]'$.（　　）

(5) $\mathrm{d}(\arctan x)=-\mathrm{d}(\mathrm{arccot}\, x)$.（　　）

(6) 函数$y=f(x)$在点x_0处可导，当$|\Delta x|$很小时，有$\Delta y\approx \mathrm{d}y$.（　　）

(7) $\mathrm{d}\left(\dfrac{1}{x}\right)=\ln x\mathrm{d}x$.（　　）

(8) $\dfrac{\mathrm{d}(\arcsin x)}{\mathrm{d}(\arccos x)}=-1$.（　　）

(9) 驻点一定是极值点.（　　）

(10) 函数的最大值一定是函数的极大值.（　　）

(11) 若函数$f(x)$在$[a,b]$上连续(a,b)内可导，且$f'(x)>0$，则函数$f(x)$在$[a,b]$内单调增加.（　　）

(12) 二阶导数为零的点一定是拐点.（　　）

(13) 函数的极大值一定比极小值大.（　　）

(14) $f(x)=x-\dfrac{1}{x}$的单调区间为$(-\infty,+\infty)$.（　　）

2. 填空题

(1) 设$f(x)=\begin{cases}\mathrm{e}^{-x}, & x\leqslant 0,\\ x^2-x+1, & x>0,\end{cases}$则$f'(0)=$________.

(2) 设$f(x)=a^x$，则$f''(x)=$________.

(3) $\mathrm{d}\left(-\dfrac{1}{x^2}\right)=$________.

(4) $\lim\limits_{x\to 2}\dfrac{x^2-5x+6}{x-2}=$________.

(5) 若函数$y=2+x-x^2$的极大值点是$x=\dfrac{1}{2}$，则函数$y=\sqrt{2+x-x^2}$的极大值是________.

3. 选择题

(1) 设函数 $f(x)=\ln 2$，则 $\lim\limits_{\Delta x\to 0}\dfrac{f(x+\Delta x)-f(x)}{\Delta x}=$________.

A. 2　　B. $\dfrac{1}{2}$　　C. ∞　　D. 0

(2) 函数 $f(x)$ 在点 x_0 处连续是 $f(x)$ 在该点可导的________.

A. 必要条件　　B. 充分条件　　C. 充要条件　　D. 无关条件

(3) 下列函数中，其导数为 $\sin 2x$ 的是________.

A. $\cos 2x$　　B. $\cos^2 x$　　C. $-\cos 2x$　　D. $\sin^2 x$

(4) 设函数 $y=f(x)$ 在 x_0 处可导，且 $f'(x_0)=1$，则曲线 $y=f(x)$ 在点 $(x_0, f(x_0))$ 处的切线________.

A. 与 x 轴平行　　B. 与 x 轴垂直

C. 与 x 轴正向的夹角是锐角　　D. 与 x 轴正向的夹角是钝角

(5) 设函数 $f(x)$ 在点 x_0 处存在 $f'_-(x_0)$ 和 $f'_+(x_0)$，则 $f'_-(x_0)=f'_+(x_0)$ 是导数 $f'(x_0)$ 存在的________.

A. 必要条件，不是充分条件　　B. 充分条件，不是必要条件

C. 充分必要条件　　D. 既不是充分条件也不是必要条件

(6) 设 $f(x)$ 为偶函数且在 $x=0$ 处可导，则 $f'(0)=$________.

A. 1　　B. -1

C. 0　　D. 因 $f(x)$ 不同而有不同的值.

(7) 设 $y=f(\sin x)$ 且函数 $f(x)$ 可导，则 $dy=$________.

A. $f'(\sin x)dx$　　B. $f'(\cos x)dx$

C. $f'(\sin x)\cos x dx$　　D. $f'(\cos x)\cos x dx$

(8) 设 $f(x)=x\ln x$，且 $f'(x_0)=2$，则 $f(x_0)=$________.

A. 1　　B. $\dfrac{2}{e}$　　C. $\dfrac{e}{2}$　　D. e

(9) 函数 $f(x)$ 在点 x_0 可导是其在该点可微分的________.

A. 必要条件，不是充分条件　　B. 充分条件，不是必要条件

C. 充分必要条件　　D. 既不是充分条件，也不是必要条件

4. 计算题

(1) $y=\ln\dfrac{x-1}{x+1}$，求 y'.　　(2) $y=e^x\sin x$，求 y'.

(3) $y=\sin^2 x$，求 y''.

(4) $y=\ln\sin 3x^2$，求 dy.

(5) $y=(\ln x)^x$，求 y'.

(6) $\lim\limits_{x\to 1}\frac{x^3-3x+2}{x^3-x^2-x+1}$.

(7) $\lim\limits_{x\to 0}\frac{x-\tan x}{x^3}$.

(8) $\lim\limits_{x\to 0}\frac{\ln(x+1)}{x}$.

5. 解答题

(1) 求函数 $y=2x^3-6x^2-18x+7$ 的极值.

(2) 设曲线 $y=x^3+3ax^2+3bx+c$ 在 $x=-1$ 处取得极大值，点 $(0,3)$ 是拐点，求 a,b,c 的值.

(3) 求函数 $f(x)=3x^4-4x^3-12x^2+1$ 在区间 $[-3,1]$ 上的最大值和最小值.

第3模块

不定积分

【学习目标】

理解不定积分的概念、性质，能熟练地应用不定积分的基本公式和性质解题，掌握不定积分的直接积分法、第一类换元积分法、第二类换元积分法和分部积分法，了解积分表的使用方法.

案例 工程力学经常会遇到求圆轴扭转时的应力及强度条件的问题．在研究圆轴扭转时的应力，应先观察实验现象，提出假设，并从变形、物理和静力学 3 个方面的关系进行分析，从而导出应力计算公式．具体方法是：

取一等直圆轴，实验前在其表面画上一些圆周线以及与轴线平行的纵向线，见图(a)；两端施加外力偶矩 M 后，圆轴发生扭转变形，见图(b)．在变形微小的情况下，可以观察到如下现象：

(1) 所有纵向线都倾斜了一个相同的角度 γ，轴表面原来的小方格扭成了平行四边形．

(2) 圆周线的形状、大小不变，且它们之间的距离也不变，仅绕轴线旋转了不同的角度，因而圆轴在扭转变形时长度和直径都不变．

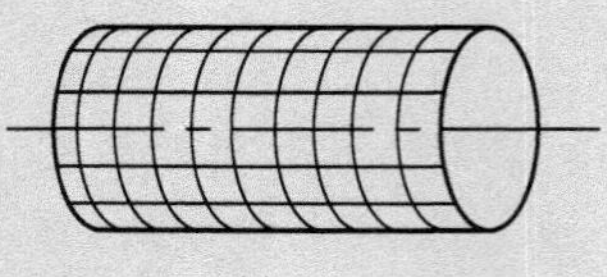
(a)

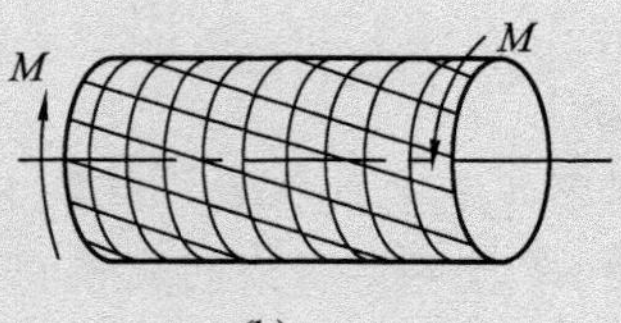

(b)

根据这些现象可以提出圆轴扭转的平面变形假设：圆轴的横截面变形以后仍为平面，其形状和大小不变，且半径线仍为直线．按照这一假设，扭转变形中横截面就像刚性平面一样，绕轴线旋转了一个角度．可见圆轴扭转时横截面上没有正应力，而只有剪应力，横截面上的剪应力合成为内力偶矩，即扭矩．下面从 3 个方面讨论，建立横截面上的剪应力计算公式．

1. 变形几何关系

沿 m-m 和 n-n 两个横截面，从轴上取出长为 dx 的一个微段来研究见图(c)，图(d)．设两截面相对转动了一个角度 $d\varphi$．根据平面变形假设，在 n-n 截面上的 O_2C 和 O_2D 均旋转了一个角度 $d\varphi$ 而移动到 O_2C' 和 O_2D' 的位置．C 点和 D 点移动的距离为

$$CC'=DD'R\,d\varphi.$$

圆轴表面纵向线倾斜的角度

$$\gamma=\tan\gamma=\frac{DD'}{AD}=\frac{R\,d\varphi}{dx},$$

即

$$\gamma=\frac{R\,d\varphi}{dx}. \tag{1}$$

显然，γ 即为圆轴表层的剪应变．同理可求出，杆内距圆心为 ρ 处的剪应变

$$\gamma_\rho=\frac{\rho\,d\varphi}{dx}. \tag{2}$$

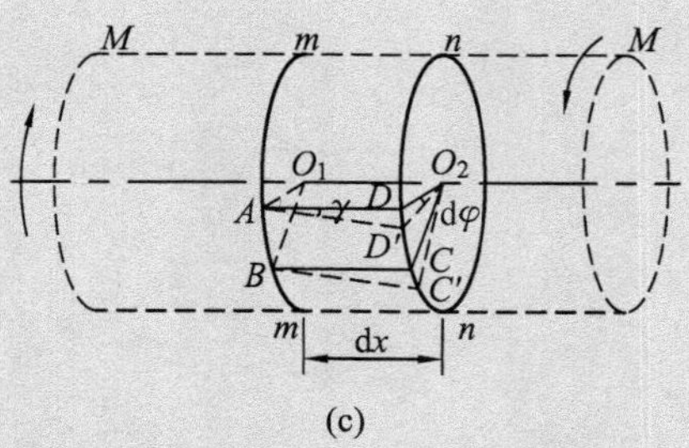

(c)

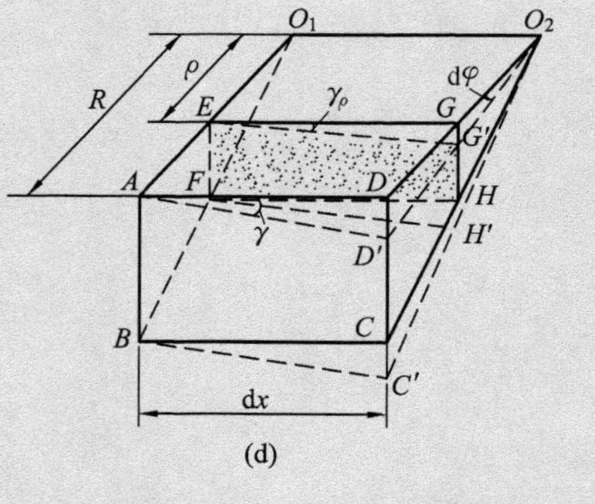

(d)

在同一截面，$\frac{d\varphi}{dx}$ 为一常数，故上式表明：横截面上任一点的剪应变 γ_ρ 与该点到圆心的距离 ρ

成正比.

2. 物理关系

根据剪切胡克定律

$$\tau=G\gamma,$$

则
$$\tau_\rho=G\gamma_\rho,$$

于是
$$\tau_\rho=G\rho\left(\frac{d\varphi}{dx}\right). \tag{3}$$

上式表明：横截面上任意点处的剪应力 τ_ρ 与该点到圆心的距离 ρ 成正比. 因而，同一圆周上各点的剪应力相等. 又因 γ_ρ 发生在垂直于半径的平面内，所以 τ_ρ 也垂直于半径，如图(e)所示.

3. 静力学关系

在横截面上离圆心为 ρ 处，取一微面积 dA，如图(e)所示. 由于在横截面上剪应力垂直于半径，因此，微面积 dA 上剪应力的微小合力对圆心力矩等于 $\rho\tau_\rho dA$，截面上所有微小力矩的和等于该截面上的扭矩 M_n，即

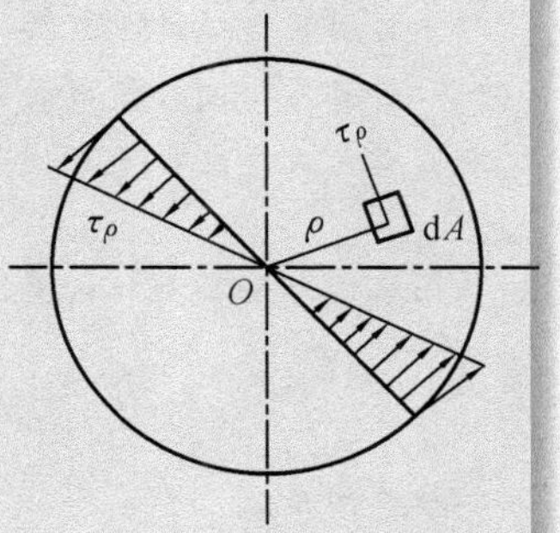

(e)

$$M_n=\int_A \rho\tau_\rho dA, \tag{4}$$

积分限 A 为横截面面积. 将(3)式代入(4)式得

$$M_n=\int_A G\rho^2(d\varphi/dx)dA.$$

提出常量，上式为

$$M_n=G(d\varphi/dx)\int_A \rho^2 dA \tag{5}$$

式中 $\int_A \rho^2 dA$ 仅与横截面的形状、大小有关，它表示横截面的一种几何性质，称为横截面的极惯性矩，用 I_ρ 表示，即

$$I_\rho=\int_A \rho^2 dA,$$

其单位为 m^4 或 mm^4，且恒为正值. 于是(5)式可写为

$$M_n=GI_\rho\left(\frac{d\varphi}{dx}\right)$$

或
$$\frac{d\varphi}{dx}=\frac{M_n}{GI_\rho}. \tag{6}$$

由(3)式和(6)式可得横截面上距圆心为 ρ 的任意一点处的剪应力

$$\tau_\rho=\frac{M_n\rho}{I_\rho}.$$

当 ρ 达到最大值 $\frac{D}{2}$ 时，剪应力为最大值

$$\tau_{max}=\frac{M_nD}{2I_\rho}.$$

因 $\frac{D}{2}$ 和 I_ρ 都是与截面几何性质有关的量，故令

$$W_\rho=\frac{2I_\rho}{D},$$

则 $$\tau_{\max}=\frac{M_n}{W_\rho}. \tag{7}$$

式中 W_ρ 称为圆轴的抗扭截面系数，也表示截面的一种几何性质，其单位为 m^3 或 mm^3，且恒为正值.

实验证明，扭转时的平面变形假设只适用于等直圆杆，因此，(7)式也只是适用于等直圆杆. 此外，在导出公式时应用了剪切胡克定律，所以该式只适用于 $\tau_{\max}$ 不超过材料的剪切比例极限 τ_p 的情况.

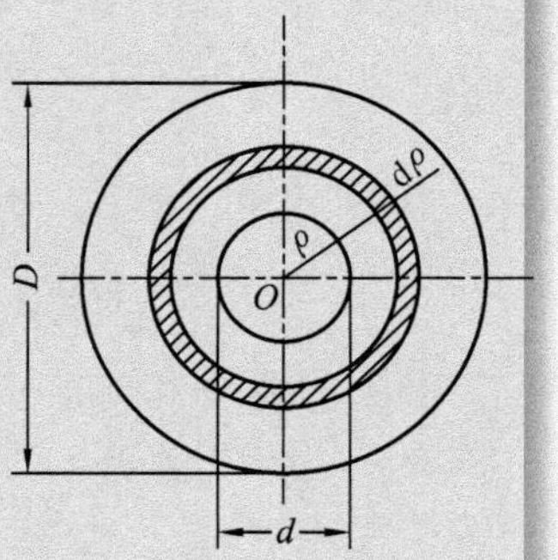

(f)

前面引出了截面极惯性矩 I_ρ 和抗扭截面系数 W_ρ，下面推导工程中常用的空心圆轴和实心圆轴的 I_ρ 和 W_ρ 计算公式.

计算空心圆轴横截面（如图(f)所示）的极惯性矩时，可在截面距圆心为 ρ 处出取宽为 $d\rho$ 的微小环形面积 dA，于是

$$dA=2\pi\rho d\rho.$$

从而得圆环形截面的极惯性矩

$$I_\rho=\int_A \rho^2 dA=2\pi\int_{\frac{d}{2}}^{\frac{D}{2}}\rho^3 d\rho=\frac{\pi}{32}(D^4-d^4)=\frac{\pi D^4}{32}(1-\alpha^4),$$

抗扭截面系数 $$W_\rho=\frac{\pi D^3(1-\alpha^4)}{16},$$

式中 $$\alpha=\frac{d}{D}.$$

当内径 $D=0$ 时即为实心圆截面，此时 $\alpha=0$，于是

$$I_\rho=\frac{\pi D^4}{32},$$

$$W_\rho=\frac{\pi D^3}{16}.$$

在整个推导过程中多处用到积分. 积分是微积分学的重要组成部分. 一元函数的积分学包括不定积分和定积分两部分，其中不定积分是作为微分的逆运算引入的，而定积分是作为某种和式的极限引入的. 二者概念虽不同，但 17 世纪由牛顿(Newton)和莱布尼茨(Leibniz)两位数学家建立起来的微积分基本公式把不定积分和定积分这两个基本问题联系了起来，从而使微分学和积分学构成了一个统一的整体.

日期：________________ 教师：________________

3.1 不定积分的概念与性质

学习内容：不定积分的概念与性质.

目的要求：掌握原函数的概念、原函数族定理以及原函数存在定理，熟练掌握不定积分的概念和性质，重点掌握不定积分的基本公式和运算法则.

重点难点：不定积分的概念、性质、基本公式与运算法则.

课前探讨

1. 复习基本初等函数的导数公式.
2. 阐述原函数的概念.
3. 阐述不定积分的概念.
4. 阐述不定积分的几何意义.
5. 阐述不定积分的性质.
6. 阐述不定积分的公式(13 个).
7. 被积函数中为什么不为零的常数因子可以提到积分号外面来，即 $\int kf(x)\mathrm{d}x = k\int f(x)\mathrm{d}x$？

课堂讲习

案例 1(太阳能能量) 某一太阳能的能量 f 相对于太阳能接触的表面面积 x 的变化率为 $\dfrac{\mathrm{d}f}{\mathrm{d}x}=\dfrac{0.005}{\sqrt{0.01x+1}}$. 如果当 $x=0$ 时，$f=0$，求出 f 的函数表达式.

案例 2(路程函数) 已知物体的运动方程为 $s(t)=t^2$，则其速度函数为 $v(t)=s'(t)=2t$，这里 $2t$ 是 t^2 的导数，反过来，路程 t^2 又是速度 $2t$ 的什么函数呢？若已知物体运动的速度 $v(t)$，又如何求物体的运动方程 $s(t)$？

实际上此题是：已知 $s'(t)=2t$，求 $s(t)$，显然这是微分的逆问题.

在微分学中，我们已经学过怎样求已知函数的导数或微分，但在许多实际问题中常常需要解决与此相反的问题：已知一个函数的导数或微分求原函数. 本节将从原函数入手引进不定积分的定义、性质及基本积分公式.

3.1.1 原函数的概念

定义 1 设 $f(x)$是定义在某区间 I 上的已知函数，若在该区间上每一点都有 $F'(x)=f(x)$或 $\mathrm{d}F(x)=f(x)\mathrm{d}x$，则称函数 $F(x)$为 $f(x)$在该区间上的一个**原函数**.

例如，由于$(\sin x)'=\cos x$，所以 $f(x)=\sin x$ 是 $\cos x$ 的一个原函数. 显然对任意常数 C，都有$(\sin x+C)'=\cos x$，因此 $\sin x+C$ 也是 $\cos x$ 的原函数.

定理 1(原函数族定理) 若函数 $f(x)$存在一个原函数 $F(x)$，则它必有无穷多个原函数，而且任意两个原函数之间只相差一个常数.

所以，函数 $f(x)$的一切原函数可表示为 $F(x)+C$，C 是任意常数.

那么一个函数满足什么条件，它的原函数一定存在呢？以下只给出结论.

定理 2(原函数存在定理) 如果函数 $f(x)$在区间$[a,b]$上连续，则在该区间上 $f(x)$的原函数一定存在.

3.1.2 不定积分的概念

1. 不定积分的定义

定义 2 函数 $f(x)$在某区间上的所有原函数，称为 $f(x)$在该区间上的**不定积分**，记作 $\int f(x)\mathrm{d}x$，其中符号$\int$称为**积分号**，$f(x)$ 称为**被积函数**，$f(x)\mathrm{d}x$ 称为**被积表达式**，x 称为**积分变量**.

由上述两个定义可知，若在某区间上 $F'(x)=f(x)$，则 $\int f(x)\mathrm{d}x = F(x)+C$，其中 C 是任意常数，称为**积分常数**.

例题 1 求 $\int \cos x\mathrm{d}x$.

解 因为 $(\sin x)'=\cos x$，所以 $\int \cos x\mathrm{d}x = \sin x + C$.

例题 2 求 $\int x^{\alpha}\mathrm{d}x$($\alpha$ 是常数且 $\alpha \neq -1$).

解 因为$(x^{\alpha+1})'=(\alpha+1)x^{\alpha}$，即 $\left(\dfrac{x^{\alpha+1}}{\alpha+1}\right)'=x^{\alpha}$，所以 $\int x^{\alpha}\mathrm{d}x = \dfrac{x^{\alpha+1}}{\alpha+1}+C$.

练习 1 求 $\int \dfrac{1}{\sqrt{1-x^2}}\mathrm{d}x$.

解

练习 2 求 $\int a^x\mathrm{d}x$($a>0$，$a\neq 1$).

解

2. 不定积分的几何意义

设 $f(x)$ 的一个原函数为 $F(x)$，则函数 $y=F(x)$ 的曲线称为函数 $f(x)$ 的一条积分曲线. 如果把函数 $y=F(x)$ 的曲线沿 y 轴向上或向下平行移动，就得到一族曲线. 由此，得到不定积分的几何意义是：函数 $f(x)$ 的不定积分 $\int f(x)\mathrm{d}x$ 是全部积分曲线所组成的积分曲线族，其方程为 $y=F(x)+C$. 曲线族里的所有积分曲线上在横坐标相同的点 x_0 处的切线彼此平行，其斜率为 $[F(x)+C]'|_{x=x_0}=f(x_0)$，如图 3-1 所示.

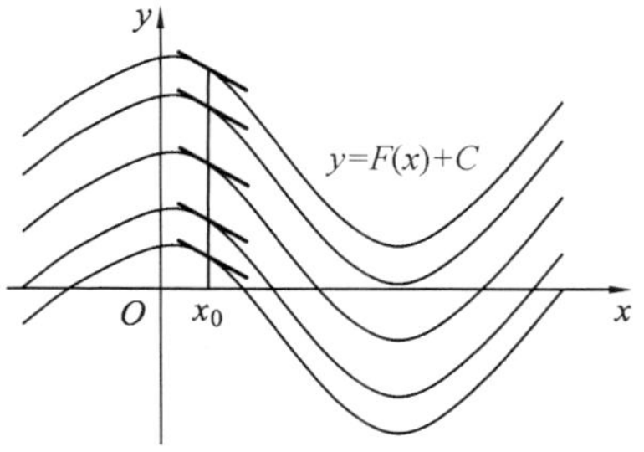

图 3-1

例题 3 求通过点(1,1)，切线斜率为 $2x$ 的曲线方程.

解 设所求曲线方程是 $y=F(x)$，由题意得

$$F'(x)=2x,$$

而

$$(x^2)'=2x,$$

于是得到切线斜率为 $2x$ 的积分曲线族为

$$y=F(x)=x^2+C.$$

又因为所求曲线过(1,1)点，则将 $x=1$，$y=1$ 代入上式得 $C=0$，因此所求曲线方程是 $y=x^2$.

注意 题中所给曲线过点(1,1)，这样的条件一般称为初始条件.

3.1.3 不定积分的性质

性质 1 $\left[\int f(x)\mathrm{d}x\right]'=f(x)$ 或 $\mathrm{d}\left[\int f(x)\mathrm{d}x\right]=f(x)\mathrm{d}x$.

性质 2 $\int F'(x)\mathrm{d}x=F(x)+C$ 或 $\int \mathrm{d}F(x)=F(x)+C$.

这两个性质可由不定积分的定义直接得到. 这些性质同时表明，如果不考虑积分常数，微分号“d”与积分号“$\int$”不论先后，只要其连在一起写就可以相互抵消，即求不定积分与求导或求微分是互逆运算. 但要注意：先微分或求导，再积分得到的不是一个函数而是一族函数，需要加积分常数.

性质 3 函数的代数和的不定积分等于各个函数的不定积分的代数和，即

$$\int[f(x)\pm g(x)]\mathrm{d}x=\int f(x)\mathrm{d}x\pm\int g(x)\mathrm{d}x.$$

性质 3 对于有限个函数都成立，它可由不定积分的定义和导数的运算法则、性质证得.

性质 4 被积函数中不为零的常数因子可以提到积分号外，即

$$\int kf(x)\mathrm{d}x=k\int f(x)\mathrm{d}x，\text{其中 } k \text{ 是常数}(k\neq 0).$$

例题 4 (1) $\int(\cos x\mathrm{e}^x)'\mathrm{d}x=\cos x\mathrm{e}^x+C$；

(2) $\int \mathrm{d}\left(\frac{\sin x}{x}\right)=\frac{\sin x}{x}+C$；

(3) $\left(\int \cos x e^{x} \mathrm{d}x\right)' = \cos x e^{x}$；

(4) $\mathrm{d}\left(\int \frac{\sin x}{x}\mathrm{d}x\right) = \frac{\sin x}{x}\mathrm{d}x$.

3.1.4 不定积分的基本公式

根据不定积分的定义，由导数的基本公式可得到不定积分的基本公式如下：

(1) $\int k\mathrm{d}x = kx + C$（$k$ 为常数）；

(2) $\int x^{\alpha}\mathrm{d}x = \frac{x^{\alpha+1}}{\alpha+1} + C$（$\alpha$ 是常数，且 $\alpha \neq -1$）；

(3) $\int \frac{1}{x}\mathrm{d}x = \ln|x| + C$；

(4) $\int a^{x}\mathrm{d}x = \frac{a^{x}}{\ln a} + C$（$a > 0, a \neq 1$）；

(5) $\int \mathrm{e}^{x}\mathrm{d}x = \mathrm{e}^{x} + C$；

(6) $\int \sin x\mathrm{d}x = -\cos x + C$；

(7) $\int \cos x\mathrm{d}x = \sin x + C$；

(8) $\int \sec^{2} x\mathrm{d}x = \tan x + C$；

(9) $\int \csc^{2} x\mathrm{d}x = -\cot x + C$；

(10) $\int \sec x\tan x\mathrm{d}x = \sec x + C$；

(11) $\int \csc x\cot x\mathrm{d}x = -\csc x + C$；

(12) $\int \frac{1}{\sqrt{1-x^{2}}}\mathrm{d}x = \arcsin x + C = -\arccos x + C$；

(13) $\int \frac{\mathrm{d}x}{1+x^{2}} = \arctan x + C = -\mathrm{arccot}\, x + C$.

这 13 个公式必须熟记，它们是求积分的基础.

日期：________________ 教师：________________

3.2 直接积分法

学习内容：直接积分法.

目的要求：熟练掌握不定积分的基本公式，理解直接积分法并能熟练运用直接积分法求不定积分.

重点难点：不定积分的基本公式，直接积分法的应用.

课前探讨

1. 复习不定积分的概念.
2. 复习不定积分的性质.
3. 复习不定积分的基本公式.
4. 试求下列不定积分：

(1) $\int \frac{3x^2}{1+x^2}\mathrm{d}x$；

(2) $\int 3^x \mathrm{e}^x \mathrm{d}x$；

(3) $\int \frac{1}{x^2(1+x^2)}\mathrm{d}x$.

课堂讲习

案例(电流函数) 某一电路中电流 I 关于时间 t 的变化率为 $\frac{\mathrm{d}I}{\mathrm{d}t}=4t-0.6t^2$. 若 $t=0$ 时，$I=2\mathrm{A}$，求电流 I 关于时间 t 的函数.

下面举例说明利用基本积分公式和积分的性质求不定积分的方法，即**直接积分法**.

例题 1 求 $\int \frac{x^4+1}{x^2+1}\mathrm{d}x$.

解

$$\int \frac{x^4+1}{x^2+1}\mathrm{d}x=\int \frac{x^4-1+2}{x^2+1}\mathrm{d}x=\int\left(x^2-1+\frac{2}{x^2+1}\right)\mathrm{d}x$$

$$=\frac{1}{3}x^3-x+2\arctan x+C.$$

练习 1 求$\int \frac{3x^2}{1+x^2}dx$.

解

例题 2 求$\int 3^x 2^{2x} e^x dx$.

解 $\int 3^x 2^{2x} e^x dx = \int (12e)^x dx = \frac{(12e)^x}{\ln(12e)} + C = \frac{(12e)^x}{2\ln 2 + \ln 3 + 1} + C.$

练习 2 $\int 3^x e^x dx$.

解

例题 3 求$\int \frac{1+x+x^2}{x(1+x^2)}dx$.

解 $\int \frac{1+x+x^2}{x(1+x^2)}dx = \int \frac{(1+x^2)+x}{x(1+x^2)}dx = \int \left(\frac{1}{x} + \frac{1}{1+x^2}\right)dx$

$= \ln|x| + \arctan x + C.$

练习 3 求$\int \frac{1}{x^2(1+x^2)}dx$.

解

练习 4 求$\int \frac{x^3+3x^2-4}{x+2}dx$.

解

例题 4 求 $\int \cot^2 x dx$.

解 $\int \cot^2 x dx = \int (\csc^2 x - 1)dx = \int \csc^2 x dx - \int dx = -\cot x - x + C.$

练习 5 求$\int \frac{\cos 2x}{\sin^2 x\cos^2 x}\mathrm{d}x$.

解

例题 5 求$\int \sin^2 \frac{x}{2}\mathrm{d}x$.

解 $\int \sin^2 \frac{x}{2}\mathrm{d}x = \int \frac{1-\cos x}{2}\mathrm{d}x = \frac{1}{2}(x-\sin x)+C.$

练习 6 $\int \frac{\cos 2x}{\sin x-\cos x}\mathrm{d}x$.

解

日期：______________　　教师：______________

3.3　第一类换元积分法

学习内容：第一类换元积分法.
目的要求：熟练掌握不定积分的第一类换元积分法的公式，熟练运用第一类换元积分法求各种类型的不定积分.
重点难点：不定积分的第一类换元积分公式，运用第一类换元积分公式求各种不定积分.

课前探讨

1. 介绍直接积分法不易解决的不定积分，并举例(至少 3 个).
2. 阐述第一类换元积分法公式.
3. 阐述运用第一类换元积分法(凑微分法)的关键.
4. 阐述 13 个微分公式.

课堂讲习

案例(放射物的泄漏)　环保局近日受托对一起放射性碘物质泄漏事件进行调查.检测结果显示，出事当日，大气辐射水平是可接受的最大限度的 4 倍.于是环保局下令当地居民立即撤离这一地区.已知碘物质放射源的辐射水平是按 $R(t)=R_0e^{-0.004t}$ 衰减的，其中 R 是 t 时刻的辐射水平(单位：mR/h)，R_0 是初始($t=0$)辐射水平，t 按小时计算，求 t 时刻泄露的放射物 $W(t)$.

解　由题意知 $W(t)=\int R(t)\mathrm{d}t=\int R_0e^{-0.004t}\mathrm{d}t=\int R_0e^{-0.004t}\left(-\dfrac{1}{0.004}\right)\mathrm{d}(-0.004t)$.

令 $u=-0.004t$，可得

$$W(t)=-250\int R_0e^u\mathrm{d}u=-250R_0e^u.$$

再将 $u=-0.004t$ 代入，可得

$$W(t)=-250R_0e^{-0.004t}+C.$$

上述积分用直接积分法是不易求出的，但可以"凑"成基本积分公式 $\int e^x\mathrm{d}x$ 的形式，这种求不定积分的方法就是**第一类换元积分法**.

设函数 $u=\varphi(x)$可导，若 $\int f(u)\mathrm{d}u=F(u)+C$，则可将所求积分 $\int g(x)\mathrm{d}x$ 凑成如下形式

$$\int g(x)\mathrm{d}x \xrightarrow{\text{凑微分}} \int f[\varphi(x)]\varphi'(x)\mathrm{d}x = \int f[\varphi(x)]\mathrm{d}\varphi(x) = F[\varphi(x)] + C.$$

可以看出，第一类换元积分法的实质正是复合函数求导公式的逆用. 将积分公式中的积分变量 x 换成 $\varphi(x)$，结论仍然成立.

例题 1 求 $\int \frac{\ln x}{x}\mathrm{d}x$.

解 因为

$$(\ln x)' = \frac{1}{x},$$

则

$$\int \frac{\ln x}{x}\mathrm{d}x = \int \ln x(\ln x)'\mathrm{d}x = \int \ln x\mathrm{d}(\ln x) \xlongequal{\text{令}\ln x = u} \int u\mathrm{d}u$$

$$= \frac{1}{2}u^2 + C \xlongequal{\text{令}u = \ln x} \frac{1}{2}(\ln x)^2 + C.$$

例题 2 求 $\int x\mathrm{e}^{x^2}\mathrm{d}x$.

解 被积函数中的 e^{x^2} 可以视为 x^2 的函数，且 $(x^2)' = 2x$，则

$$\int x\mathrm{e}^{x^2}\mathrm{d}x = \int \mathrm{e}^{x^2}\frac{(x^2)'}{2}\mathrm{d}x = \frac{1}{2}\int \mathrm{e}^{x^2}\mathrm{d}(x^2) \xlongequal{\text{令}x^2 = u} \frac{1}{2}\int \mathrm{e}^u\mathrm{d}u$$

$$= \frac{1}{2}\mathrm{e}^u + C \xlongequal{\text{令}u = x^2} \frac{1}{2}\mathrm{e}^{x^2} + C.$$

以上例题解题方法都是第一类换元法，从中可以看出，其解题关键是找到 $u=\varphi(x)$，将所求积分的被积函数 $g(x)$ 转化 $f[\varphi(x)]$ 和 $\varphi'(x)$ 的积，然后凑成基本积分公式的形式. 当该积分法运用熟练后，对不复杂的题目就不必设中间变量 u，换元过程可以省略. 为了能够熟练地掌握第一类换元积分法的技巧，下面的微分公式要熟记.

(1) $\mathrm{d}x=\frac{1}{a}\mathrm{d}(ax+b)$（$a,b$ 为常数，且 $a\neq0$）；　(2) $x\mathrm{d}x=\frac{1}{2}\mathrm{d}(x^2)$；

(3) $\frac{1}{x}\mathrm{d}x=\mathrm{d}(\ln|x|)=\frac{1}{a}\mathrm{d}(a\ln|x|+b)$（$a,b$ 为常数，且 $a\neq0$）；

(4) $\frac{1}{\sqrt{x}}\mathrm{d}x=2\mathrm{d}\sqrt{x}$；　(5) $\frac{1}{x^2}\mathrm{d}x=-\mathrm{d}\left(\frac{1}{x}\right)$；

(6) $\mathrm{e}^x\mathrm{d}x=\mathrm{d}(\mathrm{e}^x)$；　(7) $a^x\mathrm{d}x=\frac{\mathrm{d}(a^x)}{\ln a}$　（$a>0$ 且 $a\neq1$）；

(8) $\cos x\mathrm{d}x=\mathrm{d}(\sin x)$；　(9) $\sin x\mathrm{d}x=-\mathrm{d}(\cos x)$；

(10) $\sec^2 x\mathrm{d}x=\mathrm{d}(\tan x)$；　(11) $\csc^2 x\mathrm{d}x=-\mathrm{d}(\cot x)$；

(12) $\frac{1}{\sqrt{1-x^2}}\mathrm{d}x=\mathrm{d}(\arcsin x)$；　(13) $\frac{1}{1+x^2}\mathrm{d}x=\mathrm{d}(\arctan x)$.

练习 1 求 $\int (2x+1)^2\mathrm{d}x$.

解

例题 3 求 $\int \frac{e^x}{1+e^x}dx$.

解 因为
$$e^x dx = d(1+e^x),$$
所以
$$\int \frac{e^x}{1+e^x}dx = \int \frac{d(1+e^x)}{1+e^x} = \ln(1+e^x)+C.$$

练习 2 求 $\int \frac{\ln x+1}{x}dx$.

解

例题 4 求 $\int \tan x dx$.

解 由于
$$\tan x = \frac{\sin x}{\cos x}, \sin x dx = -d(\cos x),$$
所以
$$\int \tan x dx = -\int \frac{d(\cos x)}{\cos x} = -\ln|\cos x|+C.$$
类似可得
$$\int \cot x dx = \ln|\sin x|+C.$$

练习 3 求 $\int \sin^3 x\cos x dx$.

解

例题 5 求 $\int \frac{2x-1}{x^2-x+3}dx$.

解 由于
$$(2x-1)dx = (x^2-x+3)'dx = d(x^2-x+3),$$
所以
$$\int \frac{2x-1}{x^2-x+3}dx = \int \frac{d(x^2-x+3)}{x^2-x+3} = \ln|x^2-x+3|+C.$$

练习 4 求 $\int \frac{(\arctan x+2)^2}{1+x^2}dx$.

解

例题 6 求 $\int \frac{dx}{a^2+x^2}$.

解 $$\int \frac{dx}{a^2+x^2} = \frac{1}{a^2}\int \frac{dx}{1+\left(\frac{x}{a}\right)^2} = \frac{1}{a}\int \frac{1}{1+\left(\frac{x}{a}\right)^2}d\left(\frac{x}{a}\right) = \frac{1}{a}\arctan\frac{x}{a}+C.$$

日期：________________ 教师：________________

3.4 第二类换元积分法

学习内容：第二类换元积分法.

目的要求：熟练掌握第二类换元积分法，掌握积分变量代换的两种主要方法：幂代换法和三角代换法.

重点难点：第二类换元积分法的应用.

课前探讨

1. 什么是第二类换元积分法？
2. 阐述第二类换元积分法的实质.
3. 阐述第二类换元积分法两种主要的变量代换.
4. 阐述什么情况下使用幂代换法，例如求 $\int \frac{1}{1+\sqrt{x}}\mathrm{d}x$.
5. 阐述什么情况下用三角代换法，例如求 $\int x^2\sqrt{1-x^2}\,\mathrm{d}x$.

课堂讲习

案例 求 $\int \frac{1}{1+\sqrt{x}}\mathrm{d}x$.

3.3 节中的第一类换元积分法是把所求积分先凑成基本积分公式的形式，然后作代换 $u=\varphi(x)$. 但有些积分并不能很容易地凑出微分，需要一开始就作代换，把所要求的积分化成简单、易求的积分. 我们把这种换元积分的方法称为第二类换元积分法，用定理的形式叙述如下：

定理 设 $x=\varphi(t)$ 是单调的、可导的函数，并且 $\varphi'(t)\neq 0$. 又设 $f[\varphi(t)]\varphi'(t)$ 具有原函数 $F(t)$，则有换元公式

$$\int f(x)\mathrm{d}x \xlongequal{x=\varphi(t)} \int f[\varphi(t)]\mathrm{d}[\varphi(t)] = \int f[\varphi(t)]\varphi'(t)\mathrm{d}t = F(t)+C = F[\varphi^{-1}(x)]+C.$$

其中 $t=\varphi^{-1}(x)$ 是 $x=\varphi(t)$ 的反函数.

这是因为

$$\{F[\varphi^{-1}(x)]+C\}'=F'(t)\frac{dt}{dx}=f[\varphi(t)]\varphi'(t)\frac{1}{\frac{dx}{dt}}=f[\varphi(t)]\frac{dx}{dt}\frac{1}{\frac{dx}{dt}}=f[\varphi(t)]=f(x).$$

第二类换元积分法主要用于被积函数含有根式的积分，通过积分变量代换使被积函数有理化，从而把要求的积分简化. 常见的积分变量代换主要有如下两种方法：

3.4.1 幂代换法

若被积函数含有形如 $\sqrt[n]{ax+b}$（n 为正整数）的根式，可设 $\sqrt[n]{ax+b}=t$，则 $x=\frac{t^n-b}{a}$，$dx=\frac{n}{a}t^{n-1}dt$.

例题 1 求 $\int\frac{1}{1+\sqrt{x}}dx$.

解 设$\sqrt{x}=t$，即 $x=t^2$，$dx=2tdt$，于是

$$\int\frac{1}{1+\sqrt{x}}dx=2\int\frac{t}{1+t}dt=2\int\left(1-\frac{1}{1+t}\right)dt=2(t-\ln|1+t|)+C.$$

将$\sqrt{x}=t$ 代入得

$$\int\frac{1}{1+\sqrt{x}}dx=2(\sqrt{x}-\ln|1+\sqrt{x}|)+C.$$

练习 1 求 $\int\frac{\sqrt{x-1}}{x}dx$.

解 设 $\sqrt{x-1}=t$，即 $x=1+t^2$，$dx=2tdt$，则

例题 2 求 $\int\frac{1}{x}\sqrt{\frac{1+x}{x}}dx$.

解 设$\sqrt{\frac{1+x}{x}}=t$，即 $x=\frac{1}{t^2-1}$，于是

$$\int\frac{1}{x}\sqrt{\frac{1+x}{x}}dx=\int(t^2-1)t\cdot\frac{-2t}{(t^2-1)^2}dt=-2\int\frac{t^2}{t^2-1}dt=-2\int\left(1+\frac{1}{t^2-1}\right)dt$$

$$=-2t-\ln\left|\frac{t-1}{t+1}\right|+C=-2\sqrt{\frac{1+x}{x}}-\ln\frac{\sqrt{1+x}-\sqrt{x}}{\sqrt{1+x}+\sqrt{x}}+C.$$

练习 2 求$\int\frac{dx}{(1+\sqrt[3]{x})\sqrt{x}}$.

解 设 $x=t^6$，于是 $dx=6t^5dt$，从而

3.4.2 三角代换法

(1) 若被积函数含有形如$\sqrt{a^2-x^2}(a>0)$的根式,可设 $x=a\sin t$,则 $dx=a\cos t dt$.

例题 3 求$\int\sqrt{a^2-x^2}dx(a>0)$.

解 设 $x=a\sin t,-\frac{\pi}{2}<t<\frac{\pi}{2}$,那么

$$\sqrt{a^2-x^2}=\sqrt{a^2-a^2\sin^2 t}=a\cos t,$$
$$dx=a\cos t dt,$$

于是
$$\int\sqrt{a^2-x^2}dx=\int a\cos t\cdot a\cos t dt=a^2\int\cos^2 t dt$$
$$=a^2\left(\frac{1}{2}t+\frac{1}{4}\sin 2t\right)+C.$$

因为 $x=a\sin t,-\frac{\pi}{2}<t<\frac{\pi}{2}$,所以 $t=\arcsin\frac{x}{a}$, $\sin 2t=2\sin t\cos t=2\frac{x}{a}\cdot\frac{\sqrt{a^2-x^2}}{a}$,则

$$\int\sqrt{a^2-x^2}dx=a^2\left(\frac{1}{2}t+\frac{1}{4}\sin 2t\right)+C$$
$$=\frac{a^2}{2}\arcsin\frac{x}{a}+\frac{1}{2}x\sqrt{a^2-x^2}+C.$$

练习 3 求$\int x^2\sqrt{1-x^2}dx$.

解 设 $x=\sin t,-\frac{\pi}{2}<t<\frac{\pi}{2}$,那么$\sqrt{1-x^2}=\sqrt{1-\sin^2 t}=\cos t,dx=\cos t dt$,则

(2) 若被积函数含有形如$\sqrt{x^2+a^2}(a>0)$的根式,可设 $x=a\tan t$,则 $dx=a\sec^2 t dt$.

例题 4 求$\int\frac{dx}{\sqrt{x^2+a^2}}(a>0)$.

解 设 $x=a\tan t,-\frac{\pi}{2}<t<\frac{\pi}{2}$,那么

$$\sqrt{x^2+a^2}=\sqrt{a^2+a^2\tan^2 t}=a\sqrt{1+\tan^2 t}=a\sec t,$$
$$dx=a\sec^2 t dt,$$

于是
$$\int\frac{dx}{\sqrt{x^2+a^2}}=\int\frac{a\sec^2 t}{a\sec t}dt=\int\sec t dt$$
$$=\ln|\sec t+\tan t|+C.$$

因为 $\sec t=\frac{\sqrt{x^2+a^2}}{a},\tan t=\frac{x}{a}$,所以

$$\int\frac{dx}{\sqrt{x^2+a^2}}=\ln|\sec t+\tan t|+C=\ln\left(\frac{x}{a}+\frac{\sqrt{x^2+a^2}}{a}\right)+C$$

$$=\ln(x+\sqrt{x^2+a^2})+C_1\text{，其中 }C_1=C-\ln a.$$

(3) 若被积函数含有形如$\sqrt{x^2-a^2}(a>0)$的根式，可设$x=a\sec t$，则$\mathrm{d}x=a\sec t\tan t\mathrm{d}t$.

例题 5 求$\int\frac{\mathrm{d}x}{\sqrt{x^2-a^2}}\ (a>0)$.

解 设$x=a\sec t$，$0<t<\frac{\pi}{2}$或$\frac{\pi}{2}<t<\pi$，则$\mathrm{d}x=a\sec t\tan t\mathrm{d}t$. 这里仅讨论$0<t<\frac{\pi}{2}$的情况，同理可讨论$\frac{\pi}{2}<t<\pi$的情况. 于是

$$\int\frac{\mathrm{d}x}{\sqrt{x^2-a^2}}=\int\frac{a\sec t\tan t\mathrm{d}t}{\sqrt{a^2\sec^2 t-a^2}}=\int\sec t\mathrm{d}t=\ln|\sec t+\tan t|+C_1.$$

在换回原来的变量时，由所设$\sec t=\frac{x}{a}$绘制直角三角形，如图 3-2 所示，由图可知$\tan t=\frac{\sqrt{x^2-a^2}}{a}$.

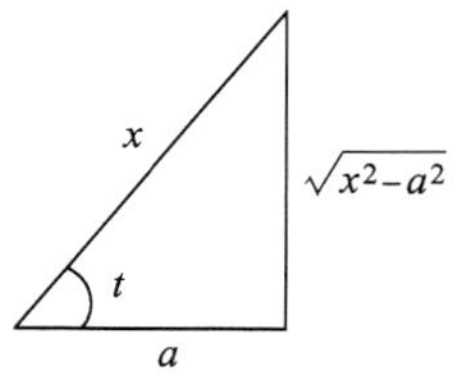

图 3-2

所以
$$\int\frac{\mathrm{d}x}{\sqrt{x^2-a^2}}=\ln\left|\frac{x}{a}+\frac{\sqrt{x^2-a^2}}{a}\right|+C_1$$
$$=\ln|x+\sqrt{x^2-a^2}|+C\ (C=C_1-\ln a).$$

注意 不定积分的第二类换元积分法最后一定要回代原来的积分变量.

由本节的例题可得下列公式，也可作为对基本积分公式的补充.

(14) $\int\frac{\mathrm{d}x}{x^2-a^2}=\frac{1}{2a}\ln\left|\frac{x-a}{x+a}\right|+C$；

(15) $\int\frac{\mathrm{d}x}{a^2+x^2}=\frac{1}{a}\arctan\frac{x}{a}+C$；

(16) $\int\frac{\mathrm{d}x}{\sqrt{a^2-x^2}}=\arcsin\frac{x}{a}+C$；

(17) $\int\frac{\mathrm{d}x}{\sqrt{x^2\pm a^2}}=\ln|x+\sqrt{x^2\pm a^2}|+C$；

(18) $\int\tan x\mathrm{d}x=-\ln|\cos x|+C$；

(19) $\int\cot x\mathrm{d}x=\ln|\sin x|+C$；

(20) $\int\sec x\mathrm{d}x=\ln|\sec x+\tan x|+C$；

(21) $\int\csc x\mathrm{d}x=\ln|\csc x-\cot x|+C$.

日期：______________ 教师：______________

3.5 分部积分法

学习内容：分部积分法、积分表的使用.

目的要求：熟练掌握不定积分的分部积分公式，熟练运用分部积分法来求各种类型的不定积分，并学会查积分表求不定积分.

重点难点：不定积分的分部积分公式，运用分部积分公式求各种不定积分.

课前探讨

1. 列举被积函数是两个函数的积的形式的不定积分（至少 3 个）.
2. 阐述分部积分法公式.
3. 阐述运用分部积分法的关键.
4. 阐述什么情况下可使用分部积分法. 例如，求 $\int x\ln x\mathrm{d}x$，求 $\int x\arctan x\mathrm{d}x$.
5. 阐述积分表的使用.

课堂讲习

虽然换元积分法能解决许多积分的计算，但对于被积函数是两个函数的积的形式，形如 $\int \mathrm{e}^x\cos x\mathrm{d}x$，$\int x\ln x\mathrm{d}x$，$\int x\cos x\mathrm{d}x$ 等不定积分就难于求出. 为了解决这类问题，本节将介绍另一种求积分的主要方法——分部积分法.

3.5.1 分部积分法

设函数 $u=u(x)$ 和 $v=v(x)$ 具有连续的导数，由乘积的求导法则

$$(uv)'=u'v+uv'$$

可得

$$uv'=(uv)'-u'v. \tag{1}$$

对(1)式两端进行积分

$$\int uv'\mathrm{d}x=\int (uv)'\mathrm{d}x-\int u'v\mathrm{d}x,$$

即

$$\int uv'\mathrm{d}x=uv-\int u'v\mathrm{d}x, \tag{2}$$

或 $$\int u\mathrm{d}v = uv - \int v\mathrm{d}u. \tag{3}$$

上述两式表明求两个函数之积的积分可以转化为$\int u'v\mathrm{d}x$或$\int v\mathrm{d}u$的积分，再用(2)式或(3)式求解. 公式(2)或(3)称为**不定积分的分部积分法公式**.

利用分部积分法主要是把所求积分中的被积表达式适当地分成u和$\mathrm{d}v$两部分，所以运用这种积分法关键在于正确地选择u,$\mathrm{d}v$. 一般地，u,$\mathrm{d}v$的选取原则是：

① v要容易求得；　　　② $\int v\mathrm{d}u$要比$\int u\mathrm{d}v$易求.

例题 1　求$\int x\cos x\mathrm{d}x$.

解　设$u=x$，$\mathrm{d}v=\cos x\mathrm{d}x=\mathrm{d}(\sin x)$，则$v=\sin x$.

由分部积分法公式

$$\int x\cos x\mathrm{d}x = x\sin x - \int \sin x\mathrm{d}x = x\sin x + \cos x + C.$$

熟练后，u,v就不必假设出来，只要默默记在心里即可.

例题 2　求$\int x^2\mathrm{e}^x\mathrm{d}x$.

解　$$\int x^2\mathrm{e}^x\mathrm{d}x = \int x^2\mathrm{d}\mathrm{e}^x = x^2\mathrm{e}^x - \int \mathrm{e}^x\cdot 2x\mathrm{d}x = x^2\mathrm{e}^x - 2\int x\mathrm{d}\mathrm{e}^x$$

$$= x^2\mathrm{e}^x - 2x\mathrm{e}^x + 2\int \mathrm{e}^x\mathrm{d}x = x^2\mathrm{e}^x - 2x\mathrm{e}^x + 2\mathrm{e}^x + C.$$

练习 1　求$\int x\ln x\mathrm{d}x$.

解

例题 3　求$\int \arcsin x\mathrm{d}x$.

解　$$\int \arcsin x\mathrm{d}x = x\arcsin x - \int x\mathrm{d}(\arcsin x) = x\arcsin x - \int \frac{x}{\sqrt{1-x^2}}\mathrm{d}x.$$

$$= x\arcsin x + \int \frac{1}{2\sqrt{1-x^2}}\mathrm{d}(1-x^2) = x\arcsin x + \sqrt{1-x^2} + C.$$

练习 2　求$\int x\arctan x\mathrm{d}x$.

解

例题 4　求$\int \mathrm{e}^x\sin x\mathrm{d}x$.

解　因为$\int \mathrm{e}^x\sin x\mathrm{d}x = \int \mathrm{e}^x\mathrm{d}(-\cos x) = -\mathrm{e}^x\cos x + \int \cos x\mathrm{e}^x\mathrm{d}x$.

$$=-e^x\cos x+\int e^x d\sin x=-e^x\cos x+e^x\sin x-\int e^x\sin x dx,$$

所以
$$\int e^x\sin x dx=\frac{1}{2}e^x(\sin x-\cos x)+C.$$

练习 3 求 $\int x\sec^2 x dx$.

解

例题 5 求 $\int e^{\sqrt{x-1}}dx$.

解法 1 令 $\sqrt{x-1}=t$，则 $dx=2tdt$，

所以
$$\int e^{\sqrt{x-1}}dx=\int e^t\cdot 2tdt=2\int tde^t=2te^t-2\int e^t dt=2te^t-2e^t+C$$
$$=2e^{\sqrt{x-1}}\sqrt{x-1}-2e^{\sqrt{x-1}}+C.$$

解法 2
$$\int e^{\sqrt{x-1}}dx=\int 2\sqrt{x-1}de^{\sqrt{x-1}}=2e^{\sqrt{x-1}}\sqrt{x-1}-2\int e^{\sqrt{x-1}}d\sqrt{x-1}$$
$$=2e^{\sqrt{x-1}}\sqrt{x-1}-2e^{\sqrt{x-1}}+C.$$

练习 4 求 $\int\sin\sqrt{x}dx$.

解

可以看出，虽然运用分部积分法的关键是 u，dv 的选择，但凑微分是基础.

注意 一般地，被积函数具有下列形式时，可用分部积分法.

(1) 幂函数与指数函数(或三角函数)之积，形如 $x^n e^{kx}$，$x^n\sin kx$，$x^n\cos kx$(n 为正整数，$k\neq 0$)，应选 x^n 为 u，其余部分为 dv.

(2) 幂函数与对数函数(或反三角函数)之积，形如 $x^n\ln x$，$x^n\arcsin x$，$x^n\arccos x$，$x^n\arctan x$(n 为正整数)，应选 $\ln x$，$\arcsin x$，$\arccos x$，$\arctan x$ 为 u，其余部分为 dv.

(3) 三角函数与指数函数之积，形如 $e^{ax}\sin bx$，$e^{ax}\cos bx$(a，b 为实数)，可以任意地选择 u，dv，但要连续两次使用分部积分法，出现“循环”后再移项解方程(如例题 4).

3.5.2 积分表的使用

从前面几节可以看出积分的计算比微分的计算复杂，灵活性较强. 被积函数形式稍有不同，相应的积分方法和结果就有很大的差别. 为了便于应用，人们将常用的不定积分按被积函数的类型编辑了公式表以供查用. 本书附录中给出了一个不定积分表，求不定积分时，可根据被积函数的类型直接或经过简单变形后在积分表中查到积分的结果.

下面通过例子说明积分表的用法.

例题 6 求 $\int \frac{dx}{3+7x^2}$.

解 被积函数中含有 ax^2+b，在积分表 4 中找到积分公式(22)，将 $a=7,b=3$ 代入得

$$\int \frac{dx}{3+7x^2}=\frac{1}{\sqrt{21}}\arctan\sqrt{\frac{7}{3}}x+C.$$

例题 7 求 $\int \frac{dx}{x\sqrt{4-9x^2}}$.

解 这个积分不能直接在积分表中找到，需要先进行变换.

设 $u=3x$，则 $x=\frac{u}{3}$，$dx=\frac{1}{3}du$，于是

$$\int \frac{dx}{x\sqrt{4-9x^2}}=\int \frac{du}{u\sqrt{2^2-u^2}}$$

被积函数含有 $\sqrt{a^2-x^2}(a>0)$，在积分表 8 中找到积分公式(65)，把 $a=2$ 代入得

$$\int \frac{dx}{x\sqrt{4-9x^2}}=\int \frac{du}{u\sqrt{2^2-u^2}}=\frac{1}{2}\ln\frac{2-\sqrt{4-9x^2}}{|3x|}+C.$$

例题 8 求 $\int \frac{dx}{4\cos^2 x+9\sin^2 x}$.

解 被积函数含有三角函数，在积分表 11 中找到积分公式(107)，把 $a=2,b=3$ 代入得

$$\int \frac{dx}{4\cos^2 x+9\sin^2 x}=\frac{1}{6}\arctan\left(\frac{3}{2}\tan x\right)+C.$$

日期：______________ 教师：______________

3.6 第 3 模块习题课

学习内容：不定积分.

目的要求：掌握不定积分的概念、性质、基本公式、运算法则，熟练掌握积分的直接积分法、第一类换元积分法、第二类换元积分法、分部积分法，了解积分表的使用方法.

重点难点：不定积分的概念及计算.

课前探讨

1. 什么是不定积分？
2. 不定积分的性质有哪些？
3. 不定积分的计算方法有哪些？
4. 第一类换元积分法主要适用于哪些函数类型的积分？
5. 第二类换元积分法主要适用于哪些函数类型的积分？
6. 怎样使用积分表？

内容精要

1. 不定积分的概念与性质

(1) 不定积分的概念.

① 原函数：若 $F'(x)=f(x)$ 或 $\mathrm{d}F(x)=f(x)\mathrm{d}x$，则称 $F(x)$ 为 $f(x)$ 的一个原函数.

② 不定积分：若 $F'(x)=f(x)$，则 $\int f(x)\mathrm{d}x = F(x)+C$.

(2) 不定积分的性质.

① $\left[\int f(x)\mathrm{d}x\right]' = f(x)$ 或 $\mathrm{d}\left[\int f(x)\mathrm{d}x\right] = f(x)\mathrm{d}x$；

② $\int F'(x)\mathrm{d}x = F(x)+C$ 或 $\int \mathrm{d}F(x) = F(x)+C$；

③ $\int [f(x)\pm g(x)]\mathrm{d}x = \int f(x)\mathrm{d}x \pm \int g(x)\mathrm{d}x$；

④ $\int kf(x)\mathrm{d}x = k\int f(x)\mathrm{d}x$.

(3) 不定积分基本公式.

① $\int k\mathrm{d}x = kx + C$ (k 为常数)；

② $\int x^{\alpha}\mathrm{d}x = \dfrac{x^{\alpha+1}}{\alpha+1} + C$ (α 是常数，且 $\alpha \neq -1$)；

③ $\int \dfrac{1}{x}\mathrm{d}x = \ln|x| + C$；

④ $\int a^{x}\mathrm{d}x = \dfrac{a^{x}}{\ln a} + C$ ($a > 0, a \neq 1$)；

⑤ $\int \mathrm{e}^{x}\mathrm{d}x = \mathrm{e}^{x} + C$；

⑥ $\int \sin x\mathrm{d}x = -\cos x + C$；

⑦ $\int \cos x\mathrm{d}x = \sin x + C$；

⑧ $\int \sec^2 x\mathrm{d}x = \tan x + C$；

⑨ $\int \csc^2 x\mathrm{d}x = -\cot x + C$；

⑩ $\int \sec x\tan x\mathrm{d}x = \sec x + C$；

⑪ $\int \csc x\cot x\mathrm{d}x = -\csc x + C$；

⑫ $\int \dfrac{1}{\sqrt{1-x^2}}\mathrm{d}x = \arcsin x + C = -\arccos x + C$；

⑬ $\int \dfrac{\mathrm{d}x}{1+x^2} = \arctan x + C = -\operatorname{arccot} x + C$.

2. 基本积分方法

基本积分方法有直接积分法，第一类换元积分法，第二类换元积分法，分部积分法.

3. 积分表的使用

习题讲解

1. 判断题

(1) 设 e^{-x} 是 $f(x)$ 的一个原函数，则$\int f(x)\mathrm{d}x = \mathrm{e}^{-x}$. (　　)

(2) $\int \cos 2x\mathrm{d}x = \sin 2x + C$. (　　)

(3) $\int \mathrm{e}^{-x}\mathrm{d}x = \mathrm{e}^{-x} + C$. (　　)

(4) $\int (1-\sin x)\cos x\mathrm{d}x = x - \dfrac{1}{2}(\sin x)^2 + C$. (　　)

(5) 设 $f(x)$ 的一个原函数是$\dfrac{\ln x}{x}$，则$\int xf'(x)\mathrm{d}x = \dfrac{1-\ln x}{x} - \dfrac{\ln x}{x}$. (　　)

2. 选择题

(1) 设 C 是不为零的常数，则函数 $f(x)=\frac{1}{x}$ 的原函数不是________.

A. $\ln|x|$　　B. $C\ln|x|$　　C. $\ln|Cx|$　　D. $\ln|x|+C$

(2) 设 $f(x)$ 的一个原函数为 $\ln x$，则 $f'(x)=$________.

A. $\frac{1}{x}$　　B. $-\frac{1}{x^2}$　　C. $x\ln x$　　D. e^x

(3) 设函数 $f(x)$ 的导函数是 a^x，则 $f(x)$ 的全体原函数是________.

A. $\frac{a^x}{\ln a}+C$　　B. $\frac{a^x}{(\ln a)^2}+C_1x+C_2$

C. $\frac{a^x}{(\ln a)^2}+C$　　D. $a^x(\ln a)^2+C_1x+C_2$

(4) 设 $f'(\sin x)=\cos^2 x$，则 $f(x)=$________.

A. $\sin x-\frac{1}{3}\sin^3 x+C$　　B. $x-\frac{1}{3}x^3+C$

C. $\sin^2 x-\frac{1}{3}\sin^6 x+C$　　D. $x^2-\frac{1}{3}x^6+C$

3. 求下列积分

(1) $\int \frac{4x^2-1}{1+x^2}dx$.　　(2) $\int \frac{1+\ln x}{x}dx$.

(3) $\int\left(\sin x+\frac{2}{\sqrt{1-x^2}}\right)dx$.　　(4) $\int \frac{\sqrt{x}}{1+x}dx$.

(5) $\int 3^{2x}e^x dx$.　　(6) $\int \frac{e^x}{e^x+1}dx$.

(7) $\int \frac{\mathrm{d}x}{\mathrm{e}^x - \mathrm{e}^{-x}}$.

(8) $\int \frac{1+\cos x}{x+\sin x}\mathrm{d}x$.

(9) $\int \sin x \sin 2x \sin 3x \mathrm{d}x$.

(10) $\int \tan^4 x \mathrm{d}x$.

第4模块

定积分及其应用

【学习目标】

理解定积分的定义，掌握定积分的性质；掌握变上限积分求导方法，熟练运用牛顿-莱布尼茨公式；熟练掌握定积分的换元法和分部积分法；学会使用定积分计算几何问题，会解一些简单的实际应用问题.

古代人们求一些由曲线围成的图形（例如圆）的面积时，常常采用无限细分的方法，即在每个分块上用规则图形（矩形、三角形）近似，然后求和无限逼近图形的面积. 这种方法蕴涵着极限的思想，也是定积分的雏形. 17 世纪中期，牛顿和莱布尼茨各自定义了定积分，并给出了一般计算方法. 在后人的不断完善下，逐渐形成了现代积分学. 定积分在经济、物理、工程、管理等各个领域中都有广泛的应用.

本模块除了讲述定积分的概念外，还介绍了它们的性质、相关公式、求积分的方法以及定积分在几何中的应用.

日期：______________________ 教师：______________________

4.1 定积分的概念

学习内容：定积分的概念、几何意义.
目的要求：熟练掌握定积分的概念，理解定积分的几何意义.
重点难点：定积分的概念，定积分的几何意义.

课前探讨

1. 阐述曲边梯形的定义.
2. 阐述曲边梯形的面积求解方法.
3. 阐述变速直线运动路程的求解方法.
4. 阐述定积分的定义.
5. 阐述定积分的几何意义.

课堂讲习

案例(曲边梯形的面积) 曲边梯形由连续曲线 $y=f(x)$ $(f(x)\geqslant 0)$，两条直线 $x=a$，$x=b$ 和 x 轴围成，如图(a)所示.

运用矩形面积近似取代曲边梯形面积后发现小矩形越多，矩形总面积越接近曲边梯形面积，如图(b)、图(c)所示.

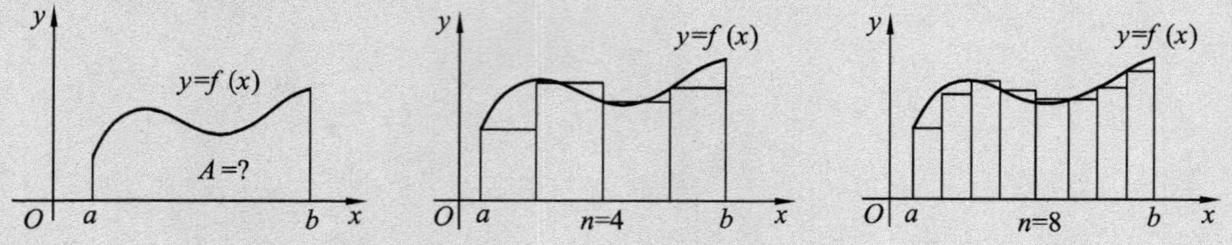

(a) (b) (c)

4.1.1 引例

引例1(求曲边梯形的面积) 所谓曲边梯形，是指由连续曲线 $y=f(x)$ $(f(x)\geqslant 0)$，直线 $x=a$，$x=b$ 和 x 轴 $(y=0)$ 所围成的平面图形(如图 4-1 所示). 其中有两边平行，第三条边与这两边垂直，第四条边是曲线.

矩形面积的求法是已知的，但是此图形有一边是曲线，该如何求其面积呢？

从图中可以看出，曲边梯形的高 $f(x)$ 在区间 $[a,b]$ 上是连续变化的，在很小的一区间段内其变化很小，近似于不变，并且当区间的长度无限缩小时，高的变化也无限减小. 因此，如果把区间 $[a,b]$ 分成许多小区间，在每个小区间上，用其中某一点的高来近似代替同一个小区间上的窄曲边梯形的高，再根据矩形的面积公式即可求出相应窄曲边梯形面积的近似值，从而求出整个曲边梯形面积的近似值. 显然，把区间 $[a,b]$ 分得越细，所求出的面积值越接近于精确值，为此我们通过下列四步进行计算.

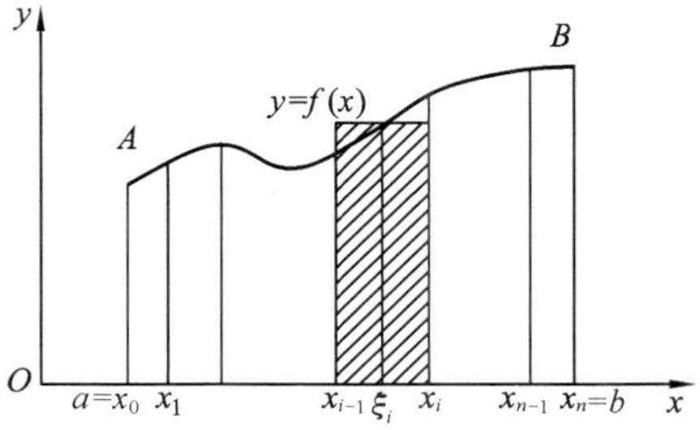

图 4-1

第一步　分割. 用分点 $a=x_0<x_1<x_2<\cdots<x_{n-1}<x_n=b$，将区间 $[a,b]$ 任意分成 n 个小区间 $[x_{i-1},x_i]$ $(i=1,2,\cdots,n)$，第 i 个小区间的长度为 $\Delta x_i=x_i-x_{i-1}$ $(i=1,2,\cdots,n)$.

经过每一个分点作平行于 y 轴的直线段，把曲边梯形分成 n 个窄曲边梯形，各个窄曲边梯形的面积记为 ΔA_i $(i=1,2,\cdots,n)$.

第二步　取近似. 在每个小区间 $[x_{i-1},x_i]$ 上任取一点 ξ_i，以 $f(\xi_i)$ 为高、Δx_i 为底的矩形面积为 $f(\xi_i)\Delta x_i$ $(i=1,2,\cdots,n)$，并把它作为窄曲边梯形面积 ΔA_i 的近似值，即

$$\Delta A_i\approx f(\xi_i)\Delta x_i\ (i=1,2,\cdots,n).$$

第三步　求和. 将各窄曲边梯形面积的近似值相加，即得所求曲边梯形面积的近似值：

$$A\approx\sum_{i=1}^{n}f(\xi_i)\Delta x_i.$$

第四步　求极限. 记 $\lambda=\max\limits_{1\leqslant i\leqslant n}\{\Delta x_i\}$，当 $\lambda\to 0$ 时，所有小区间的长度 Δx_i 都趋于零，取上述和式的极限，得曲边梯形的面积为

$$A=\lim_{\lambda\to 0}\sum_{i=1}^{n}f(\xi_i)\Delta x_i.$$

引例 2　设 $MR=r(t)$ 是某企业的边际收益，其为时间 t 的连续函数，求企业在时间区间 $[a,b]$ 上的总收益 $R(t)$.

解　若 $MR=r(t)=r$ 是常数，则总收益 $R(t)=r(b-a)$. 当 $r(t)$ 随时间而变化时，每个瞬时的边际收益不一样. 由于 $MR=r(t)$ 是连续的，所以在很小的时间间隔内，边际收益变化不大，可以近似看成一个常数. 因此处理方法同上例，分为四步，如图 4-2 所示.

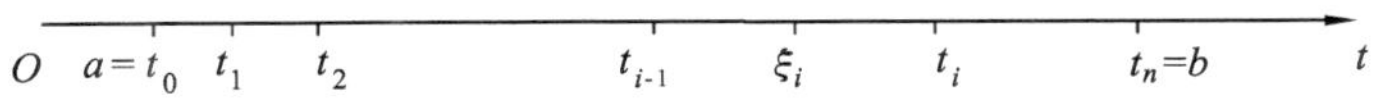

图 4-2

第一步　分割. 用分点 $a=t_0<t_1<t_2<\cdots<t_{n-1}<t_n=b$，将区间 $[a,b]$ 任意分成 n 个小区间 $[t_{i-1},t_i]$ $(i=1,2,\cdots,n)$，第 i 个小区间的长度为 $\Delta t_i=t_i-t_{i-1}$ $(i=1,2,\cdots,n)$. 各个小区间的收益记为 ΔR_i $(i=1,2,\cdots,n)$.

第二步　取近似. 在每个小区间 $[t_{i-1},t_i]$ 上任取一点 ξ_i，以 $r(\xi_i)\Delta t_i$ 作为小区间 $[t_{i-1},t_i]$ 的收益 ΔR_i $(i=1,2,\cdots,n)$ 的近似值，即

$$\Delta R_i\approx r(\xi_i)\Delta t_i\ (i=1,2,\cdots,n).$$

第三步　求和. 将各小区间的近似值相加即得所求区间总收益的近似值

$$R \approx \sum_{i=1}^{n} r(\xi_i)\Delta t_i.$$

第四步　取极限. 记 $\lambda=\max\limits_{1\leqslant i\leqslant n}\{\Delta t_i\}$，当 $\lambda\to 0$ 时，取上述和式的极限，得总收益为

$$R = \lim_{\lambda\to 0}\sum_{i=1}^{n} r(\xi_i)\Delta t_i.$$

以上两个引例尽管实际意义不同，但最后都归结为求“乘积的和式的极限”. 在对这种共性加以概括和抽象的基础上，并从其抽象的形式上进行讨论，便可得出定积分的定义.

4.1.2　定积分的定义

设函数 $f(x)$ 在 $[a,b]$ 上有定义，按下列四步构造极限：

第一步　分割. 用分点 $a=x_0<x_1<x_2<\cdots<x_{n-1}<x_n=b$，将区间 $[a,b]$ 任意分成 n 个小区间 $[x_{i-1},x_i]$ $(i=1,2,\cdots,n)$，第 i 个小区间的长度为 $\Delta x_i=x_i-x_{i-1}$ $(i=1,2,\cdots,n)$.

第二步　取近似. 在每个小区间 $[x_{i-1},x_i]$ 上任取一点 ξ_i，作函数值 $f(\xi_i)$ 与小区间长度 Δx_i 的乘积 $f(\xi_i)\Delta x_i$ $(i=1,2,\cdots,n)$.

第三步　求和.

$$S_n = \sum_{i=1}^{n} f(\xi_i)\Delta x_i.$$

第四步　取极限. 记 $\lambda=\max\limits_{1\leqslant i\leqslant n}\{\Delta x_i\}$，当 $\lambda\to 0$ 时，取上述和式的极限

$$\lim_{\lambda\to 0}S_n = \lim_{\lambda\to 0}\sum_{i=1}^{n} f(\xi_i)\Delta x_i.$$

若上述和式的极限存在且为 I，则称函数 $f(x)$ 在 $[a,b]$ 上是可积的，并称此极限值 I 为 $f(x)$ 在 $[a,b]$ 上的定积分，记作

$$I = \int_a^b f(x)\mathrm{d}x.$$

其中，$\int$ 称为积分号，x 称为积分变量，$f(x)$ 称为被积函数，$f(x)\mathrm{d}x$ 称为被积表达式，a，b 分别称为积分下限和上限，$[a,b]$ 称为积分区间.

根据定积分的定义，曲边梯形的面积为 $A=\int_a^b f(x)\mathrm{d}x$，企业的总收益为 $R=\int_a^b r(t)\mathrm{d}t$.

注意　(1) 定积分 $\int_a^b f(x)\mathrm{d}x$ 的值只与积分区间 $[a,b]$ 和被积函数 $f(x)$ 有关，与 $[a,b]$ 的分割方法和 ξ_i 的取法无关.

(2) 积分上限可以小于下限，并且 $\int_a^b f(x)\mathrm{d}x=-\int_b^a f(x)\mathrm{d}x$.

(3) $\int_a^a f(x)\mathrm{d}x = 0$.

函数 $f(x)$ 在 $[a,b]$ 上满足什么条件时，$f(x)$ 在 $[a,b]$ 上可积呢？

定理　(1) 设函数 $f(x)$ 在 $[a,b]$ 上连续，则 $f(x)$ 在 $[a,b]$ 上可积.（可积的充分条件）

(2) 设 $f(x)$ 在 $[a,b]$ 上有界，且只有有限个间断点，则 $f(x)$ 在 $[a,b]$ 上可积.

(3) 若函数 $f(x)$ 在 $[a,b]$ 上可积，则 $f(x)$ 在 $[a,b]$ 上有界.（可积的必要条件）

（4）单调有界函数必定可积.

（5）只有有限个第一类不连续点的函数是可积的，即分段连续函数是可积的.

例题 1 利用定义计算定积分 $\int_0^1 x^2 \mathrm{d}x$.

解 把区间[0,1]分成 n 等份，分点为 $x_i=\frac{i}{n}(i=1,2,\cdots,n-1)$，小区间长度为

$$\Delta x_i=\frac{1}{n}(i=1,2,\cdots,n).$$

取 $\xi_i=\frac{i}{n}(i=1,2,\cdots,n)$，作积分和

$$\begin{aligned}\sum_{i=1}^{n} f(\xi_i)\Delta x_i &= \sum_{i=1}^{n}\xi_i^2\ \Delta x_i = \sum_{i=1}^{n}\left(\frac{i}{n}\right)^2\cdot\frac{1}{n}\\ &=\frac{1}{n^3}\sum_{i=1}^{n} i^2=\frac{1}{n^3}\cdot\frac{1}{6}n(n+1)(2n+1)\\ &=\frac{1}{6}\left(1+\frac{1}{n}\right)\left(2+\frac{1}{n}\right).\end{aligned}$$

因为 $\lambda=\frac{1}{n}$，当 $\lambda\to 0$ 时，$n\to\infty$，所以

$$\int_0^1 x^2\mathrm{d}x=\lim_{\lambda\to 0}\sum_{i=1}^{n} f(\xi_i)\Delta x_i=\lim_{n\to\infty}\frac{1}{6}\left(1+\frac{1}{n}\right)\left(2+\frac{1}{n}\right)=\frac{1}{3}.$$

4.1.3 定积分的几何意义

设由连续曲线 $y=f(x)$，直线 $x=a$，$x=b$ 和 x 轴（或 $y=0$）所围成的曲边梯形面积用 A 表示，其几何意义为：

（1）当 $f(x)\geqslant 0$ 时，如图 4-1 所示，$\int_a^b f(x)\mathrm{d}x=A$. 特别地，在区间$[a,b]$上，若 $f(x)\equiv 1$，则$\int_a^b f(x)\mathrm{d}x=\int_a^b \mathrm{d}x=b-a$，它表示以区间$[a,b]$长度为底，高为 1 的矩形的面积，如图 4-3 所示.

（2）当 $f(x)\leqslant 0$ 时，如图 4-4 所示，$\int_a^b f(x)\mathrm{d}x=-A$.

（3）当 $f(x)$ 在$[a,d]$上有正也有负时，$\int_a^d f(x)\mathrm{d}x$ 等于连续曲线 $y=f(x)$ 和直线 $x=a$，$x=d$ 与 x 轴（或 $y=0$）所围成各部分图形面积的代数和（在 x 轴上方的部分为正面积，在 x 轴下方的部分为负面积），如图 4-5 所示，$\int_a^d f(x)\mathrm{d}x=A_1-A_2+A_3$.

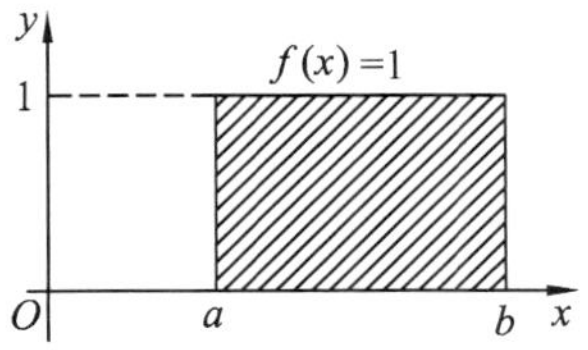

图 4-3

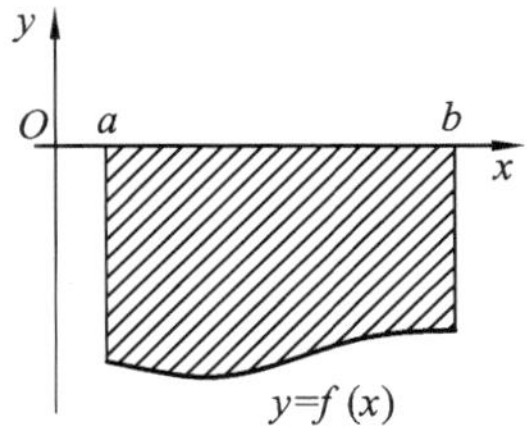

图 4-4

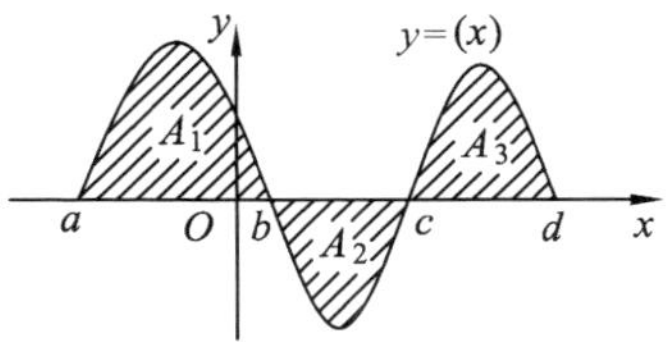

图 4-5

曲边梯形的面积用定积分表示为：

(1) 当 $f(x)\geqslant 0$ 时，$A=\int_a^b f(x)\mathrm{d}x$.

(2) 当 $f(x)\leqslant 0$ 时，$A=-\int_a^b f(x)\mathrm{d}x$.

(3) 当 $f(x)$在$[a,d]$上有正也有负时，

$$A=\int_a^d |f(x)|\mathrm{d}x=A_1+A_2+A_3=\int_a^b f(x)\mathrm{d}x-\int_b^c f(x)\mathrm{d}x+\int_c^d f(x)\mathrm{d}x.$$

例题 2 用定积分几何意义，求 $\int_{-2}^2 \sqrt{4-x^2}\mathrm{d}x$.

解 被积函数 $y=\sqrt{4-x^2}$，$x\in[-2,2]$是 x 轴上方的半圆，如图 4-6 所示. 根据定积分的几何意义，所求定积分为阴影部分的面积为

$$\int_{-2}^2 \sqrt{4-x^2}\mathrm{d}x=2\pi.$$

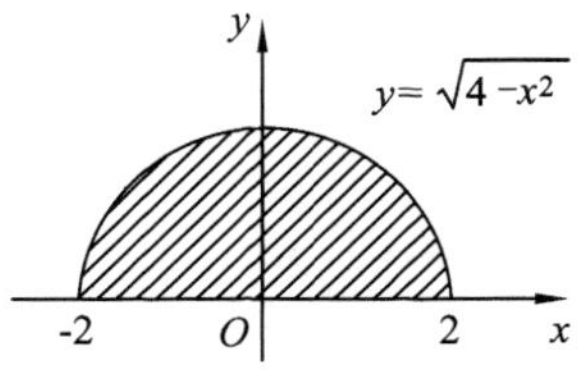

图 4-6

日期：______________ 教师：______________

4.2 定积分的性质

学习内容：定积分的性质.
目的要求：熟练掌握定积分的性质，会利用定积分的性质分析、判断及计算定积分.
重点难点：定积分的性质，定积分性质的应用.

课前探讨

1. 回顾定积分的概念及其几何意义.
2. 预习定积分的性质.
3. 设 $f(x)=\begin{cases} 2, & -3\leqslant x<0, \\ \sqrt{1-x^2}, & 0\leqslant x\leqslant 1, \end{cases}$ 求 $\int_{-3}^{1}[5+2f(x)]\mathrm{d}x$.
4. 比较下列积分值的大小：(1) $\int_0^{\frac{\pi}{4}}\sin x\mathrm{d}x$ 与 $\int_0^{\frac{\pi}{4}}\cos x\mathrm{d}x$；(2) $\int_0^1 x\mathrm{d}x$ 与 $\int_0^1\sqrt{x}\mathrm{d}x$.
5. 估计定积分 $\int_0^1 \mathrm{e}^x\mathrm{d}x$ 的值.
6. 求 $y=\sqrt{4-x^2}$ 在 $[-2,2]$ 上的平均值.

课堂讲习

案例 比较定积分 $\int_1^2\ln x\mathrm{d}x$ 与 $\int_1^2(\ln x)^2\mathrm{d}x$ 的大小

由定积分的定义可以看出，$\int_a^b f(x)\mathrm{d}x$ 中 a 是积分下限，b 是积分上限，所以 $a\neq b$，且 $a<b$ 但为了计算需要，我们做如下规定：

(1) $\int_a^a f(x)\mathrm{d}x=0$；

(2) 当 $a>b$ 时，有 $\int_a^b f(x)\mathrm{d}x=-\int_b^a f(x)\mathrm{d}x$.

假设函数 $f(x)$，$g(x)$ 在给定的区间上是可积的，下面讨论定积分的性质. 它们将有利于计算定积分.

4.2.1 定积分的线性性质

性质 1 常数因子可以提到积分号前，即

$$\int_a^b kf(x)\mathrm{d}x = k\int_a^b f(x)\mathrm{d}x.$$

证 由定积分的定义和极限的性质可得

$$\int_a^b kf(x)\mathrm{d}x = \lim_{\lambda\to 0}\sum_{i=1}^n kf(\xi_i)\Delta x_i = k\lim_{\lambda\to 0}\sum_{i=1}^n f(\xi_i)\Delta x_i = k\int_a^b f(x)\mathrm{d}x.$$

性质 2 函数代数和的定积分等于它们的定积分的代数和，即

$$\int_a^b [f(x)\pm g(x)]\mathrm{d}x = \int_a^b f(x)\mathrm{d}x \pm \int_a^b g(x)\mathrm{d}x.$$

本性质对有限个函数的代数和的情况仍然成立.

性质 1 和性质 2 可以统一写作 $\int_a^b [kf(x)\pm hg(x)]\mathrm{d}x = k\int_a^b f(x)\mathrm{d}x \pm h\int_a^b g(x)\mathrm{d}x$.

4.2.2 定积分的区间可加性

性质 3(区间可加性) 对任意 3 个数 a,b,c，总有

$$\int_a^b f(x)\mathrm{d}x = \int_a^c f(x)\mathrm{d}x + \int_c^b f(x)\mathrm{d}x.$$

可仿照性质 1 证明性质 3.

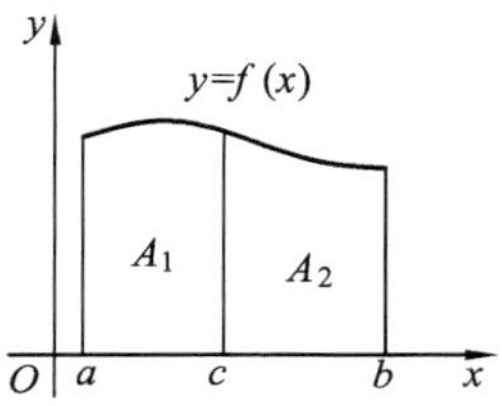

图 4-7

注意 (1) 当 $a<c<b$ 时(如图 4-7 所示)，由定积分的几何意义可知，总面积 $A=\int_a^b f(x)\mathrm{d}x$ 是两块面积 $A_1=\int_a^c f(x)\mathrm{d}x$ 与 $A_2=\int_c^b f(x)\mathrm{d}x$ 的和.

(2) 当 c 点在区间 $[a,b]$ 之外，假设 $a<b<c$ 时，由前一种情况有

$$\int_a^c f(x)\mathrm{d}x = \int_a^b f(x)\mathrm{d}x + \int_b^c f(x)\mathrm{d}x.$$

所以，$\int_a^b f(x)\mathrm{d}x = \int_a^c f(x)\mathrm{d}x - \int_b^c f(x)\mathrm{d}x = \int_a^c f(x)\mathrm{d}x + \int_c^b f(x)\mathrm{d}x$.

其他情况可类似推出.

性质 4 若函数 $f(x)$ 在 $[a,c]$，$[c,b]$ 上均可积，则 $f(x)$ 在 $[a,b]$ 上也可积.

例题 1 设 $f(x)=\begin{cases} 2, & -3\leqslant x<0, \\ \sqrt{1-x^2}, & 0\leqslant x\leqslant 1, \end{cases}$ 求 $\int_{-3}^1 [5+2f(x)]\mathrm{d}x$.

解 由定积分的性质可得

$$\begin{aligned}\int_{-3}^1 [5+2f(x)]\mathrm{d}x &= 5\int_{-3}^1 \mathrm{d}x + 2\int_{-3}^1 f(x)\mathrm{d}x = 20+2\left[\int_{-3}^0 f(x)\mathrm{d}x + \int_0^1 f(x)\mathrm{d}x\right] \\ &= 20+2\left[\int_{-3}^0 2\mathrm{d}x + \int_0^1 \sqrt{1-x^2}\mathrm{d}x\right] = 32+\frac{\pi}{2}.\end{aligned}$$

4.2.3 定积分的单调性

性质 5(比较性质) 如果在区间 $[a,b]$ 上，若 $f(x)\leqslant g(x)$，则

$$\int_a^b f(x)\mathrm{d}x \leqslant \int_a^b g(x)\mathrm{d}x.$$

例题 2 比较下列积分值的大小：

(1) $\int_0^{\frac{\pi}{4}} \sin x\mathrm{d}x$ 与 $\int_0^{\frac{\pi}{4}} \cos x\mathrm{d}x$； (2) $\int_0^1 x\mathrm{d}x$ 与 $\int_0^1 \sqrt{x}\mathrm{d}x$.

解 (1) 当 $x \in \left[0,\frac{\pi}{4}\right]$时，$\sin x \leqslant \cos x$. 由定积分的性质有$\int_0^{\frac{\pi}{4}} \sin x\mathrm{d}x \leqslant \int_0^{\frac{\pi}{4}} \cos x\mathrm{d}x$.

(2) 当 $x \in [0,1]$ 时，$x \leqslant \sqrt{x}$. 由定积分的性质有$\int_0^1 x\mathrm{d}x \leqslant \int_0^1 \sqrt{x}\mathrm{d}x$.

推论 1 如果函数 $f(x)$在$[a,b]$上可积，且对任意的 $x\in[a,b]$都有 $f(x)\geqslant 0$，则

$$\int_a^b f(x)\mathrm{d}x \geqslant 0.$$

推论 2 如果函数 $f(x)$在$[a,b]$上可积，则$|f(x)|$在$[a,b]$上也可积，且有

$$\left|\int_a^b f(x)\mathrm{d}x\right| \leqslant \int_a^b |f(x)|\mathrm{d}x.$$

4.2.4 定积分的中值定理

性质 6 如果函数 $f(x)=C$，C 为常数，则函数 $f(x)=C$ 在$[a,b]$上可积，且有

$$\int_a^b f(x)\mathrm{d}x = C(b-a)$$

证 由定积分的定义可知

$$\int_a^b f(x)\mathrm{d}x = \lim_{\lambda\to 0}\sum_{i=1}^n f(\xi_i)\Delta x_i = C\lim_{\lambda\to 0}\sum_{i=1}^n \Delta x_i = C\lim_{\lambda\to 0}(b-a) = C(b-a).$$

性质 7(估值定理) 设 m 及 M 分别是函数 $f(x)$在区间$[a,b]$上的最小值及最大值，则

$$m(b-a) \leqslant \int_a^b f(x)\mathrm{d}x \leqslant M(b-a).$$

性质 7 的几何意义是：曲边梯形的面积$\int_a^b f(x)\mathrm{d}x$ 介于以$[a,b]$为底、函数 $y=f(x)$ 的最大值 M 和最小值 m 为高的两个矩形的面积之间，如图 4-8 所示.

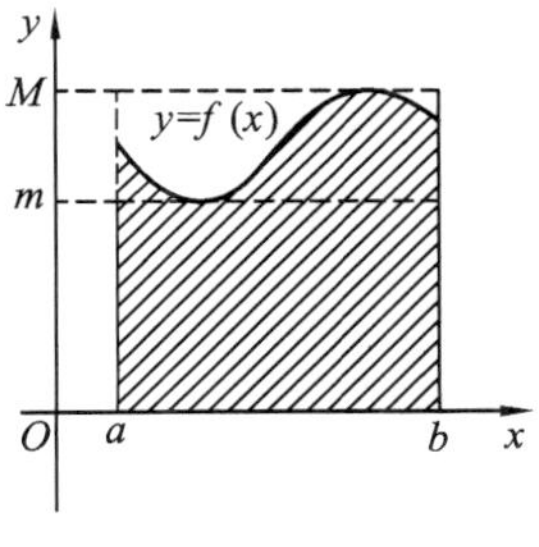

图 4-8

例题 3 估计定积分$\int_0^1 \mathrm{e}^x\mathrm{d}x$ 的取值范围.

解 函数 $f(x)=\mathrm{e}^x$ 在闭区间$[0,1]$上连续，单调递增，则有 $\mathrm{e}^0\leqslant\mathrm{e}^x\leqslant\mathrm{e}^1$，即 $1\leqslant\mathrm{e}^x\leqslant\mathrm{e}$，那么函数 $f(x)=\mathrm{e}^x$ 在闭区间$[0,1]$上的最小值为 1，最大值为 e. 由估值定理得

$$1\cdot(1-0) \leqslant \int_0^1 \mathrm{e}^x\mathrm{d}x \leqslant \mathrm{e}\cdot(1-0),$$

即

$$1 \leqslant \int_0^1 \mathrm{e}^x\mathrm{d}x \leqslant \mathrm{e}.$$

练习 估计定积分$\int_0^2 x(x-2)\mathrm{d}x$ 的取值范围.

解

性质 8(积分中值定理) 如果 $f(x)$ 在闭区间 $[a,b]$ 上连续，则在 $[a,b]$ 上至少存在一点 ξ，使得

$$\int_a^b f(x)\mathrm{d}x = f(\xi)(b-a)\ (a \leqslant \xi \leqslant b).$$

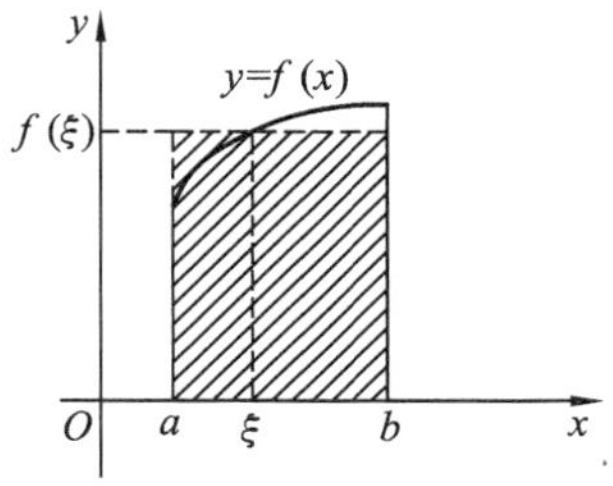

图 4-9

积分中值定理的几何意义是：对于曲边梯形的面积 $\int_a^b f(x)\mathrm{d}x$，总有一个以 $[a,b]$ 长度为底，高为 $f(\xi)(a \leqslant \zeta \leqslant b)$ 的矩形面积和它相等，如图 4-9 所示.

积分中值定理可改写为

$$f(\xi) = \frac{1}{b-a}\int_a^b f(x)\mathrm{d}x.$$

其中 $f(\xi)$ 称为函数 $f(x)$ 在闭区间 $[a,b]$ 上的平均值，记作 $\bar{y}$.

例题 4 求 $y=\sqrt{4-x^2}$ 在 $[-2,\ 2]$ 上的平均值.

解 由 4.1 节例题 2 可知 $\int_{-2}^{2}\sqrt{4-x^2}\mathrm{d}x = 2\pi$，所以 $\bar{y} = \frac{1}{2-(-2)}\int_{-2}^{2}\sqrt{4-x^2}\mathrm{d}x = \frac{\pi}{2}$.

日期：________________　　教师：________________

4.3 牛顿-莱布尼茨公式

学习内容：变上限的定积分、原函数存在定理，微积分的基本定理(牛顿-莱布尼茨公式).
目的要求：理解变上限的定积分的概念，了解原函数存在定理，掌握微积分的基本定理.
重点难点：牛顿-莱布尼茨公式的应用，变上限的定积分的概念.

课前探讨

1. 阐述变上限的定积分的定义.
2. 阐述变上限函数 $F(x)$的几何意义.
3. 阐述原函数存在定理.
4. 求$\frac{\mathrm{d}}{\mathrm{d}x}\left(\int_0^x t\cos^2 t\mathrm{d}t\right)$，$\frac{\mathrm{d}}{\mathrm{d}x}\left(\int_x^1 \frac{\sin t}{1+t^2}\mathrm{d}t\right)$，$\frac{\mathrm{d}}{\mathrm{d}x}\left(\int_0^{3x^2} \frac{\cos t}{2+t}\mathrm{d}t\right)$.
5. 阐述微积分的基本定理.
6. 求$\int_0^1 \frac{1}{\sqrt{1-x^2}}\mathrm{d}x$.

课堂讲习

案例　计算定积分$\int_0^1 \frac{1}{\sqrt{1-x^2}}\mathrm{d}x$.

4.3.1 变上限的定积分

定义　设函数 $f(x)$ 在区间$[a,b]$上连续，若 $x\in[a,b]$，则称函数 $F(x)=\int_a^x f(t)\mathrm{d}t$ 为变上限的定积分.

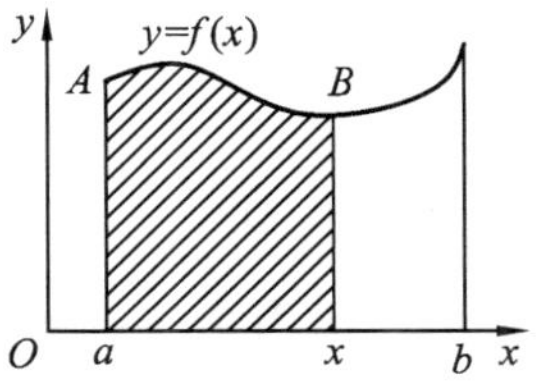

图 4-10

函数 $F(x)$的几何意义是：函数 $F(x)$表示右侧一边可以平行移动的曲边梯形 $aABx$ 的面积(如图 4-10 所示). 这个梯形的面积是随 x 位置的变动而变化的，且当 x 给定后，这条边就确定了，面积 $F(x)$也随之确定. 因而 $F(x)$是 x 的函数，也称为变上限函数.

函数 $F(x)$的性质如下：

性质 1 $F(a)=0, F(b)=\int_a^b f(x)\mathrm{d}x$.

性质 2 若 $f(x)$ 在区间$[a,b]$上可积，则 $F(x)=\int_a^x f(t)\mathrm{d}t$ 是$[a,b]$上的连续函数.

证 设 x 是$[a,b]$上任一点，因为 $f(x)$在$[a,b]$上可积，所以 $f(x)$在$[a,b]$上有界.设$|f(x)|\leqslant M$ (M 为正常数)，于是

$$|F(x+\Delta x)-F(x)|=\left|\int_a^{x+\Delta x} f(t)\mathrm{d}t-\int_a^x f(t)\mathrm{d}t\right|=\left|\int_x^{x+\Delta x} f(t)\mathrm{d}t\right|$$

$$\leqslant\left|\int_x^{x+\Delta x}|f(t)|\mathrm{d}t\right|\leqslant M|\Delta x|.$$

从而当 $\Delta x\to 0$ 时，$|F(x+\Delta x)-F(x)|\to 0$，由连续的定义可知，$F(x)$在$[a,b]$上是连续函数.

4.3.2 原函数存在定理

定理 1 若 $f(x)$ 在区间$[a,b]$上连续，则函数 $F(x)=\int_a^x f(t)\mathrm{d}t$ 是 $f(x)$ 在区间$[a,b]$上的一个原函数，即

$$F'(x)=\left[\int_a^x f(t)\mathrm{d}t\right]'=f(x)\quad(a\leqslant x\leqslant b).$$

证 $\dfrac{F(x+\Delta x)-F(x)}{\Delta x}=\dfrac{1}{\Delta x}\left[\int_a^{x+\Delta x} f(t)\mathrm{d}t-\int_a^x f(t)\mathrm{d}t\right]=\dfrac{1}{\Delta x}\int_x^{x+\Delta x} f(t)\mathrm{d}t.$

由积分的中值定理可知，在 x 与 $x+\Delta x$ 之间必存在一点 ξ，使得

$$\int_x^{x+\Delta x} f(t)\mathrm{d}t=f(\xi)\Delta x.$$

于是 $$\frac{F(x+\Delta x)-F(x)}{\Delta x}=f(\xi).$$

对上式两端取极限 $\Delta x\to 0$，即 $x+\Delta x\to x$. 由于 ξ 位于 x 与 $x+\Delta x$ 之间，所以这时必定有$\xi\to x$，则有

$$\lim_{\Delta x\to 0}\frac{F(x+\Delta x)-F(x)}{\Delta x}=\lim_{\Delta x\to 0} f(\xi)=\lim_{\xi\to x} f(\xi)=f(x).$$

再由导数的定义可知，函数 $F(x)$ 可导且 $F'(x)=\left[\int_a^x f(t)\mathrm{d}t\right]'=f(x)$.

这个定理就是原函数存在定理，它建立了导数与积分之间的关系，也说明了 3.1 节开始给出的一个结论：如果函数 $f(x)$在区间$[a,b]$上连续，则在该区间上 $f(x)$的原函数一定存在.

例题 1 求 $\dfrac{\mathrm{d}}{\mathrm{d}x}\left(\int_0^x t\cos^2 t\mathrm{d}t\right)$.

解 由定理 1 可得

$$\frac{\mathrm{d}}{\mathrm{d}x}\left(\int_0^x t\cos^2 t\mathrm{d}t\right)=x\cos^2 x.$$

例题 2 求$\dfrac{\mathrm{d}}{\mathrm{d}x}\left(\int_x^1 \dfrac{\sin t}{1+t^2}\mathrm{d}t\right)$.

解 由于定理是对积分上限求导，所以先交换积分上下限再求导，即

$$\frac{\mathrm{d}}{\mathrm{d}x}\left(\int_x^1 \frac{\sin t}{1+t^2}\mathrm{d}t\right)=-\frac{\mathrm{d}}{\mathrm{d}x}\left(\int_1^x \frac{\sin t}{1+t^2}\mathrm{d}t\right)=-\frac{\sin x}{1+x^2}.$$

例题 3 求$\frac{\mathrm{d}}{\mathrm{d}x}\left(\int_0^{3x^2}\frac{\cos t}{2+t}\mathrm{d}t\right)$.

解 由于上限是 x 的函数，所以可把 $3x^2$ 看做 u，根据复合函数的求导法则，先对 u 求导，再对 x 求导，即

$$\frac{\mathrm{d}}{\mathrm{d}x}\left(\int_0^{3x^2}\frac{\cos t}{2+t}\mathrm{d}t\right)=\frac{\cos 3x^2}{2+3x^2}(3x^2)'=\frac{6x\cos 3x^2}{2+3x^2}.$$

由本例题可得到如下的一般结论

$$\frac{\mathrm{d}}{\mathrm{d}x}\left[\int_a^{\varphi(x)}f(t)\mathrm{d}t\right]=f[\varphi(x)]\varphi'(x).$$

4.3.3 微积分基本定理

定理 2(微积分的基本定理) 设 $f(x)$在$[a,b]$上连续，$F(x)$是 $f(x)$在$[a,b]$上的任一原函数，即 $F'(x)=f(x)$，则有

$$\int_a^b f(x)\mathrm{d}x=F(b)-F(a)\xlongequal{\text{记作}}F(x)\Big|_a^b.$$

这个公式称为**牛顿-莱布尼茨公式**，也称为**微积分基本公式**.

证 已知$F(x)$是$f(x)$在$[a,b]$上的一个原函数，由定理1知，函数$\int_a^x f(t)\mathrm{d}t$也是$f(x)$在$[a,b]$上的一个原函数. 于是这两个原函数之间仅相差一个常数 C，因此有

$$\int_a^x f(t)\mathrm{d}t=F(x)+C.$$

在上式中，令 $x=a$，且因为$\int_a^a f(x)\mathrm{d}x=0$，所以

$$0=F(a)+C,\text{即 }C=-F(a),$$

则

$$\int_a^x f(t)\mathrm{d}t=F(x)-F(a).$$

若在该式中再令 $x=b$，则可得

$$\int_a^b f(t)\mathrm{d}t=F(b)-F(a).$$

将积分变量改为 x 表示，上式即为

$$\int_a^b f(x)\mathrm{d}x=F(b)-F(a).$$

定理得证.

牛顿-莱布尼茨公式揭示了定积分与被积函数的原函数之间的联系，又将积分和微分这两个不同的概念联系了起来，从而把求定积分的问题化为求原函数的问题，为定积分的计算提供了有效而简便的方法，因此它是一个很重要的公式，必须熟记.

例题 4 求$\int_0^{\frac{1}{2}}\frac{1}{\sqrt{1-x^2}}\mathrm{d}x$.

解 $\int_0^{\frac{1}{2}}\frac{1}{\sqrt{1-x^2}}\mathrm{d}x=\arcsin x\Big|_0^{\frac{1}{2}}=\arcsin\frac{1}{2}-\arcsin 0=\frac{\pi}{6}.$

例题 5　求$\int_{-3}^{1}|x|\mathrm{d}x$.

解　先去掉被积函数的绝对值的符号，再由定积分对积分区间的可加性得

$$\int_{-3}^{1}|x|\mathrm{d}x=\int_{-3}^{0}(-x)\mathrm{d}x+\int_{0}^{1}x\mathrm{d}x=-\frac{x^2}{2}\Big|_{-3}^{0}+\frac{x^2}{2}\Big|_{0}^{1}=5.$$

例题 6　计算由曲线 $y=\sin x$ 在$[0,\pi]$上与 x 轴所围成的图形的面积 A，如图 4-11 所示.

解　由定积分的几何意义，面积

$$A=\int_{0}^{\pi}\sin x\mathrm{d}x=-\cos x\Big|_{0}^{\pi}=-\cos\pi-(-\cos 0)=2.$$

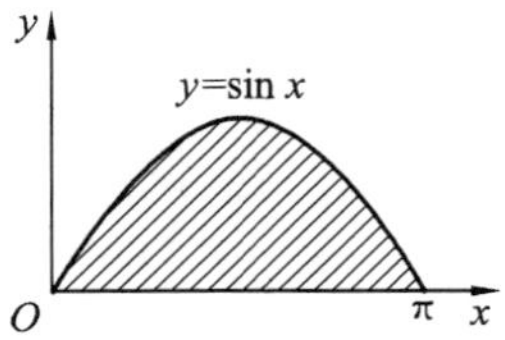

图 4-11

练习 1　求$\int_{0}^{1}(x^2+2x)\mathrm{d}x$.

解

练习 2　求$\int_{1}^{3}|x-2|\mathrm{d}x$.

解

练习 3　计算由曲线 $y=\cos x$ 在$[0,2\pi]$上与 x 轴所围成的图形的面积 A.

解

日期：________________ 教师：________________

4.4 换元法

学习内容：定积分的换元法.

目的要求：熟练掌握定积分的换元法，会利用定积分的换元法计算定积分，重点掌握利用幂代换法与三角代换法求解各种函数的定积分.

重点难点：定积分的换元法，利用幂代换法与三角代换法求解定积分.

课前探讨

1. 回顾不定积分的第二类换元积分法，并举例(至少 2 个).
2. 阐述在不定积分中换元需要注意的问题.
3. 阐述在不定积分中选择 u,v 的方法，并举例(至少 2 个).
4. 阐述定积分换元法公式.
5. 阐述定积分的幂代换法，并举例(至少 2 个).
6. 阐述定积分的三角代换法，并举例(至少 2 个).
7. 阐述如何在对称区间上对奇偶函数定积分进行求解，并举例(至少 2 个).

课堂讲习

案例 求$\int_0^1 \frac{1}{1+\sqrt{x}}\mathrm{d}x$.

定理 设 $f(x)$在区间$[a,b]$上连续，作代换 $x=\varphi(t)$，其中 $\varphi(t)$在闭区间$[\alpha,\beta]$上有连续导数 $\varphi'(t)$，当 $\alpha\leqslant t\leqslant\beta$ 时，$a\leqslant\varphi(t)\leqslant b$，且 $\varphi(\alpha)=a$，$\varphi(\beta)=b$，则

$$\int_a^b f(x)\mathrm{d}x=\int_\alpha^\beta f[\varphi(t)]\varphi'(t)\mathrm{d}t.$$

证 由定理的条件，等式两边的积分都是存在的，所以只证明它们相等即可. 设 $F(x)$是 $f(x)$的一个原函数，由复合函数求导法则可知，$F[\varphi(t)]$也是 $f[\varphi(t)]\varphi'(t)$的一个原函数，由牛顿-莱布尼茨公式可知

$$\int_a^b f(x)\mathrm{d}x=F(x)\Big|_a^b=F(b)-F(a).$$

因为 $\varphi(\alpha)=a$，$\varphi(\beta)=b$，所以

$$\int_{\alpha}^{\beta} f[\varphi(t)]\varphi'(t)\,dt = F[\varphi(t)]\Big|_{\alpha}^{\beta} = F[\varphi(\beta)] - F[\varphi(\alpha)] = F(b) - F(a),$$

则
$$\int_{a}^{b} f(x)\,dx = \int_{\alpha}^{\beta} f[\varphi(t)]\varphi'(t)\,dt.$$

定理得证.

定积分的换元法主要用于被积函数含有根式的积分,通过积分变量代换使被积函数有理化,从而把原积分简化. **注意在换积分变量的同时也要换积分区间**. 常见的积分变量代换主要有如下两种方法.

4.4.1 幂代换法

若被积函数含有形如 $\sqrt[n]{ax+b}$(n 为正整数)的根式,可设 $\sqrt[n]{ax+b}=t$,即 $x=\frac{t^n-b}{a}$.

例题 1 求 $\int_0^4 \frac{1}{1+\sqrt{x}}dx$.

解 设 $\sqrt{x}=t$,则 $x=t^2$,$dx=2tdt$.

当 $x=0$ 时,$t=0$;当 $x=4$ 时,$t=2$. 于是

$$\int_0^4 \frac{1}{1+\sqrt{x}}dx = \int_0^2 \frac{1}{1+t}\cdot 2tdt = 2\int_0^2 \frac{t+1-1}{1+t}dt = 2\int_0^2 \left(1-\frac{1}{1+t}\right)dt$$
$$=2(t-\ln|1+t|)\Big|_0^2=4-2\ln 3.$$

例题 2 求 $\int_1^2 \frac{\sqrt{x-1}}{x}dx$.

解 设 $\sqrt{x-1}=t$,则 $x=1+t^2$,$dx=2tdt$.

当 $x=1$ 时,$t=0$;当 $x=2$ 时,$t=1$. 于是

$$\int_1^2 \frac{\sqrt{x-1}}{x}dx = \int_0^1 \frac{t}{1+t^2}\cdot 2tdt = 2\int_0^1 \frac{t^2+1-1}{1+t^2}dt = 2\int_0^1 \left(1-\frac{1}{1+t^2}\right)dt$$
$$=2(t-\arctan t)\Big|_0^1=2(1-\arctan 1)=2-\frac{\pi}{2}.$$

4.4.2 三角代换法

(1) 若被积函数含有形如 $\sqrt{a^2-x^2}$($a>0$)的根式,可设 $x=a\sin t$.

例题 3 计算 $\int_0^a \sqrt{a^2-x^2}\,dx \quad (a>0)$.

解 设 $x=a\sin t$,则 $dx=a\cos t dt$.

当 $x=0$ 时,取 $t=0$;当 $x=a$ 时,取 $t=\frac{\pi}{2}$. 于是

$$\int_0^a \sqrt{a^2-x^2}\,dx = \int_0^{\frac{\pi}{2}} a\cos t\cdot a\cos t dt = a^2\int_0^{\frac{\pi}{2}}\cos^2 t dt = \frac{a^2}{2}\int_0^{\frac{\pi}{2}}(1+\cos 2t)dt$$
$$=\frac{a^2}{2}\left(t+\frac{1}{2}\sin 2t\right)\Big|_0^{\frac{\pi}{2}}=\frac{1}{4}\pi a^2.$$

练习 1 求 $\int_0^1 x^2\sqrt{1-x^2}\,dx$.

解

(2) 若被积函数含有形如 $\sqrt{x^2+a^2}\,(a>0)$ 的根式，可设 $x=a\tan t$.

例题 4 求 $\int_2^{2\sqrt{3}} \frac{1}{x^2\sqrt{4+x^2}}\,dx$.

解 设 $x=2\tan t$，则 $dx=2\sec^2 t\,dt$.

当 $x=2$ 时，取 $t=\frac{\pi}{4}$；当 $x=2\sqrt{3}$ 时，取 $t=\frac{\pi}{3}$. 于是

$$\int_2^{2\sqrt{3}} \frac{1}{x^2\sqrt{4+x^2}}\,dx = \int_{\frac{\pi}{4}}^{\frac{\pi}{3}} \frac{2\sec^2 t\,dt}{4\tan^2 t\cdot 2\sec t} = \int_{\frac{\pi}{4}}^{\frac{\pi}{3}} \frac{\cos t}{4\sin^2 t}\,dt = \int_{\frac{\pi}{4}}^{\frac{\pi}{3}} \frac{1}{4\sin^2 t}\,d\sin t$$

$$= -\frac{1}{4\sin t}\Big|_{\frac{\pi}{4}}^{\frac{\pi}{3}} = \frac{\sqrt{2}}{4}-\frac{\sqrt{3}}{6}.$$

(3) 若被积函数含有形如 $\sqrt{x^2-a^2}\,(a>0)$ 的根式，可设 $x=a\sec t$.

例题 5 求 $\int_{\sqrt{2}}^{2} \frac{1}{\sqrt{x^2-1}}\,dx$.

解 设 $x=\sec t$，则 $dx=\sec t\tan t\,dt$.

当 $x=\sqrt{2}$ 时，取 $t=\frac{\pi}{4}$；当 $x=2$ 时，取 $t=\frac{\pi}{3}$. 于是

$$\int_{\sqrt{2}}^{2} \frac{1}{\sqrt{x^2-1}}\,dx = \int_{\frac{\pi}{4}}^{\frac{\pi}{3}} \frac{\sec t\tan t}{\tan t}\,dt = \int_{\frac{\pi}{4}}^{\frac{\pi}{3}} \sec t\,dt = \ln|\sec t+\tan t|\,\Big|_{\frac{\pi}{4}}^{\frac{\pi}{3}} = \ln\frac{2+\sqrt{3}}{\sqrt{2}+1}$$

$$=\ln[(2+\sqrt{3})(\sqrt{2}-1)]=\ln(2\sqrt{2}+\sqrt{6}-2-\sqrt{3}).$$

除以上情况外，还会见到其他类型的根式，其处理方法关键在于如何去掉根号.

例题 6 设函数 $f(x)$ 在区间 $[-a,a]$ 上连续，试证明：

(1) 若 $f(x)$ 为奇函数时，有 $\int_{-a}^{a} f(x)\,dx = 0$；

(2) 若 $f(x)$ 为偶函数时，有 $\int_{-a}^{a} f(x)\,dx = 2\int_0^a f(x)\,dx$.

证 由定积分的性质，有

$$\int_{-a}^{a} f(x)\,dx = \int_{-a}^{0} f(x)\,dx + \int_0^a f(x)\,dx.$$

对于积分 $\int_{-a}^{0} f(x)\,dx$，令 $x=-t$ 时，则 $dx=-dt$.

当 $x=-a$ 时，$t=a$；当 $x=0$ 时，$t=0$. 于是

$$\int_{-a}^{0} f(x)\,dx = -\int_a^0 f(-t)\,dt = \int_0^a f(-t)\,dt = \int_0^a f(-x)\,dx.$$

所以

$$\int_{-a}^{a} f(x)\,dx = \int_{-a}^{0} f(x)\,dx + \int_0^a f(x)\,dx = \int_0^a [f(-x)+f(x)]\,dx.$$

当 $f(x)$ 为奇函数时，$f(-x)=-f(x)$，所以$\int_{-a}^{a} f(x)\mathrm{d}x=0$；

当 $f(x)$ 为偶函数时，$f(-x)=f(x)$，所以$\int_{-a}^{a} f(x)\mathrm{d}x=2\int_{0}^{a} f(x)\mathrm{d}x$.

此例题的结论以后可以作为公式来使用，但要注意积分区间必须以坐标原点对称.

练习 2 计算下列积分：

(1) $\int_{-2}^{2} \frac{x^2\sin x}{1+x^2}\mathrm{d}x$；　　　(2) $\int_{-1}^{1} \frac{x^2\sin x+(\arctan x)^2}{1+x^2}\mathrm{d}x$.

解

注意 运用不定积分的第二类换元积分法时一定要回代原来的积分变量，而运用定积分的换元积分法最后不需要回代原来积分变量，但积分上下限要变为新的积分变量的上下限.

日期：________________　　教师：________________

4.5　分部积分法

学习内容：定积分的分部积分法.
目的要求：熟练掌握定积分的分部积分法，会使用分部积分法计算定积分.
重点难点：定积分分部积分法的公式，定积分分部积分法的应用.

课前探讨

1. 回顾不定积分的分部积分法，并举例(至少 2 个).
2. 回顾在不定积分分部积分法中需要注意的问题.
3. 阐述定积分的分部积分法公式.
4. 阐述定积分的分部积分法应用，并举例(至少 2 个).
5. 求 $\int_0^{\frac{\pi}{2}} e^x \sin x dx$.
6. 求 $\int_1^5 e^{\sqrt{x-1}} dx$.

课堂讲习

案例　求 $\int_1^e x\ln x dx$.

设函数 $u=u(x)$ 和 $v=v(x)$ 具有连续的导数，则由不定积分的分部积分公式得

$$\int_a^b uv' dx = (uv)\Big|_a^b - \int_a^b u'v dx$$

或

$$\int_a^b u dv = (uv)\Big|_a^b - \int_a^b v du.$$

此公式称为定积分的分部积分法公式.

分部积分法把所求积分中的被积表达式适当的分成 u 和 dv 两部分，所以这种积分法关键是正确选择 u，dv. 一般地，u，dv 的选取原则是：

① v 要容易求得；　　② $\int v du$ 要比 $\int u dv$ 容易计算.

例题 1　求$\int_0^1 x\sin x\mathrm{d}x$.

解　设 $u=x$，$\mathrm{d}v=\sin x\mathrm{d}x=-\mathrm{d}(\cos x)$，则 $v=-\cos x$.

由分部积分法公式得

$$\int_0^1 x\sin x\mathrm{d}x=-x\cos x\Big|_0^1+\int_0^1\cos x\mathrm{d}x=-x\cos x\Big|_0^1+\sin x\Big|_0^1$$

$$=(-x\cos x+\sin x)\Big|_0^1=\sin 1-\cos 1.$$

练习 1　求$\int_0^{\frac{\pi}{2}} x^2\sin x\mathrm{d}x$.

解

例题 2　求$\int_1^{\mathrm{e}} x\ln x\mathrm{d}x$.

解　设 $u=\ln x$，$\mathrm{d}v=x\mathrm{d}x=\frac{1}{2}\mathrm{d}(x^2)$，则 $v=\frac{1}{2}x^2$.

由分部积分法公式得

$$\int_1^{\mathrm{e}} x\ln x\mathrm{d}x=\left(\frac{1}{2}x^2\ln x\right)\Big|_1^{\mathrm{e}}-\frac{1}{2}\int_1^{\mathrm{e}} x^2\mathrm{d}(\ln x)=\left(\frac{1}{2}x^2\ln x\right)\Big|_1^{\mathrm{e}}-\frac{1}{2}\int_1^{\mathrm{e}} x\mathrm{d}x$$

$$=\frac{1}{2}\mathrm{e}^2-\left(\frac{1}{4}x^2\right)\Big|_1^{\mathrm{e}}=\frac{1}{4}\mathrm{e}^2+\frac{1}{4}.$$

熟练后，u，v 就不必假设出来，只要默默记在心里即可.

练习 2　求$\int_{\frac{1}{\mathrm{e}}}^{\mathrm{e}} |\ln x|\mathrm{d}x$.

解

例题 3　求$\int_0^1 x^2\mathrm{e}^x\mathrm{d}x$.

解　$$\int_0^1 x^2\mathrm{e}^x\mathrm{d}x=\int_0^1 x^2\mathrm{d}\mathrm{e}^x=x^2\mathrm{e}^x\Big|_0^1-\int_0^1\mathrm{e}^x\cdot 2x\mathrm{d}x=x^2\mathrm{e}^x\Big|_0^1-2\int_0^1 x\mathrm{e}^x\mathrm{d}x$$

$$=x^2\mathrm{e}^x\Big|_0^1-2x\mathrm{e}^x\Big|_0^1+2\int_0^1\mathrm{e}^x\mathrm{d}x=x^2\mathrm{e}^x\Big|_0^1-2x\mathrm{e}^x\Big|_0^1+2\mathrm{e}^x\Big|_0^1$$

$$=(x^2\mathrm{e}^x-2x\mathrm{e}^x+2\mathrm{e}^x)\Big|_0^1=\mathrm{e}-2.$$

练习 3 求 $\int_{-1}^{1} xe^x dx$.

解

例题 4 求 $\int_0^1 x\arctan x dx$.

解 $\int_0^1 x\arctan x dx = \int_0^1 \arctan x d\left(\frac{x^2}{2}\right) = \frac{x^2}{2}\arctan x\Big|_0^1 - \int_0^1 \frac{x^2}{2} \cdot \frac{1}{1+x^2}dx$

$$= \frac{x^2}{2}\arctan x\Big|_0^1 - \frac{1}{2}\int_0^1 \frac{x^2+1-1}{1+x^2}dx$$

$$= \left(\frac{x^2}{2}\arctan x - \frac{1}{2}x + \frac{1}{2}\arctan x\right)\Big|_0^1 = \frac{\pi}{4} - \frac{1}{2}.$$

例题 5 求 $\int_0^{\frac{\pi}{2}} e^x \sin x dx$.

解 因为 $\int e^x \sin x dx = \int e^x d(-\cos x) = -e^x \cos x + \int \cos x e^x dx$

$$= -e^x\cos x + \int e^x d\sin x = -e^x \cos x + e^x \sin x - \int e^x \sin x dx,$$

所以
$$\int e^x \sin x dx = \frac{1}{2}e^x(\sin x - \cos x) + C.$$

于是
$$\int_0^{\frac{\pi}{2}} e^x \sin x dx = \frac{1}{2}e^x(\sin x - \cos x)\Big|_0^{\frac{\pi}{2}} = \frac{1}{2}e^{\frac{\pi}{2}} + \frac{1}{2}.$$

例题 6 求 $\int_0^{\frac{\pi}{4}} x\sec^2 x dx$.

解 $\int_0^{\frac{\pi}{4}} x\sec^2 x dx = \int_0^{\frac{\pi}{4}} x d\tan x = x\tan x\Big|_0^{\frac{\pi}{4}} - \int_0^{\frac{\pi}{4}} \tan x dx$

$$= \frac{\pi}{4}\tan\frac{\pi}{4} - 0 - (-\ln|\cos x|)\Big|_0^{\frac{\pi}{4}} = \frac{\pi}{4} + \ln\left|\cos\frac{\pi}{4}\right| - \ln|\cos 0|$$

$$= \frac{\pi}{4} + \ln\frac{1}{\sqrt{2}} = \frac{\pi}{4} - \frac{1}{2}\ln 2.$$

例题 7 求 $\int_0^{\frac{1}{2}} \arcsin x dx$.

解 $\int_0^{\frac{1}{2}} \arcsin x dx = x\arcsin x\Big|_0^{\frac{1}{2}} - \int_0^{\frac{1}{2}} x \cdot \frac{1}{\sqrt{1-x^2}}dx = \frac{\pi}{12} + \frac{1}{2}\int_0^{\frac{1}{2}} \frac{1}{\sqrt{1-x^2}}d(1-x^2)$

$$= \frac{\pi}{12} + \sqrt{1-x^2}\Big|_0^{\frac{1}{2}} = \frac{\pi}{12} + \frac{\sqrt{3}}{2} - 1.$$

练习 4 求 $\int_0^{\frac{1}{4}}\arcsin 2x\mathrm{d}x$.

解

例题 8 求 $\int_1^5 \mathrm{e}^{\sqrt{x-1}}\mathrm{d}x$.

解 令 $\sqrt{x-1}=t$，则 $x=t^2+1$，$\mathrm{d}x=2t\mathrm{d}t$.
当 $x=1$ 时，$t=0$；当 $x=5$ 时，$t=2$. 于是

$$\begin{aligned}\int_1^5 \mathrm{e}^{\sqrt{x-1}}\mathrm{d}x &= \int_0^2 \mathrm{e}^t \cdot 2t\mathrm{d}t = 2\int_0^2 t\mathrm{d}\mathrm{e}^t = 2t\mathrm{e}^t\Big|_0^2 - 2\int_0^2 \mathrm{e}^t\mathrm{d}t \\ &= 4\mathrm{e}^2 - 2\mathrm{e}^t\Big|_0^2 = 4\mathrm{e}^2 - 2\mathrm{e}^2 + 2 = 2\mathrm{e}^2 + 2.\end{aligned}$$

可以看出，虽然分部积分法的关键是 u，$\mathrm{d}v$ 的选择，但凑微分是基础.

注意 一般地，被积函数具有下列形式时，可用分部积分法.

(1) 幂函数与指数函数(或三角函数)之积，形如 $x^n\mathrm{e}^{kx}$，$x^n\sin kx$，$x^n\cos kx$(n 为正整数，$k\neq 0$)，应选 x^n 为 u，其余部分为 $\mathrm{d}v$.

(2) 幂函数与对数函数(或反三角函数)之积，形如 $x^n\ln x$，$x^n\arcsin x$，$x^n\arccos x$，$x^n\arctan x$(n 为正整数)，应选 $\ln x$，$\arcsin x$，$\arccos x$，$\arctan x$ 为 u，其余部分为 $\mathrm{d}v$.

(3) 三角函数与指数函数之积，形如 $\mathrm{e}^{ax}\sin bx$，$\mathrm{e}^{ax}\cos bx$(a，b 为实数)，可以任意地选择 u，$\mathrm{d}v$，但要连续两次使用分部积分法，出现“循环”后再移项解方程.

日期：______________ 教师：______________

4.6 定积分的几何应用

学习内容：定积分的几何应用.
目的要求：掌握微元法的概念，熟练掌握利用定积分求平面图形面积的方法.
重点难点：微元法的概念，利用定积分求平面图形面积的方法.

课前探讨

1. 回顾定积分的微元法.
2. 规则平面图形举例(至少 3 个).
3. 不规则平面图形举例(至少 3 个).
4. 阐述平面图形面积求解公式.
5. 求由曲线 $xy=1$，直线 $y=x$ 和 $x=2$ 所围图形的面积.
6. 求由曲线 $y^2=2x$ 与 $y=4-x$ 所围图形的面积.
7. 求由 $y=x, y=2x, x+y=6$ 所围图形的面积.
8. 阐述平面图形面积求解步骤.

课堂讲习

案例(游泳池的表面面积) 一位工程师正用 CAD 设计一个游泳池，游泳池的表面是由曲线 $y=\dfrac{800x}{(x^2+10)^2}$，$y=0.5x^2-4x$ 以及 $x=8$ 围成的图形，如右图所示. 求此游泳池的表面积.

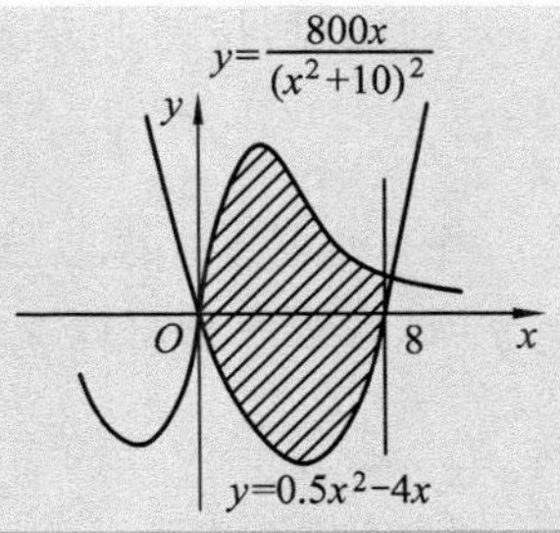

4.6.1 定积分的微元法

回顾 4.1 节引例 1，在利用定积分求曲边梯形的面积时，一般经过以下 4 个步骤：

第一步是分割，即把整体进行分割；

第二步是取近似，即在局部范围内，“以直边代曲边”求出整体量在局部范围内的近似值；

第三步是求和，即将各窄曲边梯形面积的近似值相加；

第四步是取极限，从而得到整体量.

事实上，这种方法在实际应用中很广泛. 为了今后应用方便，可在解决实际问题中将这4个步骤简化成2个步骤：

(1) 取微段，写出微元. 分割区间$[a,b]$，在其中任取一个小区间，记作$[x,x+\Delta x]$或记作$[x,x+\mathrm{d}x]$. 设所求整体量是S，取$\xi_i=x$(小区间的左端点)，求出S在$[x,x+\mathrm{d}x]$上的局部量ΔS的近似表达式

$$\Delta S\approx f(x)\mathrm{d}x.$$

它称为整体量S的微分元素(简称微元).

(2) 定限求积分，即用定积分表示所求整体量. 当$\Delta x\to 0$时，所有的微元无限相加，即是在区间$[a,b]$上的定积分

$$S=\int_a^b f(x)\mathrm{d}x.$$

用以上定积分表示具体问题的简化步骤来解决实际问题的方法称为微元法.

下面介绍定积分在几何方面的应用.

4.6.2 平面图形的面积

由定积分的几何意义可知：由连续曲线$y=f(x)$($f(x)\geqslant 0$)和x轴以及两条直线$x=a$，$x=b$所围成的曲边梯形的面积为

$$A=\int_a^b f(x)\mathrm{d}x=\int_a^b y\mathrm{d}x.$$

应注意在上式中$f(x)$是非负的，如果$f(x)\leqslant 0$，那么相应图形面积(所围曲边梯形的面积)应为

$$A=\int_a^b |f(x)|\mathrm{d}x=\int_a^b |y|\mathrm{d}x.$$

一般地，由两条连续曲线$y=g(x)$，$y=f(x)$及两条直线$x=a$，$x=b(a<b)$所围成的平面图形(如图4-12所示)(假定$g(x)\leqslant f(x)$)的面积，按如下方法求得：

$$A=\int_a^b [f(x)-g(x)]\mathrm{d}x.$$

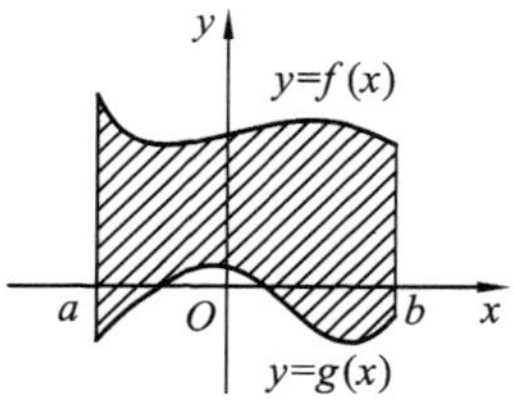

图 4-12

当不确定$y=g(x)$与$y=f(x)$哪一个较大时，则以$y=g(x)$，$y=f(x)$为边界及直线$x=a$，$x=b(a<b)$所围图形的面积应记为

$$A=\int_a^b |f(x)-g(x)|\mathrm{d}x\xlongequal{\text{简记}}\int_a^b(\text{上}-\text{下})\mathrm{d}x.$$

类似地，由连续曲线$x=\varphi(y)\geqslant 0$，y轴与直线$y=c$，$y=d(c<d)$所围成的曲边梯形(如图4-13所示)面积为

$$A=\int_c^d \varphi(y)\mathrm{d}y.$$

一般地，由连续曲线$x=\varphi(y)$，$x=\psi(y)$及两条直线$y=c$，$y=d(c<d)$所围成的平面图形(如图4-14所示)的面积为

$$A=\int_c^d|\varphi(y)-\psi(y)|\,\mathrm{d}y \xlongequal{\text{简记}} \int_c^d(\text{右}-\text{左})\mathrm{d}y.$$

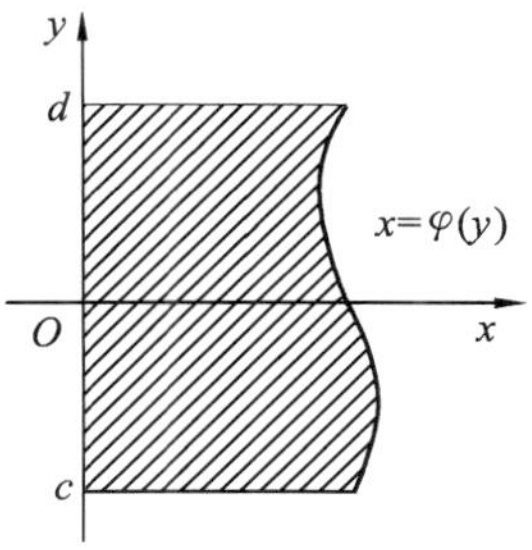

图 4-13

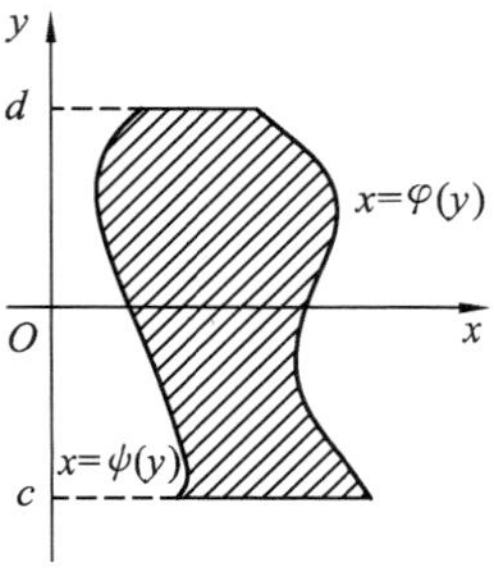

图 4-14

例题 1 求由曲线 $xy=1$，直线 $y=x$ 和 $x=2$ 所围图形的面积.

解 首先，画出草图，如图 4-15 所示.

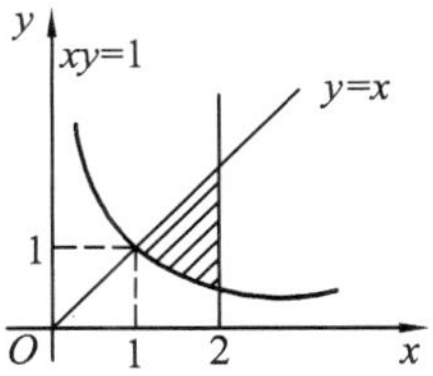

图 4-15

其次，由草图知，应选 x 作积分变量；再确定区间：解方程组 $\begin{cases}xy=1,\\y=x,\end{cases}$ 得交点(1,1)，于是可得积分区间为[1,2]；最后，用公式可得所求面积为

$$A=\int_1^2\left(x-\frac{1}{x}\right)\mathrm{d}x=\left(\frac{1}{2}x^2-\ln|x|\right)\Big|_1^2=\frac{3}{2}-\ln 2.$$

例题 2 求由曲线 $y^2=2x$ 与 $y=4-x$ 所围图形的面积.

解 画出草图，如图 4-16 所示.

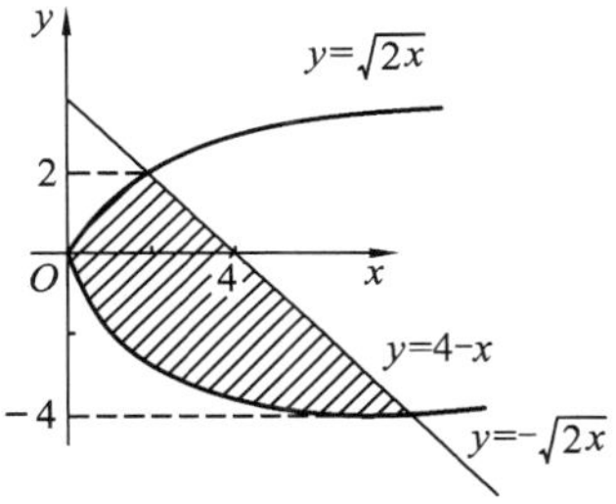

图 4-16

取积分变量为 y，解方程组 $\begin{cases}y^2=2x,\\y=4-x,\end{cases}$ 得交点(2,2)，(8,−4)，则积分区间为[−4,2].

于是所求图形面积为

$$A=\int_{-4}^2\left(4-y-\frac{y^2}{2}\right)\mathrm{d}y=\left(4y-\frac{1}{2}y^2-\frac{1}{6}y^3\right)\Big|_{-4}^2=18.$$

例题 3 求由直线 $y=x$，$y=2x$ 和 $x+y=6$ 所围图形的面积.

解 画出草图，如图 4-17 所示.

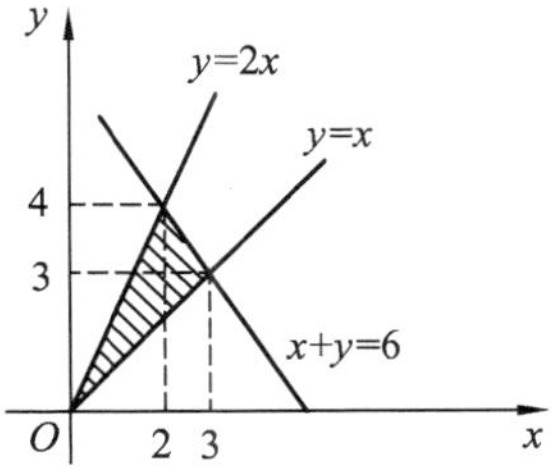

图 4-17

取积分变量为 x，解方程组 $\begin{cases}y=2x,\\x+y=6\end{cases}$ 和 $\begin{cases}y=x,\\x+y=6,\end{cases}$ 得交点(2,4)和(3,3). 则积分区间分别为[0,2]，[2,3].

于是所求图形的面积为

$$A=\int_0^2(2x-x)\mathrm{d}x+\int_2^3(6-x-x)\mathrm{d}x$$
$$=\left(\frac{1}{2}x^2\right)\Big|_0^2+(6x-x^2)\Big|_2^3=3.$$

该题也可以取 y 为积分变量，此时积分区间为[0,3]，[3,4].

于是所求图形的面积为

$$A=\int_0^3\left(y-\frac{y}{2}\right)\mathrm{d}y+\int_3^4\left(6-y-\frac{y}{2}\right)\mathrm{d}y=\frac{y^2}{4}\bigg|_0^3+\left(6y-\frac{3y^2}{4}\right)\bigg|_3^4=3.$$

注意 用定积分求几何图形的面积，既可选取 x 为积分变量，也可选取 y 为积分变量．但积分变量的选取决定了图形是否及如何分块，即表示面积的定积分是用一个表达式还是用几个表达式．一般情况下，选取积分变量的原则是尽量使图形不分块（用一个定积分表示）和少分块（必须分块时）．

由上述例题，归纳出解题步骤．

（1）画草图；

（2）由图选取积分变量，求出积分区间；

（3）写出面积公式：

① 选 x 为积分变量，确定 x 的范围 $[a,b]$，$S \xlongequal{\text{简记}} \int_a^b(\text{上}-\text{下})\mathrm{d}x$；

② 选 y 为积分变量，确定 y 的范围 $[c,d]$，$S \xlongequal{\text{简记}} \int_c^d(\text{右}-\text{左})\mathrm{d}y$．

练习 1（窗户面积） 某窗户的顶部设计为弓形，上方曲线为抛物线，下方为直线，如图 4-18 所示．求此弓形的面积．

解

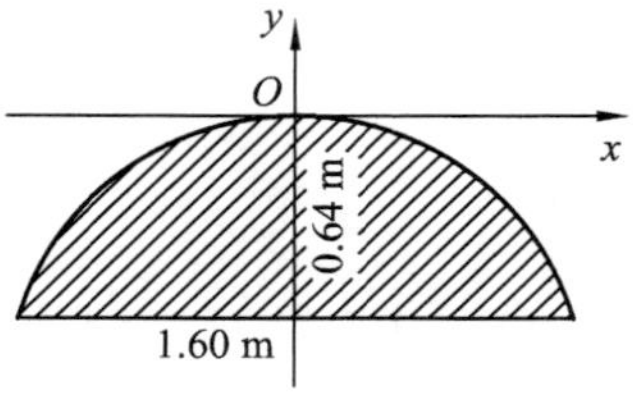

图 4-18

练习 2（游泳池的表面面积） 一位工程师用 CAD 设计一个游泳池，游泳池表面是由曲线 $y=\frac{800x}{(x^2+10)^2}$，$y=0.5x^2-4x$ 以及 $x=8$ 围成的图形，如图 4-19 所示，求此游泳池的表面面积．

解

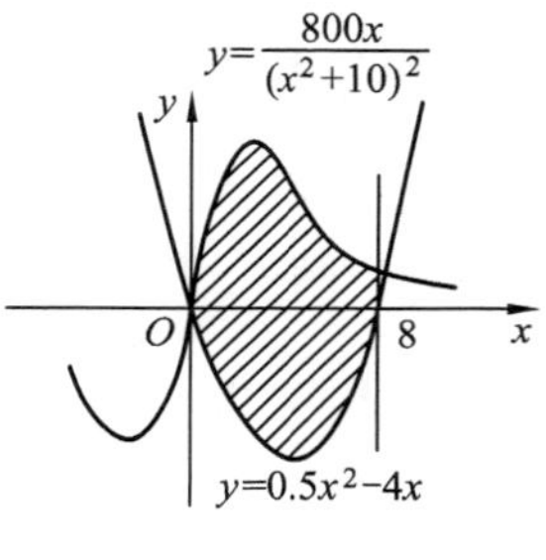

图 4-19

（上接 4.6.2 平面图形的面积）

4.6.3 旋转体的体积

旋转体就是由一个平面图形绕这平面内一条直线旋转一周而成的立体. 这直线叫做旋转轴.

常见的旋转体包括：圆柱、圆锥、圆台、球体.

上述旋转体都可以看作是由连续曲线 $y=f(x)$、直线 $x=a$、$x=b$ 及 x 轴所围成的曲边梯形绕 x 轴旋转一周而成的立体.

设过区间 $[a,b]$ 内点 x 且垂直于 x 轴的平面左侧的旋转体的体积为 $V(x)$，当平面左右平移 $\mathrm{d}x$ 后，体积的增量近似为 $\Delta V=\pi[f(x)]^2\mathrm{d}x$，于是体积元素为

$$\mathrm{d}V=\pi[f(x)]^2\mathrm{d}x,$$

旋转体的体积为

$$V=\int_a^b \pi[f(x)]^2\mathrm{d}x.$$

例题 4　连接坐标原点 O 及点 $P(h,r)$ 的直线、直线 $x=h$ 及 x 轴围成一个直角三角形. 将它绕 x 轴旋转构成一个底半径为 r、高为 h 的圆锥体. 计算该圆锥体的体积.

解　直角三角形斜边的直线方程为 $y=\dfrac{r}{h}x$.

所求圆锥体的体积为

$$V=\int_0^h \pi\left(\frac{r}{h}x\right)^2\mathrm{d}x=\frac{\pi r^2}{h^2}\left(\frac{1}{3}x^3\right)\bigg|_0^h=\frac{1}{3}\pi h r^2.$$

例题 5　计算由椭圆 $\dfrac{x^2}{a^2}+\dfrac{y^2}{b^2}=1$ 所成的图形绕 x 轴旋转而成的旋转体（旋转椭球体）的体积

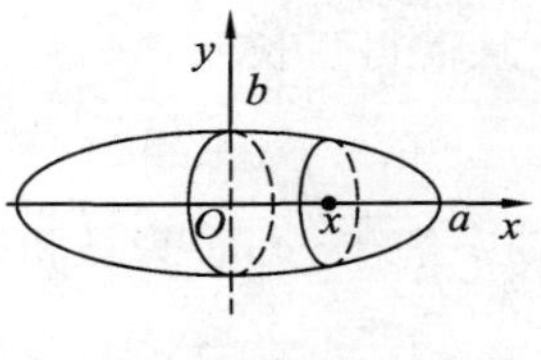

图 4-20

解　这个旋转椭球体也可以看作是由半个椭圆

$$y=\frac{b}{a}\sqrt{a^2-x^2}$$

及 x 轴围成的图形绕 x 轴旋转而成的立体. 体积元素为 $\mathrm{d}V=\pi y^2\mathrm{d}x$，于是所求旋转椭球体的体积为

$$V=\int_{-a}^a \pi\frac{b^2}{a^2}(a^2-x^2)\mathrm{d}x=\pi\frac{b^2}{a^2}\left(a^2x-\frac{1}{3}x^3\right)\bigg|_{-a}^a=\frac{4}{3}\pi ab^2.$$

例题 6　计算由摆线 $x=a(t-\sin t)$，$y=a(1-\cos t)$ 的一拱，直线 $y=0$ 所围成的图形分别绕 x 轴、y 轴旋转而成的旋转体的体积.

解　所给图形绕 x 轴旋转而成的旋转体的体积为

$$V_x=\int_0^{2\pi a}\pi y^2\mathrm{d}x=\pi\int_0^{2\pi}a^2(1-\cos t)^2\cdot a(1-\cos t)\mathrm{d}t$$

$$=\pi a^3\int_0^{2\pi}(1-3\cos t+3\cos^2 t-\cos^3 t)\mathrm{d}t$$

$$=5p^2a^3.$$

所给图形绕 y 轴旋转而成的旋转体的体积是两个旋转体体积的差. 设曲线左半边为 $x=x_1(y)$、右半边为 $x=x_2(y)$，则

$$V_y = \int_0^{2a} \pi x_2^2(y)\mathrm{d}y - \int_0^{2a} \pi x_1^2(y)\mathrm{d}y$$
$$= \pi\int_{2\pi}^{\pi} a^2(t-\sin t)^2 \cdot a\sin t\mathrm{d}t - \pi\int_0^{\pi} a^2(t-\sin t)^2 \cdot a\sin t\mathrm{d}t$$
$$= -\pi a^3\int_0^{2\pi}(t-\sin t)^2\sin t\mathrm{d}t = 6p^3a^3.$$

*4.6.4 平面曲线的弧长

设 A,B 是曲线弧上的两个端点. 在弧 AB 上任取分点 $A=M_0,M_1,M_2,\cdots,M_{i-1},M_i,\cdots,M_{n-1},M_n=B$,并依次连接相邻的分点得一内接折线. 当分点的数目无限增加且每个小段 $M_{i-1}M_i$ 都缩向一点时,如果此折线的长 $\sum_{i=1}^{n}|M_{i-1}M_i|$ 的极限存在,则称此极限为曲线弧 AB 的弧长,并称此曲线弧 AB 是可求长的.

1. 直角坐标情形

设曲线弧由直角坐标方程

$$y=f(x) \quad (a\leqslant x\leqslant b)$$

给出,其中 $f(x)$ 在区间 $[a,b]$ 上具有一阶连续导数. 现在来计算该曲线弧的长度.

取横坐标 x 为积分变量,它的变化区间为 $[a,b]$. 曲线 $y=f(x)$ 上相应于 $[a,b]$ 上任一小区间 $[x,x+\mathrm{d}x]$ 的一段弧的长度,可以用该曲线在点 $(x,f(x))$ 处的切线上相应的一小段长度来近似代替. 而切线上该相应的小段的长度为

$$\sqrt{(\mathrm{d}x)^2+(\mathrm{d}y)^2}=\sqrt{1+y'^2}\mathrm{d}x,$$

从而得弧长元素(即弧微分)

$$\mathrm{d}s=\sqrt{1+y'^2}\mathrm{d}x.$$

以 $\sqrt{1+y'^2}\mathrm{d}x$ 为被积表达式,在闭区间 $[a,b]$ 上作定积分,便得所求的弧长为

$$s=\int_a^b\sqrt{1+y'^2}\mathrm{d}x.$$

例题 7 计算曲线 $y=\frac{2}{3}x^{\frac{3}{2}}$ 上相应于 x 从 a 到 b 的一段弧的长度.

解 $y'=x^{\frac{1}{2}}$,从而弧长元素为

$$\mathrm{d}s=\sqrt{1+y'^2}\mathrm{d}x=\sqrt{1+x}\mathrm{d}x.$$

因此,所求弧长为

$$s=\int_a^b\sqrt{1+x}\mathrm{d}x=\frac{2}{3}(1+x)^{\frac{3}{2}}\Big|_a^b=\frac{2}{3}\left[(1+b)^{\frac{3}{2}}-(1+a)^{\frac{3}{2}}\right].$$

2. 参数方程情形

设曲线弧由参数方程 $x=\varphi(t),y=\psi(t)$ $(\alpha\leqslant t\leqslant\beta)$ 给出,其中 $\varphi(t),\psi(t)$ 在 $[\alpha,\beta]$ 上具有连续导数.

因为 $\frac{\mathrm{d}y}{\mathrm{d}x}=\frac{\psi'(t)}{\varphi'(t)}$,$\mathrm{d}x=\varphi'(t)\mathrm{d}t$,所以弧长元素为

$$\mathrm{d}s=\sqrt{1+\frac{\psi'^2(t)}{\varphi'^2(t)}}\varphi'(t)\mathrm{d}t=\sqrt{\varphi'^2(t)+\psi'^2(t)}\mathrm{d}t.$$

所求弧长为

$$s=\int_{\alpha}^{\beta}\sqrt{\varphi'^{2}(t)+\psi'^{2}(t)}\,\mathrm{d}t.$$

例题 8　计算摆线 $x=a(\theta-\sin\theta)$，$y=a(1-\cos\theta)$ 的一拱（$0\leqslant\theta\leqslant 2\pi$）的长度.

解　弧长元素为

$$\mathrm{d}s=\sqrt{a^{2}(1-\cos\theta)^{2}+a^{2}\sin^{2}\theta}\,\mathrm{d}\theta=a\sqrt{2(1-\cos\theta)}\,\mathrm{d}\theta=2a\sin\frac{\theta}{2}\mathrm{d}\theta.$$

所求弧长为

$$s=\int_{0}^{2\pi}2a\sin\frac{\theta}{2}\mathrm{d}\theta=2a\left(-2\cos\frac{\theta}{2}\right)\Big|_{0}^{2\pi}=8a.$$

日期：________________ 教师：________________

4.7 第 4 模块习题课

学习内容：定积分及其应用.

目的要求：熟练掌握定积分的概念、性质，牛顿-莱布尼茨公式，定积分的换元法和分部积分法；掌握定积分在几何和经济方面的应用.

重点难点：定积分的概念、性质，牛顿-莱布尼茨公式，积分的换元法和分部积分法及定积分的几何应用.

课前探讨

1. 复习总结定积分及定积分应用部分内容.

2. 讨论以下问题：

(1) 设 $F(x)=\int_0^x t^2\sqrt{1+t}\,\mathrm{d}t$，则 $F'(x)=$ ________.

(2) $\int_1^2 \frac{\sqrt{x^2-1}}{x}\mathrm{d}x$.

(3) $\lim\limits_{x\to 1}\frac{\int_1^x (t^2-1)\,\mathrm{d}t}{(\ln x)^2}$.

(4) 已知 $\int_a^x f(t)\,\mathrm{d}t=5x^3+40$，求 $f(x)$ 和 a.

(5) 求函数 $F(x)=\int_0^x t\mathrm{e}^{-t^2}\,\mathrm{d}t$ 的极值.

(6) 求由曲线 $y=\sin x$，$y=\cos x$ 及直线 $x=0$，$x=\frac{\pi}{2}$ 所围成的平面图形的面积.

(7) 求由曲线 $y=\ln x$，$y=0$，$x=\mathrm{e}$ 所围成的平面图形.

内容精要

1. 定积分的概念

(1) 定积分的定义.

定积分概括起来就是乘积和的极限，即 $\int_a^b f(x)\,\mathrm{d}x=\lim\limits_{\lambda\to 0}\sum\limits_{i=1}^n f(\xi_i)\Delta x_i$. 这个数值只与被积函数 $f(x)$ 和积分区间 $[a,b]$ 有关，而与 $[a,b]$ 的分割方法和 ξ_i 的取法及积分变量的字母表示无关.

（2）可积的条件.

① 设函数 $f(x)$在$[a,b]$上连续，则 $f(x)$在$[a,b]$上可积.（可积的充分条件）

② 设 $f(x)$在$[a,b]$上有界，且只有有限个间断点，则 $f(x)$在$[a,b]$上可积.

③ 若函数 $f(x)$在$[a,b]$上可积，则 $f(x)$在$[a,b]$上有界.（可积的必要条件）

④ 单调有界函数必定可积.

⑤ 只有有限个第一类不连续点的函数是可积的，即分段连续函数是可积的.

（3）定积分的几何意义.

① 当 $f(x)\geqslant 0$ 时，$\int_a^b f(x)\mathrm{d}x = A$；特别地，若 $f(x)\equiv 1$，则$\int_a^b f(x)\mathrm{d}x = \int_a^b \mathrm{d}x = b-a$.

② 当 $f(x)\leqslant 0$ 时，$\int_a^b f(x)\mathrm{d}x = -A$；

③ 当 $f(x)$ 在$[a,b]$ 上有正也有负时，$A = \int_a^b |f(x)|\mathrm{d}x$.

其中 A 为连续曲线 $y=f(x)$，直线 $x=a$，$x=b$ 和 x 轴所围成的曲边梯形面积.

2. 定积分的性质

（1）$\int_a^b kf(x)\mathrm{d}x = k\int_a^b f(x)\mathrm{d}x$；

（2）$\int_a^b [f(x)\pm g(x)]\mathrm{d}x = \int_a^b f(x)\mathrm{d}x \pm \int_a^b g(x)\mathrm{d}x$；

（3）$\int_a^b f(x)\mathrm{d}x = \int_a^c f(x)\mathrm{d}x + \int_c^b f(x)\mathrm{d}x$；

（4）若 $f(x)\leqslant g(x)$，则$\int_a^b f(x)\mathrm{d}x \leqslant \int_a^b g(x)\mathrm{d}x$；

（5）$m(b-a)\leqslant \int_a^b f(x)\mathrm{d}x \leqslant M(b-a)$，其中 M，m 分别是 $f(x)$ 在$[a,b]$ 上的最大值、最小值；

（6）$\int_a^b f(x)\mathrm{d}x = f(\xi)(b-a)$，$\xi\in[a,b]$.

3. 定积分与不定积分的关系

（1）变上限定积分的性质.

① $F(a)=0$，$F(b)=\int_a^b f(x)\mathrm{d}x$；

② 若 $f(x)$ 在区间$[a,b]$ 上可积，则函数 $F(x)=\int_a^x f(t)\mathrm{d}t$ 是区间$[a,b]$ 上的连续函数.

③ 若 $f(x)$ 在区间$[a,b]$ 上连续，则函数 $F(x)=\int_a^x f(t)\mathrm{d}t$ 是 $f(x)$ 在区间$[a,b]$ 上的一个原函数，即 $F'(x)=\left[\int_a^x f(t)\mathrm{d}t\right]'=f(x)$.

特别地，$\frac{\mathrm{d}}{\mathrm{d}x}\left[\int_a^{\varphi(x)} f(t)\mathrm{d}t\right]=f[\varphi(x)]\varphi'(x)$.

（2）微积分的基本定理.

$$\int_a^b f(x)\mathrm{d}x = F(b)-F(a) \xlongequal{\text{记作}} F(x)\Big|_a^b.$$

这个公式称为牛顿-莱布尼茨公式，也称为微积分基本公式.

4. 定积分的换元法

设 $f(x)$在$[a,b]$上连续，作代换 $x=\varphi(t)$，其中 $\varphi(t)$在闭区间$[\alpha,\beta]$上有连续导数 $\varphi'(t)$，当 $\alpha\leqslant t\leqslant\beta$ 时，$a\leqslant\varphi(t)\leqslant b$，且 $\varphi(\alpha)=a,\varphi(\beta)=b$，则

$$\int_a^b f(x)\mathrm{d}x=\int_\alpha^\beta f[\varphi(t)]\varphi'(t)\mathrm{d}t.$$

5. 定积分的分部积分法

$$\int_a^b u\mathrm{d}v=(uv)\Big|_a^b-\int_a^b v\mathrm{d}u.$$

6. 定积分的应用

(1) 微元法.

① 取微段，写出微元：任取一个小区间$[x,x+\mathrm{d}x]$，求出整体量 S 在$[x,x+\mathrm{d}x]$上的局部量 ΔS 的近似表达式 $\Delta S\approx f(x)\mathrm{d}x$，它称为整体量 S 的微分元素(简称微元)；

② 定限求积分，即用定积分表示所求整体量：$S=\int_a^b f(x)\mathrm{d}x$.

(2) 平面图形的面积.

① 由连续曲线 $y=f(x)$，x 轴以及两条直线 $x=a,x=b$ 所围成的曲边梯形的面积为：

$$A=\int_a^b|f(x)|\mathrm{d}x=\int_a^b|y|\mathrm{d}x.$$

② 由两条连续曲线 $y=g(x)$，$y=f(x)$ 及两条直线 $x=a,x=b(a<b)$ 所围成的平面图形的面积为 $A=\int_a^b|f(x)-g(x)|\mathrm{d}x\xlongequal{\text{简记}}\int_a^b(\text{上}-\text{下})\mathrm{d}x$.

③ 由两条连续曲线 $x=\varphi(y)$，$x=\psi(y)$ 及两条直线 $y=c,y=d(c<d)$ 所围成的平面图形的面积为 $A=\int_c^d|\varphi(y)-\psi(y)|\mathrm{d}y\xlongequal{\text{简记}}\int_c^d(\text{右}-\text{左})\mathrm{d}y$.

(3) 解题步骤：① 画草图；② 由图选取积分变量，求出积分区间；③ 写出面积公式：

选 x 为积分变量，确定 x 的范围$[a,b]$，$S\xlongequal{\text{简记}}\int_a^b(\text{上}-\text{下})\mathrm{d}x$；

选 y 为积分变量，确定 y 的范围$[c,d]$，$S\xlongequal{\text{简记}}\int_c^d(\text{右}-\text{左})\mathrm{d}y$.

习题讲解

1. 判断题

(1) $\int_0^\pi\cos x\mathrm{d}x>0$. (　　)

(2) $\int_0^a\sqrt{a^2-x^2}\mathrm{d}x=\dfrac{\pi a^2}{2}$. (　　)

(3) 在区间$[a,b]$上，若 $f(x)>0,f'(x)<0,f''(x)<0$，则$(b-a)\dfrac{f(a)+f(b)}{2}<\int_a^b f(x)\mathrm{d}x<(b-a)f(b)$. (　　)

(4) $\int_0^{\frac{\pi}{2}}x\mathrm{d}x\leqslant\int_0^{\frac{\pi}{2}}\sin x\mathrm{d}x$. (　　)

(5) $\int_1^2 x^2 \mathrm{d}x \geqslant \int_1^2 x^3 \mathrm{d}x$. (　　)

(6) $\int_0^{\pi} \sin x \mathrm{d}x < 0$. (　　)

2. 填空题

(1) $\frac{\mathrm{d}}{\mathrm{d}x}\left(\int_0^1 x\mathrm{e}^{2x} \mathrm{d}x\right) =$ ________.

(2) 设 $\varphi(x) = \int_0^x \sin t \mathrm{d}t$，则 $\varphi(0) =$ ________，$\varphi\left(\frac{\pi}{2}\right) =$ ________，$\varphi'(0) =$ ________，$\varphi''(\pi) =$ ________.

(3) 设 $F(x) = \int_0^x t^2 \sqrt{1+t} \mathrm{d}t$，则 $F'(x) =$ ________.

(4) 设 $\varphi(x) = \int_x^{-1} t\mathrm{e}^t \mathrm{d}t$，则 $\varphi'(x) =$ ________.

(5) 设 $\varphi(x) = \int_{x^2}^{x^3} \mathrm{e}^t \mathrm{d}t$，则 $\varphi'(x) =$ ________.

(6) $\int_{-1}^1 \frac{\sin x}{1+x^2} \mathrm{d}x =$ ________.

(7) 设 $\int_0^1 x(a-x) \mathrm{d}x = 1$，则 $a =$ ________.

(8) $\int_0^1 \mathrm{e}^x \mathrm{d}x$ ________ $\int_0^1 \mathrm{e}^{x^2} \mathrm{d}x$.

3. 选择题

(1) 函数 $f(x)$在闭区间$[a,b]$上可积的必要条件是 $f(x)$在$[a,b]$上________.

A. 无界　　B. 有界　　C. 单调　　D. 连续

(2) 函数 $f(x)$在闭区间$[a,b]$上连续是函数 $f(x)$在闭区间$[a,b]$上可积的________.

A. 必要条件，但非充分条件　　B. 充分条件，但非必要条件

C. 充分必要条件　　D. 无关条件

(3) $\int_{-\frac{\pi}{2}}^{\frac{\pi}{2}} \sqrt{1-\cos 2x} \mathrm{d}x =$ ________

A. 0　　B. $2\sqrt{2}$　　C. $-\sqrt{2}$　　D. 2

(4) 设 $f(x) = \begin{cases} x, & x \geqslant 0, \\ -x, & x < 0, \end{cases}$ 则 $\int_{-1}^1 f(x) \mathrm{d}x =$ ________.

A. 0　　B. 1　　C. 2　　D. -1

(5) 设 $\int_0^a x(2-3x) \mathrm{d}x = 2$，则 $a =$ ________.

A. 2　　B. -2　　C. 1　　D. -1

(6) 设 $\int_0^2 xf(x) \mathrm{d}x = k\int_0^1 xf(2x) \mathrm{d}x$，则 $k =$ ________.

A. 1　　B. 4　　C. 3　　D. 2

(7) 设 $f(x)$ 在区间$[a,b]$上连续，则 $\int_a^b f(x) \mathrm{d}x + \int_b^a f(x) \mathrm{d}x =$ ________.

A. 小于零　　B. 等于零　　C. 大于零　　D. 不确定

(8) 设函数 $f(x)$ 在区间 $[-b,b]$ 上连续，则 $\int_{-b}^{b} f(x)\mathrm{d}x =$ ________.

A. $\int_{-b}^{b} f(-x)\mathrm{d}x$　　　B. $2\int_{0}^{b} f(x)\mathrm{d}x$

C. 0　　　D. $\int_{b}^{-b} f(-x)\mathrm{d}x$

4. 计算题

(1) $\int_{0}^{2\pi} |\sin x|\mathrm{d}x$.　　　(2) $\int_{1}^{\mathrm{e}} \frac{1+\ln x}{x}\mathrm{d}x$.

(3) $\int_{\frac{1}{2}}^{1} \frac{1}{x^2}\mathrm{e}^{-\frac{1}{x}}\mathrm{d}x$.　　　(4) $\int_{0}^{2} \frac{\mathrm{e}^x}{\mathrm{e}^{2x}+1}\mathrm{d}x$.

(5) $\int_{0}^{1} \frac{\sqrt{x}}{1+x}\mathrm{d}x$.　　　(6) $\int_{1}^{2} \frac{\sqrt{x^2-1}}{x}\mathrm{d}x$.

(7) $\int_{\frac{\pi}{4}}^{\frac{\pi}{3}} \frac{x}{\sin^2 x}\mathrm{d}x$.　　　(8) $\int_{0}^{\pi} x^2\cos 2x\mathrm{d}x$.

(9) $\int_{0}^{\frac{\pi}{2}} \mathrm{e}^x\sin x\mathrm{d}x$.　　　(10) $\lim\limits_{x\to 1}\frac{\int_{1}^{x}(t^2-1)\mathrm{d}t}{(\ln x)^2}$.

(11) $\lim\limits_{x\to 0}\frac{\int_{0}^{x}\ln(\cos t)\mathrm{d}t}{x^3}$.

5. 解答题

(1) 已知$\int_a^x f(t)\mathrm{d}t = 5x^3 + 40$,求 $f(x)$ 和 a.

(2) 求函数 $F(x) = \int_0^x t\mathrm{e}^{-t^2}\mathrm{d}t$ 的极值.

(3) 求由曲线 $y=\sin x$,$y=\cos x$ 及直线 $x=0$,$x=\frac{\pi}{2}$所围成的平面图形的面积.

(4) 求由曲线 $y=\ln x$,及直线 $y=0$,$x=\mathrm{e}$ 所围成的平面图形的面积.

第5模块

微分方程

【学习目标】

理解微分方程的基本概念，熟练掌握可分离变量微分方程、齐次微分方程、一阶线性微分方程的解法，了解微分方程的简单应用.

在科学技术和经济管理的许多问题中往往需要求出所涉及变量间的函数关系.根据问题提供的信息，可以列出含有要求的函数及其导数的关系式，这样的关系式叫做微分方程.通过求解微分方程就可确定该函数关系.微分方程的理论已经成为数学学科的一个重要分支，它在理工、经济中有着重要的应用.

本模块主要介绍微分方程的一些基本概念；讲述可分离变量的一阶微分方程、齐次微分方程和一阶线性微分方程的解法；最后介绍微分方程的一些简单应用.

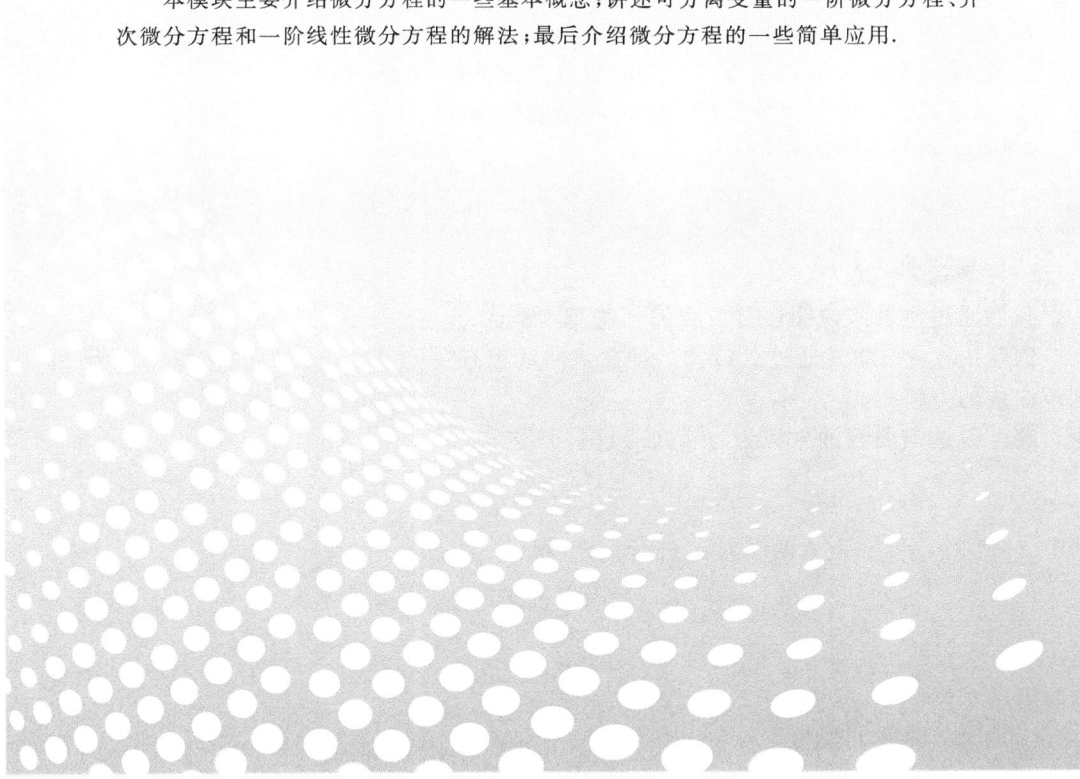

日期：______________　　教师：______________

5.1　微分方程的概念

学习内容：微分方程的概念.

目的要求：理解微分方程、常微分方程、微分方程的阶的概念，理解微分方程的解、通解、特解及微分方程的初始条件和微分方程的初值问题的概念，学会验证简单微分方程的解.

重点难点：微分方程的解、通解、特解，微分方程的初始条件、初值问题.

课前探讨

1. 阐述微分方程的概念，并举例(至少 2 个).
2. 阐述常微分方程的概念，并举例(至少 2 个).
3. 阐述微分方程阶的概念，并举例(至少 2 个).
4. 阐述微分方程的解、通解、特解的概念.
5. 怎样判断一个函数是否为给定的微分方程的解、通解、特解？
6. 阐述初始条件及微分方程的初值问题的概念.
7. 阐述初始条件的作用.

课堂讲习

我们通过例题来说明微分方程的一些基本概念.

例题 1　一条曲线通过点(1,2)，且在该曲线上任一点 $M(x,y)$ 处的切线斜率为 $2x$，求这条曲线的方程.

解　设这条曲线的方程为 $y=y(x)$，则

$$\frac{\mathrm{d}y}{\mathrm{d}x}=2x,$$

其中 $x=1$ 时，$y=2$. 上式两端对 x 进行积分，得

$$y=\int 2x\mathrm{d}x,$$

即

$$y=x^2+C,$$

从而求得 $C=1$.

于是所求曲线方程为

$$y=x^2+1.$$

例题 2 一质量为 m 的物体受重力作用下落，假设初始位置和初始速度都为零，试确定该物体下落的距离 s 与时间 t 的函数关系.

解 该物体只受重力作用下落，加速度是 g. 按二阶导数的物理意义，若设下落距离 s 与时间 t 的函数关系为 $s=s(t)$，则有

$$\frac{\mathrm{d}^2 s}{\mathrm{d}t^2}=g, \tag{1}$$

对(1)式两端积分，得

$$\frac{\mathrm{d}s}{\mathrm{d}t}=gt+C_1. \tag{2}$$

根据一阶导数的物理意义有 $\frac{\mathrm{d}s}{\mathrm{d}t}=v(t)$，则 $v(t)=gt+C_1$ 应是物体运动的速度函数，其中 C_1 是任意常数.

对(2)式两端再积分，得

$$s=\frac{1}{2}gt^2+C_1t+C_2, \tag{3}$$

其中 C_2 也是任意常数. 显然(3)式给出了 s 与 t 的函数关系.

依题意初始位置和初始速度都为零，即

$$s(0)=s\Big|_{t=0}=0, \tag{4}$$

$$v(0)=\frac{\mathrm{d}s}{\mathrm{d}t}\Big|_{t=0}=0. \tag{5}$$

将(5)式代入(2)式，可得 $C_1=0$；再将(4)式和 $C_1=0$ 代入(3)式，可得 $C_2=0$. 于是，所求的 s 与 t 的函数关系，即物体下落的运动方程为

$$s=\frac{1}{2}gt^2.$$

在本例中，需要求的 s 与 t 的函数关系 $s=s(t)$ 是**未知函数**；(1)式中含有未知函数的二阶导数，称为**二阶微分方程**；函数(3)满足微分方程(1)，则称它为该微分方程的**解**；对于(1)式这样的二阶微分方程，满足它的函数(3)中含有两个任意常数，这样的解称为微分方程的**通解**；而 $s=\frac{1}{2}gt^2$ 是当 $C_1=0$ 且 $C_2=0$ 时的解，这样的解称为微分方程的**特解**；(4)式和(5)式是用来确定 C_1 和 C_2 的条件，称为**初始条件**.

分析上面的例题，可得到微分方程的一般概念：

凡表示未知函数、未知函数的导数与自变量之间的关系的方程，叫做**微分方程**. 微分方程中可以不显含自变量和未知函数，但必须有含未知函数的导数或微分. 因此，简单地说，含有未知函数的导数或微分的方程叫做**微分方程**.

未知函数是一元函数的方程叫做**常微分方程**；未知函数是多元函数的方程叫做**偏微分方程**. 本模块只讨论常微分方程.

微分方程中所出现的未知函数的最高阶导数的阶数，叫做微分方程的阶.

二阶和二阶以上的微分方程统称为**高阶微分方程**. 一般地，n 阶微分方程的形式是 $F(x,y,y',\cdots,y^{(n)})=0$.

如果把一个函数代入微分方程后，能使微分方程成为恒等式，则称此函数为该**微分方**

程的解. 如果微分方程的解中含有任意常数，且任意独立常数的个数与微分方程的阶数相同，这样的解叫做**微分方程的通解**；确定了通解中的任意常数以后，就得到微分方程的**特解**.

用以确定通解中任意常数的条件通常称为**初始条件**. 求微分方程满足某初始条件的解的问题，称为微分方程的**初值问题**.

例题 3 验证函数 $x=C_1\cos kt+C_2\sin kt$ 是微分方程 $\frac{d^2x}{dt^2}+k^2x=0$ 的通解.

证 首先，求所给函数的导数

$$\frac{dx}{dt}=-kC_1\sin kt+kC_2\cos kt,$$

$$\frac{d^2x}{dt^2}=-k^2C_1\cos kt-k^2C_2\sin kt=-k^2(C_1\cos kt+C_2\sin kt).$$

将 $\frac{d^2x}{dt^2}$ 及 x 的表达式代入原微分方程，得

$$-k^2(C_1\cos kt+C_2\sin kt)+k^2(C_1\cos kt+C_2\sin kt)=0.$$

这表明函数 $x=C_1\cos kt+C_2\sin kt$ 满足方程 $\frac{d^2x}{dt^2}+k^2x=0$，因此它是所给方程的解.

例如，函数 $y=4e^x-3$ 就是满足初值问题 $\frac{dy}{dx}=y+3, y(0)=1$ 的特解.

练习 1 验证由二元方程 $x^2-xy+y^2=C$ 确定的函数为微分方程 $(x-2y)y'=2x-y$ 的解.

证

练习 2 验证函数 $y=2e^{x^2}$ 是微分方程 $y'=2xy$ 满足初始条件 $y(0)=2$ 的特解.

证

日期：______________________　　教师：______________________

5.2　可分离变量的一阶微分方程

学习内容：可分离变量的一阶微分方程.

目的要求：理解可分离变量的微分方程的概念，熟练掌握可分离变量的微分方程的解法.

重点难点：可分离变量的微分方程的概念及解法.

课前探讨

1. 阐述可分离变量的微分方程的概念，并举例（至少 2 个）.
2. 阐述可分离变量的微分方程的解法，并举例（至少 2 个）.
3. 将微分方程 $\frac{dy}{dx}=2xy$ 分离变量后得 $\frac{dy}{y}=2x dx$. 两边积分可得 $\ln|y|=x^2+\ln C$. 为什么把积分常数可以直接写成 $\ln C$?

课堂讲习

从本节起将学习几种常见类型的一阶微分方程的解法.

5.2.1　可分离变量的微分方程的概念

定义　形如

$$\frac{dy}{dx}=f(x)\cdot g(y) \tag{1}$$

的微分方程称为**可分离变量的微分方程**.

例如，下列方程都是可分离变量的微分方程：

$$\frac{dy}{dx}=-e^x\cdot e^y,\ \frac{dy}{dx}=\frac{e^x}{y(1+e^x)}.$$

这种方程可以用分离变量法求解.

5.2.2　可分离变量的微分方程的解法

若 $g(y)\neq 0$，则可将(1)式写成如下形式：

$$\frac{dy}{g(y)}=f(x)\cdot dx. \tag{2}$$

若 $f(x)$，$g(y)$ 为连续函数，将(2)式两端分别积分，因它们的原函数只相差一个常数，便有 $\int\frac{1}{g(y)}\mathrm{d}y=\int f(x)\mathrm{d}x+C$. 其中 $\int\frac{1}{g(y)}\mathrm{d}y$，$\int f(x)\mathrm{d}x$ 分别表示函数 $\frac{1}{g(y)}$，$f(x)$ 的一个原函数；C 是任意常数，称为积分常数. 这就得到了 x 与 y 之间的函数关系.

显然，$\int\frac{1}{g(y)}\mathrm{d}y=\int f(x)\mathrm{d}x+C$ 是微分方程 $\frac{\mathrm{d}y}{\mathrm{d}x}=f(x)\cdot g(y)$ 的通解.

可分离变量的微分方程也可以写成如下形式：

$$M_1(x)M_2(y)\mathrm{d}x+N_1(x)N_2(y)\mathrm{d}y=0.$$

分离变量得

$$\frac{N_2(y)}{M_2(y)}\mathrm{d}y=-\frac{M_1(x)}{N_1(x)}\mathrm{d}x,$$

这就是(2)式的形式.

例题 1 求微分方程 $\frac{\mathrm{d}y}{\mathrm{d}x}=2xy$ 的通解.

解 此方程是可分离变量的微分方程，分离变量后得

$$\frac{\mathrm{d}y}{y}=2x\mathrm{d}x.$$

两端积分

$$\int\frac{\mathrm{d}y}{y}=\int 2x\mathrm{d}x+C_1.$$

得

$$\ln|y|=x^2+C_1.$$

从而

$$y=\pm\mathrm{e}^{x^2+C_1}=\pm\mathrm{e}^{C_1}\mathrm{e}^{x^2}.$$

又因为 $\pm\mathrm{e}^{C_1}$ 仍是任意非零常数，把它记作 C，则得

$$y=C\mathrm{e}^{x^2}\ (C\neq 0).$$

因为 $y=0$ 也是原方程的解，所以 C 实际上也可以取零. 这样就得到原方程的通解为 $y=C\mathrm{e}^{x^2}$（C 为任意常数）.

从例题 1 解的过程可以看出：凡遇到方程左端积分后是对数的形式，为使解法过程简洁起见，都可作相应简化处理. 以例题 1 为例示范如下：

分离变量得

$$\frac{\mathrm{d}y}{y}=2x\mathrm{d}x,$$

两端积分得

$$\ln y=x^2+\ln C\text{（把 }C_1\text{ 直接写成 }\ln C\text{）},$$

通解为

$$y=C\mathrm{e}^{x^2}\ (C\text{ 为任意常数}).$$

例题 2 求微分方程 $\frac{\mathrm{d}y}{\mathrm{d}x}=1+x+y^2+xy^2$ 的通解.

解 原方程可转化为

$$\frac{\mathrm{d}y}{\mathrm{d}x}=(1+x)(1+y^2).$$

分离变量得

$$\frac{1}{1+y^2}\mathrm{d}y=(1+x)\mathrm{d}x.$$

两端积分得

$$\int\frac{1}{1+y^2}\mathrm{d}y=\int(1+x)\mathrm{d}x+C\text{，即}\quad \arctan y=\frac{1}{2}x^2+x+C.$$

于是原方程的通解为

$$y=\tan\left(\frac{1}{2}x^2+x+C\right).$$

例题 3　求微分方程 $xy'-y\ln y=0$ 的通解；并求满足初始条件 $y\Big|_{x=1}=\mathrm{e}$ 的特解.

解　这是可分离变量的微分方程，分离变量得

$$\frac{1}{y\ln y}\mathrm{d}y=\frac{1}{x}\mathrm{d}x.$$

两端积分得

$$\int\frac{1}{y\ln y}\mathrm{d}y=\int\frac{1}{x}\mathrm{d}x+\ln C,$$

即

$$\ln\ln y=\ln x+\ln C,$$

去掉对数符号，得通解为 $y=\mathrm{e}^{Cx}$.

将 $x=1, y=\mathrm{e}$ 代入通解中，得 $C=1$. 于是，所求特解为

$$y=\mathrm{e}^{x}.$$

练习 1　求微分方程 $3x^2+5x-5y'=0$ 的通解.

解

练习 2　求微分方程 $x\mathrm{d}y+2y\mathrm{d}x=0$ 满足初始条件 $y\Big|_{x=2}=1$ 的特解.

解

练习 3　求微分方程 $y'=\mathrm{e}^{2x-y}$ 满足初始条件 $y\Big|_{x=0}=0$ 的特解.

解

日期：______________　　教师：______________

5.3　齐次微分方程

学习内容：齐次微分方程.
目的要求：理解齐次微分方程的概念，熟练掌握齐次微分方程的解法.
重点难点：齐次微分方程的概念，齐次微分方程的解法.

课前探讨

1. 阐述齐次微分方程的概念，并举例(至少 2 个).
2. 阐述齐次微分方程的解法，并举例(至少 2 个).

课堂讲习

5.3.1　齐次微分方程的概念

定义　形如

$$\frac{\mathrm{d}y}{\mathrm{d}x}=\varphi\left(\frac{y}{x}\right) \tag{1}$$

的一阶微分方程称为**齐次微分方程**.

例如，$(xy-y^2)\mathrm{d}x-(x^2-2xy)\mathrm{d}y=0$ 是齐次微分方程，因为

$$\frac{\mathrm{d}y}{\mathrm{d}x}=\frac{xy-y^2}{x^2-2xy}=\frac{\frac{y}{x}-\left(\frac{y}{x}\right)^2}{1-2\left(\frac{y}{x}\right)}.$$

5.3.2　齐次微分方程的解法

这种方程通过变量替换可转化为可分离变量的微分方程.

令 $u=\frac{y}{x}$(u 是关于 x 的函数)，得 $y=xu$，将 $y=xu$ 两端对 x 求导，得

$$\frac{\mathrm{d}y}{\mathrm{d}x}=x\frac{\mathrm{d}u}{\mathrm{d}x}+u. \tag{2}$$

将 $u=\frac{y}{x}$ 及(2)式代入(1)式，得

$$x\frac{\mathrm{d}u}{\mathrm{d}x}+u=\varphi(u),$$

整理得
$$\frac{du}{dx}=\frac{\varphi(u)-u}{x}.$$

这是可分离变量的微分方程. 分离变量得
$$\frac{du}{\varphi(u)-u}=\frac{dx}{x},$$
两端积分得
$$\int\frac{du}{\varphi(u)-u}=\int\frac{dx}{x}+C,$$
求出积分后，再用$\frac{y}{x}$代换u，便得所给齐次微分方程的通解.

例题 1 解方程 $xy'=y(1+\ln y-\ln x)$.

解 原方程可转化为
$$\frac{dy}{dx}=\frac{y}{x}\left(1+\ln\frac{y}{x}\right),$$
其中 x,y 均大于 0.

令$\frac{y}{x}=u$，则
$$y=ux,\frac{dy}{dx}=u+x\frac{du}{dx}.$$
于是
$$u+x\frac{du}{dx}=u(1+\ln u),$$
分离变量得
$$\frac{du}{u\ln u}=\frac{dx}{x},$$
两端积分得
$$\ln\ln u=\ln x+\ln C,$$
解得
$$u=e^{Cx}.$$
故方程通解为
$$y=xe^{Cx}\ (x>0).$$

练习 1 求微分方程 $x\frac{dy}{dx}=y\ln\frac{y}{x}$的通解.

解

例题 2 求微分方程 $y^2+x^2\frac{dy}{dx}=xy\frac{dy}{dx}$的通解.

解 原方程可转化为
$$\frac{dy}{dx}=\frac{y^2}{xy-x^2}=\frac{\left(\frac{y}{x}\right)^2}{\frac{y}{x}-1},$$

因此该方程是齐次微分方程. 令$\frac{y}{x}=u$,则

$$y=ux,\frac{\mathrm{d}y}{\mathrm{d}x}=u+x\frac{\mathrm{d}u}{\mathrm{d}x}.$$

于是原方程转化为

$$u+x\frac{\mathrm{d}u}{\mathrm{d}x}=\frac{u^2}{u-1},$$

即

$$x\frac{\mathrm{d}u}{\mathrm{d}x}=\frac{u}{u-1}.$$

分离变量得

$$\left(1-\frac{1}{u}\right)\mathrm{d}u=\frac{\mathrm{d}x}{x}.$$

两端积分得

$$u-\ln|u|+C=\ln|x|,$$

或写成

$$\ln|xu|=u+C.$$

将$u=\frac{y}{x}$代入上式，得所给方程的通解

$$\ln|y|=\frac{y}{x}+C.$$

练习 2　求微分方程$(x^2+y^2)\mathrm{d}x-xy\mathrm{d}y=0$的通解.

解

例题 3　求微分方程$x\mathrm{d}y=\left(2x\tan\frac{y}{x}+y\right)\mathrm{d}x$满足初始条件$y\Big|_{x=2}=\frac{\pi}{2}$的特解.

解　原方程可转化为

$$\frac{\mathrm{d}y}{\mathrm{d}x}=2\tan\frac{y}{x}+\frac{y}{x},$$

因此该方程是齐次微分方程. 令$\frac{y}{x}=u$,则

$$y=ux,\frac{\mathrm{d}y}{\mathrm{d}x}=u+x\frac{\mathrm{d}u}{\mathrm{d}x}.$$

将其代入上述微分方程,得

$$u+x\frac{\mathrm{d}u}{\mathrm{d}x}=2\tan u+u,$$

即

$$x\frac{\mathrm{d}u}{\mathrm{d}x}=2\tan u.$$

分离变量得

$$\cot u\mathrm{d}u=2\frac{\mathrm{d}x}{x},$$

两端积分得

$$\ln \sin u = 2\ln x + \ln C,$$

即

$$\sin u = Cx^2.$$

将 $u=\frac{y}{x}$ 代入上式，得所给方程的通解

$$\sin \frac{y}{x} = Cx^2.$$

将 $x=2, y=\frac{\pi}{2}$ 代入通解，得

$$\sin \frac{\pi}{4} = 4C$$

即

$$C = \frac{\sqrt{2}}{8}.$$

于是，所求的特解为

$$\sin \frac{y}{x} = \frac{\sqrt{2}}{8}x^2.$$

练习 3 求微分方程 $(x^3+y^3)\mathrm{d}x - xy^2\mathrm{d}y = 0$ 满足初始条件 $y\Big|_{x=1}=0$ 的特解.

解

日期：________________　　教师：________________

5.4　一阶线性微分方程

学习内容：一阶线性微分方程.

目的要求：理解一阶线性齐次微分方程、一阶线性非齐次微分方程的概念，熟练掌握一阶线性非齐次微分方程的解法.

重点难点：一阶线性齐次微分方程、一阶线性非齐次微分方程的概念，一阶线性非齐次微分方程的解法.

课前探讨

1. 阐述一阶线性微分方程的概念，并举例(至少 2 个).
2. 阐述一阶线性齐次微分方程的概念，并举例(至少 2 个).
3. 阐述一阶线性非齐次微分方程的概念，并举例(至少 2 个).
4. 阐述一阶线性齐次微分方程的解法，并举例(至少 2 个).
5. 什么是常数变易法?
6. 阐述一阶线性非齐次微分方程的解法，并举例(至少 2 个).

课堂讲习

5.4.1　一阶线性微分方程的概念

定义　形如

$$\frac{\mathrm{d}y}{\mathrm{d}x}+P(x)y=Q(x) \tag{1}$$

的微分方程，称为**一阶线性微分方程**. 其中，$P(x)$与$Q(x)$都是已知的连续函数，$Q(x)$称为**自由项**. 微分方程中所含未知函数 y 及其导数 y'是一次的，且不含 y 与 y'的乘积.

当 $Q(x)\neq 0$ 时，(1)式称为**一阶线性非齐次微分方程**. 当 $Q(x)\equiv 0$ 时，

$$\frac{\mathrm{d}y}{\mathrm{d}x}+P(x)y=0, \tag{2}$$

则称方程(2)为与一阶线性非齐次微分方程(1)相对应的**一阶线性齐次微分方程**.

对于形如(1)式的一阶线性非齐次微分方程，可用如下的**常数变易法**求解.

5.4.2　一阶线性微分方程的解法

首先，求一阶线性齐次微分方程(2)的通解. 方程(2)是可分离变量的微分方程，分离变

量得

$$\frac{dy}{y}=-P(x)dx,$$

两端积分得
$$\ln y=-\int P(x)dx+\ln C.$$

由此得通解

$$y=Ce^{-\int P(x)dx}\ (C\text{是任意常数}). \tag{3}$$

其次，求一阶线性非齐次微分方程(1)的通解. 将一阶线性齐次微分方程(2)通解中的常数 C 换成 x 的未知函数 $u(x)$. 这里 $u(x)$是一个待定的函数，即设一阶线性非齐次微分方程(1)有如下形式的解

$$y=u(x)e^{-\int P(x)dx}. \tag{4}$$

将其代入非齐次线性微分方程(1)，它应满足该微分方程，由此便可以确定 $u(x)$.

把(4)式及其导数代入微分方程(1)可得

$$u'(x)e^{-\int P(x)dx}-u(x)P(x)e^{-\int P(x)dx}+P(x)u(x)e^{-\int P(x)dx}=Q(x),$$

化简得

$$u'(x)=Q(x)e^{\int P(x)dx},$$

两端积分得

$$u(x)=\int Q(x)e^{\int P(x)dx}dx+C.$$

于是，一阶线性非齐次微分方程(1)的通解为

$$y=e^{-\int P(x)dx}\left[\int Q(x)e^{\int P(x)dx}dx+C\right], \tag{5}$$

或
$$y=Ce^{-\int P(x)dx}+e^{-\int P(x)dx}\int Q(x)e^{\int P(x)dx}dx. \tag{6}$$

在(6)式中，第一项是齐次微分方程(2)的通解；第二项是非齐次微分方程(1)的一个特解. 若将(6)式的第一项记作 y_C，第二项记作 y^*，则非齐次微分方程(1)的通解为 $y=y_C+y^*$.

例题 1 求方程$\frac{dy}{dx}-\frac{2y}{x+1}=(x+1)^{\frac{5}{2}}$的通解.

解 这是一阶线性非齐次微分方程，其中

$$P(x)=-\frac{2}{x+1},\ Q(x)=(x+1)^{\frac{5}{2}}.$$

因为
$$\int P(x)dx=\int\left(-\frac{2}{x+1}\right)dx=-2\ln|x+1|,$$

所以
$$e^{-\int P(x)dx}=e^{2\ln|x+1|}=(x+1)^2,$$

则
$$\int Q(x)e^{\int P(x)dx}dx=\int(x+1)^{\frac{5}{2}}(x+1)^{-2}dx=\int(x+1)^{\frac{1}{2}}dx=\frac{2}{3}(x+1)^{\frac{3}{2}}.$$

于是通解为

$$y=e^{-\int P(x)dx}\left[\int Q(x)e^{\int P(x)\,dx}dx+C\right]=(x+1)^2\left[\frac{2}{3}\ (x+1)^{\frac{3}{2}}+C\right].$$

练习 1 求方程 $y'+y=e^{-x}$的通解.

解

练习 2 求方程 $x\frac{dy}{dx}+y=\cos x$ 的通解.

解

例题 2 求方程$\frac{dy}{dx}+2xy=2xe^{-x^2}$的通解.

解 这是一阶线性非齐次微分方程，其中

$$P(x)=2x,Q(x)=2xe^{-x^2}.$$

首先，求与所给方程相对应的齐次线性微分方程$\frac{dy}{dx}+2xy=0$的通解，分离变量得

$$\frac{dy}{y}=-2xdx,$$

两端积分得

$$\ln y=-x^2+\ln C$$

由此可得通解

$$y=Ce^{-x^2}\text{（}C\text{ 是任意常数）}.$$

其次，求所给非齐次线性微分方程的通解. 设其通解具有如下形式

$$y=u(x)e^{-x^2},$$

对上式求导，得

$$y'=u'(x)e^{-x^2}-2xu(x)e^{-x^2}.$$

将 y 和 y'的表达式代入方程$\frac{dy}{dx}+2xy=2xe^{-x^2}$，可得

$$u'(x)e^{-x^2}-2xu(x)e^{-x^2}+2xu(x)e^{-x^2}=2xe^{-x^2},$$

化简得
$$u'(x)=2x,$$

两端积分得
$$u(x)=x^2+C.$$

于是,原微分方程的通解是

$$y=(x^2+C)e^{-x^2}.$$

练习 3 求方程 $xy'+y=xe^x$ 满足条件 $y\Big|_{x=1}=1$ 的特解.

解

日期：________________ 教师：________________

5.5 微分方程的简单应用举例

学习内容：微分方程的简单应用举例.

目的要求：能将实际问题抽象简化为数学模型（如微分方程），熟练求解微分方程，利用所得结果解释分析实际问题.

重点难点：实际问题抽象简化为数学模型（如微分方程），微分方程的求解.

课前探讨

1. 回顾3种微分方程的求解方法.
2. 怎样用微分方程的解分析实际问题？
3. 跳伞员下降过程中的速度与哪些因素有关？
4. 室温下物体温度降低与哪些因素有关？

课堂讲习

微分方程在各个领域中有着广泛的应用，许多问题的研究往往可归结为微分方程的求解.

应用微分方程解决实际问题的一般步骤为：

（1）分析问题，建立微分方程，找出相应的初始条件（这是最关键的一步）；

（2）求出此微分的通解，根据初始条件确定所需的特解；

（3）根据问题的需要，用所得的解对实际问题作出解释.

5.5.1 几何应用问题

例题1 已知曲线 $y=f(x)$ 上任一点的切线斜率为 $\cos x$，求该曲线 $y=f(x)$ 的方程.

解 设 $P(x,y)$ 是曲线上任意点，由题意得

$$y'=\cos x,$$

即

$$\frac{dy}{dx}=\cos x,$$

分离变量得

$$dy=\cos x dx,$$

两边积分得

$$y=\sin x+C.$$

这就是所求曲线 $y=f(x)$ 的方程.

练习 1 求过点(1,1)，且任一点的切线斜率为 x^2 的曲线方程.

解

例题 2 已知某曲线通过点(2,3)，且在两坐标轴间的任意切线段被切点平分，求此曲线方程.

解 (1) 建立微分方程并确定初始条件.

设所求曲线方程为 $y=f(x)$，点 $P(x,y)$ 为切线上任意一点. 按导数几何意义，过点 $P(x,y)$ 处作曲线的切线，则切线斜率为 $y'=f'(x)$. 于是过点 $P(x,y)$ 处的切线方程为

$$Y-y=y'(X-x),$$

其中(X,Y)为切线上的动点坐标.

在切线方程中，令 $Y=0$，得 $X=x-\frac{y}{y'}$，则切线与 x 轴的交点为 $A\left(x-\frac{y}{y'},0\right)$. 由于点 P 平分线段 AB，所以点 P 的横坐标等于点 A 的横坐标之半，即有

$$x=\frac{1}{2}\left(x-\frac{y}{y'}\right).$$

由此得到曲线 $y=f(x)$满足的微分方程

$$xy'+y=0. \tag{1}$$

依题意，得初始条件为 $y\Big|_{x=2}=3$.

(2) 解微分方程.

(1)式是可分离变量的微分方程. 分离变量并积分，得

$$\ln y=-\ln x+\ln C,$$

即

$$xy=C.$$

将 $y\Big|_{x=2}=3$ 代入上式通解中，有 $C=6$. 于是，所求曲线方程为 $y=\frac{6}{x}$.

5.5.2 物理应用问题

例题 3 设跳伞员从跳伞塔起跳，在离开跳伞塔时跳伞员的速度为零. 下落过程中跳伞员所受空气阻力与其速度成正比. 求跳伞员在下落过程中速度和时间的函数关系.

解 (1) 建立微分方程并确定初始条件.

设下落过程中，速度 v 与时间 t 的函数关系为 $v=v(t)$.

跳伞员离开跳伞塔时，下落速度为零. 跳伞员之所以能下落，是由于受到重力的作用，重力的大小为 mg，方向与速度 v 方向一致，其中 m 是跳伞员的质量，g 是重力加速度. 跳伞员在下落过程中又受到空气的阻力，按题设，阻力的大小为 kv(k 为比例系数)，方向与 v 的方向相反. 从而跳伞员在下落过程中所受的外力为

$$F=mg-kv.$$

根据牛顿第二定律有

$$F=ma,$$

其中 a 为重力加速度，即 $a=\frac{\mathrm{d}v}{\mathrm{d}t}$. 于是，跳伞员在下落过程中，速度 $v(t)$ 所满足的微分方程是

$$m\frac{\mathrm{d}v}{\mathrm{d}t}=mg-kv.$$

依题设，初始条件是 $v\Big|_{t=0}=0$.

(2) 解微分方程.

这是一个可分离变量的微分方程. 分离变量得

$$\frac{\mathrm{d}v}{mg-kv}=\frac{1}{m}\mathrm{d}t,$$

两端积分得

$$-\frac{1}{k}\ln(mg-kv)=\frac{t}{m}+\ln C_1,$$

即

$$v=\frac{mg}{k}+C\mathrm{e}^{-\frac{k}{m}t}.$$

将初始条件 $v\Big|_{t=0}=0$ 代入上式，得 $C=-\frac{mg}{k}$. 于是所求的速度 v 与时间 t 的函数关系式为

$$v=\frac{mg}{k}(1-\mathrm{e}^{-\frac{k}{m}t}).$$

(3) 对得到的解作出解释.

由于 $k>0, m>0$，则 $\mathrm{e}^{-\frac{k}{m}t}$ 是 t 的减函数，且当 $t\to+\infty$ 时，$\mathrm{e}^{-\frac{k}{m}t}\to 0$. 由关系式

$$v=\frac{mg}{k}(1-\mathrm{e}^{-\frac{k}{m}t})$$

可知：跳伞员离开跳伞塔下落后，起初加速运动，但随时间 t 的推移，他所受的阻力越来越大，故在下落过程中速度 v 逐渐接近于等速($v=mg/k$)运动.

练习 2 某房间室温为 20 ℃，有一个 100 ℃的物体，在室内经过 20 min 后，温度降为 60 ℃. 问经过多长时间，该物体的温度才能降到 30 ℃？

解

5.5.3 经济应用问题

例题 4(市场均衡) 设某商品的供给函数 $Q_s=60+P+4\frac{\mathrm{d}P}{\mathrm{d}t}$,需求函数 $Q_d=100-P+3\frac{\mathrm{d}P}{\mathrm{d}t}$,其中 $P(t)$表示时刻 t 时该商品的价格,$\frac{\mathrm{d}P}{\mathrm{d}t}$表示价格关于时间的变化率,已知 $P(0)=8$.试将市场均衡价格表示成关于时间的函数,并说明其实际意义.

解 市场均衡价格处有 $Q_s=Q_d$,即

$$60+P+4\frac{\mathrm{d}P}{\mathrm{d}t}=100-P+3\frac{\mathrm{d}P}{\mathrm{d}t},$$

即

$$\frac{\mathrm{d}P}{\mathrm{d}t}=40-2P.$$

这是一个可分离变量的微分方程,解得

$$P=20-C\mathrm{e}^{-2t}.$$

由初始条件 $P(0)=8$,得

$$C=12.$$

因此均衡价格关于时间的函数为

$$P=20-12\mathrm{e}^{-2t}.$$

因为

$$\lim_{t\to+\infty}P=\lim_{t\to+\infty}(20-12\mathrm{e}^{-2t})=20,$$

所以,市场对于这种商品的价格稳定,且可以认为随着时间的推移,此商品的价格逐渐趋向于 20.

日期：______________ 教师：______________

5.6 第5模块习题课

学习内容：微分方程.

目的要求：理解微分方程的基本概念，熟练掌握3种类型微分方程的求解方法，能够解决一些简单的实际问题.

重点难点：微分方程的求解及应用.

课前探讨

1. 复习微分方程的基本概念.
2. 微分方程的类型有哪些？
3. 如何求解可分离变量的微分方程？
4. 如何求解齐次微分方程？
5. 如何求解一阶线性微分方程？
6. 复习微分方程的简单应用.

内容精要

1. 微分方程的基本概念

(1) 微分方程.

含有未知函数的导数或微分的方程叫做微分方程.

(2) 微分方程的解.

① 能使微分方程成为恒等式的函数，称为微分方程的解.

② 含有任意独立常数的个数等于微分方程的阶数的解，称为微分方程的通解.

③ 当通解中的任意常数 C 确定为某一特定值后的解，称为微分方程的特解.

④ 用来确定通解中的任意常数 C 取得特定值的条件，称为初始条件.

2. 可分离变量的微分方程

(1) 定义.

形如 $\frac{\mathrm{d}y}{\mathrm{d}x}=f(x)\cdot g(y)$ 的微分方程称为可分离变量的微分方程.

(2) 解法——分离变量法.

分离变量：$\frac{\mathrm{d}y}{g(y)}=f(x)\cdot \mathrm{d}x$,

两端积分：$\int \frac{1}{g(y)}\mathrm{d}y=\int f(x)\mathrm{d}x+C$，

其中 $\int \frac{1}{g(y)}\mathrm{d}y$ 和 $\int f(x)\mathrm{d}x$ 分别表示函数 $\frac{1}{g(y)}$ 和 $f(x)$ 的一个原函数，C 是任意常数，则微分方程的通解为 $\int \frac{1}{g(y)}\mathrm{d}y=\int f(x)\mathrm{d}x+C$.

3. 齐次微分方程

(1) 定义.

形如 $\frac{\mathrm{d}y}{\mathrm{d}x}=\varphi\left(\frac{y}{x}\right)$ 的一阶微分方程称为齐次微分方程.

(2) 解法.

通过变量代换可转化为可分离变量的微分方程求解.

令 $u=\frac{y}{x}$，得 $y=xu$，则

$$\frac{\mathrm{d}y}{\mathrm{d}x}=x\frac{\mathrm{d}u}{\mathrm{d}x}+u.$$

将上式代入原方程得 $$x\frac{\mathrm{d}u}{\mathrm{d}x}+u=\varphi(u).$$

分离变量得 $$\frac{\mathrm{d}u}{\varphi(u)-u}=\frac{\mathrm{d}x}{x}.$$

两端积分得 $$\int\frac{\mathrm{d}u}{\varphi(u)-u}=\int\frac{\mathrm{d}x}{x}+C.$$

求出积分后，再用 $\frac{y}{x}$ 代换 u，便得所给齐次微分方程的通解.

4. 一阶线性微分方程

(1) 定义.

形如 $\frac{\mathrm{d}y}{\mathrm{d}x}+P(x)y=Q(x)$ 的微分方程，称为一阶线性微分方程.

① 当 $Q(x)\neq 0$ 时，上式称为一阶线性非齐次微分方程.

② 当 $Q(x)\equiv 0$ 时，上式称为与一阶线性非齐次微分方程相对应的一阶线性齐次微分方程.

(2) 解法.

一阶线性非齐次微分方程可用常数变易法求解.

将一阶线性齐次微分方程的通解 $y=C\mathrm{e}^{\int -P(x)\mathrm{d}x}$ 中的常数 C 换成 x 的未知函数 $u(x)$，并将其代入非齐次线性微分方程，并由此确定 $u(x)$.

一阶线性非齐次微分方程的通解为

$$y=\mathrm{e}^{-\int P(x)\mathrm{d}x}\left[\int Q(x)\mathrm{e}^{\int P(x)\mathrm{d}x}\mathrm{d}x+C\right],$$

或 $$y=C\mathrm{e}^{-\int P(x)\mathrm{d}x}+\mathrm{e}^{-\int P(x)\mathrm{d}x}\int Q(x)\mathrm{e}^{\int P(x)\mathrm{d}x}\mathrm{d}x.$$

5. 微分方程的应用.

微分方程在几何、物理、经济中有广泛的应用. 应用微分方程解决实际问题的一般步

骤为：

(1) 分析问题，建立微分方程，找出相应的初始条件(这是最关键的一步)；

(2) 求出此微分的通解，根据初始条件确定所需的特解；

(3) 根据问题的需要，用所得的解对实际问题作出解释.

习题讲解

1. 选择题

(1) 下列方程中，不是微分方程的是________.

A. $\left(\frac{\mathrm{d}y}{\mathrm{d}x}\right)^2-3y=0$　　B. $\mathrm{d}y+\frac{1}{x}\mathrm{d}x=0$

C. $y'=\mathrm{e}^{x-y}$　　D. $x^2-y^2=k$

(2) 下列函数中，________是微分方程 $y'-y=2\sin x$ 的解.

A. $y=\sin x+\cos x$　　B. $y=\sin x-\cos x$

C. $y=-\sin x+\cos x$　　D. $y=-\sin x-\cos x$

(3) 微分方程 $y'-\frac{1}{x}=0$ 是________.

A. 不可分离变量的微分方程　　B. 一阶齐次微分方程

C. 一阶线性非齐次微分方程　　D. 一阶线性齐次微分方程

2. 求下列微分方程的通解或在给定条件下的特解

(1) $\frac{\mathrm{d}y}{\mathrm{d}x}=\frac{y^2-1}{2}, y|_{x=0}=0$.

(2) $\mathrm{e}^{y'}=x$.

(3) $y^2+x^2y'=xyy'$.

（4）$y'=\frac{x}{y}+\frac{y}{x},y\Big|_{x=-1}=2$.

（5）$y'+2xy=e^{-x^2}$.

（6）$x^2+xy'=y,y\Big|_{x=1}=0$.

3. 证明题

验证由二元方程 $y=\ln(xy)$ 所确定的函数为微分方程 $(xy-x)y''+xy'^2+yy'-2y'=0$ 的解.

4. 应用题

(1) 已知曲线 $y=f(x)$ 在任意一点 x 处的切线斜率都比该点横坐标的立方根少 1.

① 求出该曲线方程的所有可能形式；

② 若已知该曲线经过点(1,1)，求该曲线的方程.

(2) 设商品的需求函数与供给函数分别为

$$Q_d=a-bP \quad (a,b>0),$$

$$Q_s=-c+dP \quad (c,d>0).$$

其中价格 P 由市场调节. 价格 P 随时间 t 变化，且在任意时刻价格的变化率与当时的过剩需求成正比. 若商品的初始价格为 P_0，试确定价格 P 与时间 t 的函数关系.

第6模块

线性代数

【学习目标】

理解行列式和矩阵的概念，掌握行列式和矩阵的运算方法以及矩阵的初等变换，会使用克莱姆法则、矩阵的初等变换求解线性方程组，会利用矩阵的初等变换求逆矩阵、矩阵的秩，掌握线性方程组解的判定及结构，理解线性方程组在计算机技术与经济等方面的应用.

线性代数属于近代数学，“线性”一词源于平面解析几何中一次方程.该方程是直线方程，“线性”在这里意指数学变量之间的关系是以“一次”形式来表达的.线性代数起源于处理线性关系的问题，它是代数学的一个重要分支.虽成熟于20世纪，但它的历史却非常久远，部分内容在东汉初年成书的《九章算术》里已有雏形.在18—19世纪期间，随着研究线性方程组和变量线性变换问题的深入，先后产生了行列式和矩阵的概念，这为处理线性问题提供了强有力的理论工具，并推动了线性代数的发展.

由于线性问题广泛存在于自然科学的各个领域，且某些非线性问题在一定条件下也可转化为线性问题进行处理，因此线性代数知识应用非常广泛.

日期：______________ 教师：______________

6.1 二阶与三阶行列式

学习内容：二阶与三阶行列式.
目的要求：理解二阶行列式、三阶行列式的概念，熟练掌握二阶与三阶行列式的计算.
重点难点：二阶与三阶行列式的概念，二阶与三阶行列式的计算.

课前探讨

1. 阐述二元一次方程组消元法求解过程，并举例(至少 2 个).
2. 阐述三元一次方程组消元法求解过程，并举例(至少 2 个).
3. 阐述二阶行列式、元素的定义.
4. 阐述二阶行列式的计算方法(包括对角线法则)，并举例(至少 2 个).
5. 阐述三阶行列式、余子式、代数余子式的定义.
6. 阐述三阶行列式的计算方法(包括对角线法则、降阶法则)，并举例(至少 2 个).

课堂讲习

案例 行列式的研究源于对线性方程组的研究. 在中学我们学过用代入消元法和加减消元法解二元一次方程组和三元一次方程组.

例如 用消元法解二元一次方程组
$$\begin{cases} a_{11}x_1+a_{12}x_2=b_1, & (1)\\ a_{21}x_1+a_{22}x_2=b_2. & (2)\end{cases}$$

解 由 $a_{22}\times(1)-a_{12}\times(2)$，消去未知量 x_2，得

$$(a_{11}a_{22}-a_{12}a_{21})x_1=a_{22}b_1-a_{12}b_2.$$

由 $a_{11}\times(2)-a_{21}\times(1)$，消去未知量 x_1，得

$$(a_{11}a_{22}-a_{12}a_{21})x_2=a_{11}b_2-a_{21}b_1.$$

当 $a_{11}a_{22}-a_{12}a_{21}\neq 0$ 时，得原方程组的唯一解：

$$x_1=\frac{a_{22}b_1-a_{12}b_2}{a_{11}a_{22}-a_{12}a_{21}},x_2=\frac{a_{11}b_2-a_{21}b_1}{a_{11}a_{22}-a_{12}a_{21}}.$$

为了便于记忆，我们引入记号

$$D=\begin{vmatrix} a_{11} & a_{12}\\ a_{21} & a_{22}\end{vmatrix}=a_{11}a_{22}-a_{12}a_{21}.$$

其中 D 是由方程组的系数所确定的二阶行列式(称系数行列式).

类似地,也可将解中的另外两个代数和用这种记号表示出来,即

$$D_1=\begin{vmatrix} b_1 & a_{12} \\ b_2 & a_{22} \end{vmatrix}=a_{22}b_1-a_{12}b_2,D_2=\begin{vmatrix} a_{11} & b_1 \\ a_{21} & b_2 \end{vmatrix}=a_{11}b_2-a_{21}b_1.$$

于是,当 $D=\begin{vmatrix} a_{11} & a_{12} \\ a_{21} & a_{22} \end{vmatrix}\neq 0$ 时,原方程组的解就可表示为

$$x_1=\frac{D_1}{D},x_2=\frac{D_2}{D}.$$

6.1.1 二阶行列式

定义 1 表达式 $a_{11}a_{22}-a_{12}a_{21}$ 称为数表 $\begin{matrix} a_{11} & a_{12} \\ a_{21} & a_{22} \end{matrix}$ 所确定的**二阶行列式**,并记作 $\begin{vmatrix} a_{11} & a_{12} \\ a_{21} & a_{22} \end{vmatrix}$. 它是由两行两列共 4 个数排成的,横排称为**行**,竖排称为**列**,数 $a_{ij}(i=1,2;j=1,2)$ 称为行列式的**元素**. 元素 a_{ij} 的第一个下标 i 称为行标,表明该元素位于第 i 行;第二个下标 j 称为**列标**,表明该元素位于第 j 列. $a_{11}a_{22}-a_{12}a_{21}$ 称为二阶行列式的展开式,展开式中项的个数为 2!个. 于是得到

$$\begin{vmatrix} a_{11} & a_{12} \\ a_{21} & a_{22} \end{vmatrix}=a_{11}a_{22}-a_{12}a_{21}.$$

二阶行列式展开可以按照下列对角线法则记忆

$$\begin{vmatrix} a_{11} & a_{12} \\ a_{21} & a_{22} \end{vmatrix}=a_{11}a_{22}-a_{12}a_{21}.$$

把 a_{11} 到 a_{22} 的实连线称为**主对角线**,把 a_{12} 到 a_{21} 的虚连线称为**副对角线**,于是二阶行列式便是主对角线上两元素之积与副对角线上两元素之积的差.

例题 1 计算行列式

(1) $D=\begin{vmatrix} 2 & 3 \\ 5 & -4 \end{vmatrix}$; (2) $D=\begin{vmatrix} 1 & 2 \\ 3 & 4 \end{vmatrix}$.

解 (1) $D=2\times(-4)-3\times5=-23$.

(2) $D=1\times4-2\times3=-2$.

练习 1 计算行列式

(1) $D=\begin{vmatrix} 7 & 3 \\ 6 & -4 \end{vmatrix}$; (2) $D=\begin{vmatrix} 2 & 7 \\ 5 & 6 \end{vmatrix}$.

解

例题 2 解方程

$$\begin{vmatrix} 1 & 1 \\ x & x^2 \end{vmatrix}=0.$$

解 由 $\begin{vmatrix} 1 & 1 \\ x & x^2 \end{vmatrix}=1\times x^2-1\times x=x^2-x=x(x-1)=0$,

解得 $$x=0 \text{ 或 } x=1.$$

练习 2 解方程

$$\begin{vmatrix} x-2 & 5 \\ x-2 & x+2 \end{vmatrix}=0.$$

解

6.1.2 三阶行列式

为讨论三元一次方程组 $\begin{cases} a_{11}x_1+a_{12}x_2+a_{13}x_3=b_1, \\ a_{21}x_1+a_{22}x_2+a_{23}x_3=b_2, \\ a_{31}x_1+a_{32}x_2+a_{33}x_3=b_3, \end{cases}$ 引入三阶行列式这一计算工具.

定义 2 由 3^2 个数 $a_{11},a_{12},a_{13},a_{21},a_{22},a_{23},a_{31},a_{32},a_{33}$ 排成的一个 3 行 3 列的方块，两边再各加上一条竖线所构成的记号

$$\begin{vmatrix} a_{11} & a_{12} & a_{13} \\ a_{21} & a_{22} & a_{23} \\ a_{31} & a_{32} & a_{33} \end{vmatrix}$$

称为一个**三阶行列式**. 它的展开式是 $3!=6$ 项乘积的代数和，即

$$a_{11}a_{22}a_{33}+a_{12}a_{23}a_{31}+a_{13}a_{21}a_{32}-a_{11}a_{23}a_{32}-a_{12}a_{21}a_{33}-a_{13}a_{22}a_{31}.$$

当 $D=\begin{vmatrix} a_{11} & a_{12} & a_{13} \\ a_{21} & a_{22} & a_{23} \\ a_{31} & a_{32} & a_{33} \end{vmatrix}\neq 0$ 时，三元一次方程组的解，可用三阶行列式表示，即

$$x_1=\frac{D_1}{D},\quad x_2=\frac{D_2}{D},\quad x_3=\frac{D_3}{D}.$$

其中 D_1,D_2,D_3 是将系数行列式 D 中 x_1,x_2,x_3 的系数依次分别换成方程组右端的常数项而成的行列式，即

$$D_1=\begin{vmatrix} b_1 & a_{12} & a_{13} \\ b_2 & a_{22} & a_{23} \\ b_3 & a_{32} & a_{33} \end{vmatrix}, D_2=\begin{vmatrix} a_{11} & b_1 & a_{13} \\ a_{21} & b_2 & a_{23} \\ a_{31} & b_3 & a_{33} \end{vmatrix}, D_3=\begin{vmatrix} a_{11} & a_{12} & b_1 \\ a_{21} & a_{22} & b_2 \\ a_{31} & a_{32} & b_3 \end{vmatrix}.$$

1. 对角线法则

为了便于记忆，可用对角线法则表示，即

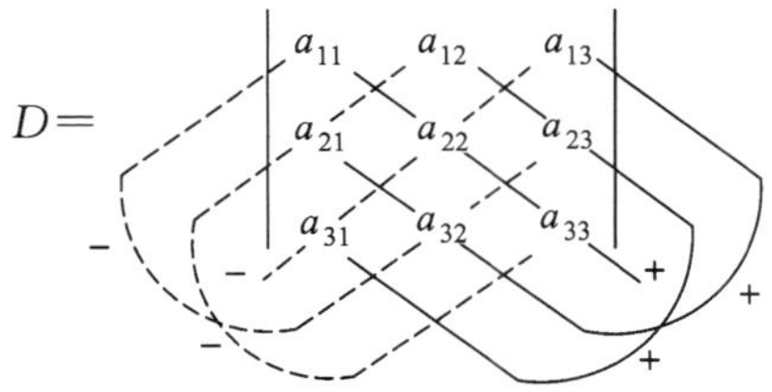

$$=a_{11}a_{22}a_{33}+a_{12}a_{23}a_{31}+a_{13}a_{21}a_{32}-a_{11}a_{23}a_{32}-a_{12}a_{21}a_{33}-a_{13}a_{22}a_{31}.$$

例题 3 计算行列式

$$D=\begin{vmatrix}2&3&4\\0&5&6\\0&0&1\end{vmatrix}.$$

解 $D=2\times5\times1+3\times6\times0+4\times0\times0-2\times6\times0-3\times0\times1-4\times5\times0=10.$

练习 3 计算行列式

(1) $D=\begin{vmatrix}1&2&3\\4&5&6\\7&8&9\end{vmatrix}$; (2) $D=\begin{vmatrix}1&2&-4\\-2&2&1\\-3&4&-2\end{vmatrix}$.

解

2. 降阶法则(按行或按列展开)

现考察二阶行列式和三阶行列式的关系，为此把三阶行列式改写为

$$\begin{aligned}D_3&=\begin{vmatrix}a_{11}&a_{12}&a_{13}\\a_{21}&a_{22}&a_{23}\\a_{31}&a_{32}&a_{33}\end{vmatrix}\\
&=a_{11}a_{22}a_{33}+a_{12}a_{23}a_{31}+a_{13}a_{21}a_{32}-a_{11}a_{23}a_{32}-a_{12}a_{21}a_{33}-a_{13}a_{22}a_{31}\\
&=a_{11}a_{22}a_{33}-a_{11}a_{23}a_{32}+a_{12}a_{23}a_{31}-a_{12}a_{21}a_{33}+a_{13}a_{21}a_{32}-a_{13}a_{22}a_{31}\\
&=a_{11}(a_{22}a_{33}-a_{23}a_{32})-a_{12}(a_{21}a_{33}-a_{23}a_{31})+a_{13}(a_{21}a_{32}-a_{22}a_{31})\\
&=a_{11}\begin{vmatrix}a_{22}&a_{23}\\a_{32}&a_{33}\end{vmatrix}-a_{12}\begin{vmatrix}a_{21}&a_{23}\\a_{31}&a_{33}\end{vmatrix}+a_{13}\begin{vmatrix}a_{21}&a_{22}\\a_{31}&a_{32}\end{vmatrix}\\
&=a_{11}M_{11}-a_{12}M_{12}+a_{13}M_{13}\\
&=a_{11}(-1)^{1+1}\begin{vmatrix}a_{22}&a_{23}\\a_{32}&a_{33}\end{vmatrix}+a_{12}(-1)^{1+2}\begin{vmatrix}a_{21}&a_{23}\\a_{31}&a_{33}\end{vmatrix}+a_{13}(-1)^{1+3}\begin{vmatrix}a_{21}&a_{22}\\a_{31}&a_{32}\end{vmatrix}\\
&=a_{11}A_{11}+a_{12}A_{12}+a_{13}A_{13}.\end{aligned}$$

其中 $A_{ij}=(-1)^{i+j}M_{ij}$，M_{ij} 表示 D 划去第 i 行第 j 列($i,j=1,2,3$)后所剩下的二阶行列式. M_{ij} 称为元素 a_{ij} 的**余子式**，A_{ij} 称为元素 a_{ij} 的**代数余子式**.

例题 4 计算行列式

$$D=\begin{vmatrix} 1 & 2 & -4 \\ -2 & 2 & 1 \\ -3 & 4 & -2 \end{vmatrix}.$$

解

$$D=1\times(-1)^{1+1}\times\begin{vmatrix} 2 & 1 \\ 4 & -2 \end{vmatrix}+2\times(-1)^{1+2}\times\begin{vmatrix} -2 & 1 \\ -3 & -2 \end{vmatrix}$$
$$+(-4)\times(-1)^{1+3}\times\begin{vmatrix} -2 & 2 \\ -3 & 4 \end{vmatrix}=-8-14+8=-14.$$

练习 4 计算行列式

$$D=\begin{vmatrix} 2 & 5 & 6 \\ 0 & -3 & -5 \\ 1 & 2 & 3 \end{vmatrix}.$$

解

例题 5 解方程

$$\begin{vmatrix} x-1 & 4 & 2 \\ -2 & x & x \\ 4 & 2 & 1 \end{vmatrix}=0.$$

解 $\begin{vmatrix} x-1 & 4 & 2 \\ -2 & x & x \\ 4 & 2 & 1 \end{vmatrix}=(x-1)\begin{vmatrix} x & x \\ 2 & 1 \end{vmatrix}-(-2)\begin{vmatrix} 4 & 2 \\ 2 & 1 \end{vmatrix}+4\begin{vmatrix} 4 & 2 \\ x & x \end{vmatrix}$

$$=(x-1)(-x)-(-2)\cdot 0+4\cdot 2x=-x^2+9x=0.$$

解得 $x=0$ 或 $x=9$.

练习 5 解方程

(1) $\begin{vmatrix} x & 3 & 4 \\ -1 & x & 0 \\ 0 & x & 1 \end{vmatrix}=0$； (2) $\begin{vmatrix} x & 1 & 1 \\ 0 & -1 & 0 \\ 4 & x & x \end{vmatrix}=0$.

解

日期：______________ 教师：______________

6.2 n 阶行列式

学习内容：n 阶行列式.

目的要求：理解 n 阶行列式、特殊行列式的概念，熟练掌握 n 阶行列式、特殊行列式的计算方法.

重点难点：n 阶行列式、特殊行列式的概念，n 阶行列式、特殊行列式的计算.

课前探讨

1. 使用降阶法则计算三阶行列式，并举例(至少 2 个).
2. 阐述 n 阶行列式的概念，并举例(至少 2 个).
3. 阐述 n 阶行列式的计算方法(按某一行或列展开)，并举例(至少 2 个).
4. 阐述特殊行列式的概念，并举例(至少 2 个).
5. 阐述特殊行列式的计算方法，并举例(至少 2 个).

课堂讲习

案例 计算行列式

(1) $D=\begin{vmatrix} 2 & 0 & 0 & -3 \\ 1 & 0 & 3 & 0 \\ 2 & -3 & 6 & 1 \\ 1 & 6 & 2 & -3 \end{vmatrix}$； (2) $D=\begin{vmatrix} 1 & 0 & 0 & 0 \\ -3 & -3 & 0 & 0 \\ 74 & 81 & -2 & 0 \\ 4 & 0 & 6 & 7 \end{vmatrix}$.

6.2.1 n 阶行列式

三阶行列式可以按第一行展开成 3 个二阶行列式的代数和，同样可用三阶行列式来定义四阶行列式，以此类推. 按照这一规律在定义了 $n-1$ 阶行列式的基础上，便可得到 n 阶行列式的定义.

定义 1 由 n^2 个数排成 n 行 n 列的正方形数表，两边各加上一条竖线所构成的记号

$$\begin{vmatrix} a_{11} & a_{12} & \cdots & a_{1n} \\ a_{21} & a_{22} & \cdots & a_{2n} \\ \vdots & \vdots & & \vdots \\ a_{n1} & a_{n2} & \cdots & a_{nn} \end{vmatrix}$$

称为 n **阶行列式**，其中 $a_{ij}(i,j=1,2,\cdots,n)$ 称为 n 阶行列式的**元素**. 通常把 n 阶行列式简记为大写字母 D 或 D_n. n 阶行列式从左上角到右下角的元素 $a_{11},a_{22},\cdots,a_{nn}$ 的连线称为**主对角线**，从右上角到左下角的元素 $a_{1n},a_{2,n-1},\cdots,a_{n1}$ 的连线称为**副对角线**.

n 阶行列式是一个数，其值为

$$D=\begin{vmatrix} a_{11} & a_{12} & \cdots & a_{1n} \\ a_{21} & a_{22} & \cdots & a_{2n} \\ \vdots & \vdots & & \vdots \\ a_{n1} & a_{n2} & \cdots & a_{nn} \end{vmatrix}=a_{11}(-1)^{1+1}M_{11}+a_{12}(-1)^{1+2}M_{12}+\cdots+a_{1n}(-1)^{1+n}M_{1n}$$

$$=a_{11}A_{11}+a_{12}A_{12}+\cdots+a_{1n}A_{1n}=\sum_{k=1}^{n}a_{1k}A_{1k},$$

其中，$A_{ij}=(-1)^{i+j}M_{ij}$，M_{ij} 为在 n 阶行列式中把元素 $a_{ij}(i,j=1,2,\cdots,n)$ 所在的第 i 行和第 j 列划去后，剩下的元素按原来的次序组成的 $n-1$ 阶行列式. M_{ij} 称为元素 a_{ij} 的**余子式**，A_{ij} 称为元素 a_{ij} 的**代数余子式**.

注意 (1) 为了方便，定义一阶行列式 $|a_{11}|=a_{11}$.

(2) n 阶行列式的展开式中共有 $n!$ 项.

(3) 以上 n 阶行列式是利用行列式的第 1 行元素来定义的，这个式子通常称为行列式按第 1 行元素的展开式. 行列式也可按第 1 列元素展开，即

$$D=\begin{vmatrix} a_{11} & a_{12} & \cdots & a_{1n} \\ a_{21} & a_{22} & \cdots & a_{2n} \\ \vdots & \vdots & & \vdots \\ a_{n1} & a_{n2} & \cdots & a_{nn} \end{vmatrix}=a_{11}A_{11}+a_{21}A_{21}+\cdots+a_{n1}A_{n1}=\sum_{k=1}^{n}a_{k1}A_{k1}.$$

(4) n 阶行列式按某一行或某一列展开时，应尽量选取零元素居多的行或列.

例题 1 计算行列式

$$D=\begin{vmatrix} 2 & 0 & 0 & -3 \\ 1 & 0 & 3 & 0 \\ 2 & -3 & 6 & 1 \\ 1 & 6 & 2 & -3 \end{vmatrix}.$$

解 $D=2\times(-1)^{1+1}\begin{vmatrix} 0 & 3 & 0 \\ -3 & 6 & 1 \\ 6 & 2 & -3 \end{vmatrix}+(-3)\times(-1)^{1+4}\begin{vmatrix} 1 & 0 & 3 \\ 2 & -3 & 6 \\ 1 & 6 & 2 \end{vmatrix}$

$$=2\times3\times(-1)^{1+2}\begin{vmatrix} -3 & 1 \\ 6 & -3 \end{vmatrix}+3\times\left[1\times(-1)^{1+1}\begin{vmatrix} -3 & 6 \\ 6 & 2 \end{vmatrix}\right.$$

$$\left.+3\times(-1)^{1+3}\begin{vmatrix} 2 & -3 \\ 1 & 6 \end{vmatrix}\right]$$

$$=-6\times3+3\times3=-9.$$

练习 1 计算行列式

$$D=\begin{vmatrix} 1 & 0 & 2 & 1 \\ 2 & -1 & 1 & 0 \\ 1 & 0 & 0 & 3 \\ -1 & 0 & 2 & 1 \end{vmatrix}.$$

解

例题 2 计算行列式

$$D=\begin{vmatrix} 3 & -1 & 0 & 7 \\ 1 & 0 & 1 & 5 \\ 2 & 3 & -3 & 1 \\ 0 & 0 & 1 & -2 \end{vmatrix}.$$

解
$$\begin{aligned} D &= 1\times(-1)^{4+3}\begin{vmatrix} 3 & -1 & 7 \\ 1 & 0 & 5 \\ 2 & 3 & 1 \end{vmatrix}+(-2)\times(-1)^{4+4}\begin{vmatrix} 3 & -1 & 0 \\ 1 & 0 & 1 \\ 2 & 3 & -3 \end{vmatrix} \\ &= (-1)\left[1\times(-1)^{2+1}\begin{vmatrix} -1 & 7 \\ 3 & 1 \end{vmatrix}+5\times(-1)^{2+3}\begin{vmatrix} 3 & -1 \\ 2 & 3 \end{vmatrix}\right] \\ &\quad +(-2)\left[1\times(-1)^{2+1}\begin{vmatrix} -1 & 0 \\ 3 & -3 \end{vmatrix}+1\times(-1)^{2+3}\begin{vmatrix} 3 & -1 \\ 2 & 3 \end{vmatrix}\right] \\ &= (-1)[(-1)\times(-22)+(-5)\times 11]+(-2)[(-1)\times 3+(-1)\times 11] \\ &= 33+28=61. \end{aligned}$$

练习 2 计算行列式

$$D=\begin{vmatrix} -1 & 2 & 5 & 4 \\ 0 & 3 & 2 & 0 \\ 0 & 4 & 1 & -1 \\ 0 & 1 & 1 & 3 \end{vmatrix}.$$

解

6.2.2 特殊行列式

1. 对角行列式

定义 2 除对角线元素外，其余元素均为零的行列式称为**对角行列式**.

例如，$\begin{vmatrix} 3 & 0 & 0 \\ 0 & -2 & 0 \\ 0 & 0 & 1 \end{vmatrix}$，$\begin{vmatrix} 3 & 0 & 0 & 0 \\ 0 & 0 & 0 & 0 \\ 0 & 0 & -3 & 0 \\ 0 & 0 & 0 & -2 \end{vmatrix}$，$\begin{vmatrix} a_{11} & & & & \\ & a_{22} & & & \\ & & \ddots & & \\ & & & a_{n-1,n-1} & \\ & & & & a_{nn} \end{vmatrix}$.

例题 3 计算行列式

$$D=\begin{vmatrix} \lambda_1 & & & & \\ & \lambda_2 & & & \\ & & \ddots & & \\ & & & \lambda_{n-1} & \\ & & & & \lambda_n \end{vmatrix}.$$

解 $D=\lambda_1\begin{vmatrix} \lambda_2 & & & & \\ & \lambda_3 & & & \\ & & \ddots & & \\ & & & \lambda_{n-1} & \\ & & & & \lambda_n \end{vmatrix}$

$=\lambda_1\lambda_2\begin{vmatrix} \lambda_3 & & & & \\ & \lambda_4 & & & \\ & & \ddots & & \\ & & & \lambda_{n-1} & \\ & & & & \lambda_n \end{vmatrix}$

$=\cdots=\lambda_1\lambda_2\cdots\lambda_n.$

练习 3 计算行列式

$$D=\begin{vmatrix} 1 & & & & \\ & 2 & & & \\ & & \ddots & & \\ & & & n-1 & \\ & & & & n \end{vmatrix}.$$

解

例题 4 计算行列式

$$D=\begin{vmatrix} & & & & \lambda_1 \\ & & & \lambda_2 & \\ & & ⋰ & & \\ & \lambda_{n-1,n-1} & & & \\ \lambda_{nn} & & & & \end{vmatrix}.$$

解

$$D=\lambda_1(-1)^{1+n}\begin{vmatrix} & & & & \lambda_2 \\ & & & \lambda_3 & \\ & & ⋰ & & \\ & \lambda_{n-1,n-1} & & & \\ \lambda_{nn} & & & & \end{vmatrix}$$

$$=\lambda_1(-1)^{1+n}\lambda_2(-1)^{1+n-1}\begin{vmatrix} & & & & \lambda_3 \\ & & & \lambda_4 & \\ & & ⋰ & & \\ & \lambda_{n-1,n-1} & & & \\ \lambda_{nn} & & & & \end{vmatrix}$$

$$=\cdots=(-1)^{1+n}(-1)^{1+(n-1)}\cdots(-1)^{1+2}(-1)^{1+1}\lambda_1\lambda_2\cdots\lambda_n$$

$$=(-1)^{n+\frac{n(n+1)}{2}}\lambda_1\lambda_2\cdots\lambda_n$$

$$=(-1)^{\frac{n(n+3)}{2}}\cdot(-1)^{-2n}\lambda_1\lambda_2\cdots\lambda_n$$

$$=(-1)^{\frac{n(n-1)}{2}}\lambda_1\lambda_2\cdots\lambda_n.$$

练习 4 计算行列式

$$D=\begin{vmatrix} 0 & 1 & & & \\ & 0 & 2 & & \\ & & \ddots & \ddots & \\ & & & 0 & n-1 \\ n & & & & 0 \end{vmatrix}.$$

解

2. 上(下)三角行列式

定义 3 主对角线以下(上)的元素全为零的行列式称为**上(下)三角行列式**.

例如，$\begin{vmatrix} a_{11} & a_{12} & \cdots & a_{1n} \\ & a_{22} & \cdots & a_{2n} \\ & & \ddots & \vdots \\ & & & a_{nn} \end{vmatrix}$，$\begin{vmatrix} a_{11} & & & \\ a_{21} & a_{22} & & \\ \vdots & \vdots & \ddots & \\ a_{n1} & a_{n2} & \cdots & a_{nn} \end{vmatrix}$，$\begin{vmatrix} 1 & 1 & \cdots & 1 \\ & 2 & \cdots & 2 \\ & & \ddots & \vdots \\ & & & n \end{vmatrix}$，$\begin{vmatrix} 1 & & & \\ -3 & 0 & & \\ 74 & 81 & -2 & \\ 4 & 0 & 6 & 7 \end{vmatrix}$.

例题 5 计算行列式

(1) $D=\begin{vmatrix} a_{11} & & & \\ a_{21} & a_{22} & & \\ \vdots & \vdots & \ddots & \\ a_{n1} & a_{n2} & \cdots & a_{nn} \end{vmatrix}$；　　(2) $D=\begin{vmatrix} a_{11} & a_{12} & \cdots & a_{1n} \\ & a_{22} & \cdots & a_{2n} \\ & & \ddots & \vdots \\ & & & a_{nn} \end{vmatrix}$.

解 (1) $D=a_{11}\begin{vmatrix} a_{22} & & & \\ a_{32} & a_{33} & & \\ \vdots & \vdots & \ddots & \\ a_{n2} & a_{n3} & \cdots & a_{nn} \end{vmatrix}=\cdots=a_{11}a_{22}\cdots a_{nn}$.

(2) $D=a_{11}\begin{vmatrix} a_{22} & a_{23} & \cdots & a_{2n} \\ & a_{33} & \cdots & a_{3n} \\ & & \ddots & \vdots \\ & & & a_{nn} \end{vmatrix}=\cdots=a_{11}a_{22}\cdots a_{nn}$.

练习 5 计算行列式

(1) $D=\begin{vmatrix} 1 & 1 & \cdots & 1 \\ & 2 & \cdots & 2 \\ & & \ddots & \vdots \\ & & & n \end{vmatrix}$；　　(2) $D=\begin{vmatrix} 1 & 0 & 0 & 0 \\ -3 & -3 & 0 & 0 \\ 74 & 81 & -2 & 0 \\ 4 & 0 & 6 & 7 \end{vmatrix}$.

解

日期：________________　　教师：________________

6.3 行列式的性质

学习内容：行列式的性质.
目的要求：理解行列式的七大性质，熟练掌握使用行列式的性质计算行列式.
重点难点：行列式的性质及推论，利用性质计算行列式.

课前探讨

1. 阐述 n 阶行列式的计算方法(按某一行或列展开)，并举例(至少 2 个).
2. 理解并叙述行列式的性质及推论.
3. 利用性质计算行列式，并举例(至少 2 个).
4. 计算下列行列式：

(1) $D=\begin{vmatrix} -1 & 0 & 3 & 4 & 7 \\ 3 & 0 & 1 & -2 & 0 \\ 5 & 2 & 7 & 8 & 10 \\ 4 & 0 & -1 & -6 & 0 \\ 0 & 0 & 6 & 0 & 0 \end{vmatrix}$；　　(2) $\begin{vmatrix} -ab & ac & ae \\ bd & -cd & de \\ bf & cf & -ef \end{vmatrix}$.

课堂讲习

案例　计算行列式 $D=\begin{vmatrix} 4 & 427 & 327 \\ 5 & 543 & 443 \\ 7 & 721 & 621 \end{vmatrix}$.

从行列式的定义出发直接计算行列式是比较繁琐的. 为了简化行列式的计算，这里给出行列式的一些基本性质.

将行列式 D 的对应行、列互换后，得到新的行列式 D^T，D^T 称为 D 的**转置行列式**，即

$$D=\begin{vmatrix} a_{11} & a_{12} & \cdots & a_{1n} \\ a_{21} & a_{22} & \cdots & a_{2n} \\ \vdots & \vdots & & \vdots \\ a_{n1} & a_{n2} & \cdots & a_{nn} \end{vmatrix},$$

则
$$D^{\mathrm{T}}=\begin{vmatrix} a_{11} & a_{21} & \cdots & a_{n1} \\ a_{12} & a_{22} & \cdots & a_{n2} \\ \vdots & \vdots & & \vdots \\ a_{1n} & a_{2n} & \cdots & a_{nn} \end{vmatrix}.$$

性质 1 行列式与它的转置行列式相等，即 $D=D^{\mathrm{T}}$.

注意 性质 1 说明行列式中行与列的地位是平等的，对行列式中行成立的性质，对列也同样成立. 正因如此，以下讨论大多针对行列式的行来进行.

例如，上三角形行列式 $D=\begin{vmatrix} a_{11} & a_{12} & a_{13} & \cdots & a_{1n} \\ 0 & a_{22} & a_{23} & \cdots & a_{2n} \\ 0 & 0 & a_{33} & \cdots & a_{3n} \\ \vdots & \vdots & \vdots & & \vdots \\ 0 & 0 & 0 & \cdots & a_{nn} \end{vmatrix}=a_{11}a_{22}\cdots a_{nn}$，其转置行列式为

$$D^{\mathrm{T}}=\begin{vmatrix} a_{11} & 0 & 0 & \cdots & 0 \\ a_{12} & a_{22} & 0 & \cdots & 0 \\ a_{13} & a_{23} & a_{33} & \cdots & 0 \\ \vdots & \vdots & \vdots & & \vdots \\ a_{1n} & a_{2n} & a_{3n} & \cdots & a_{nn} \end{vmatrix}=a_{11}a_{22}\cdots a_{nn}.$$

显然有 $D=D^{\mathrm{T}}$.

性质 2 互换行列式的两行(列)，行列式变号.

例如，交换三阶行列式的第 1 行与第 3 行，由性质 2 有

$$\begin{vmatrix} a_{11} & a_{12} & a_{13} \\ a_{21} & a_{22} & a_{23} \\ a_{31} & a_{32} & a_{33} \end{vmatrix}=-\begin{vmatrix} a_{31} & a_{32} & a_{33} \\ a_{21} & a_{22} & a_{23} \\ a_{11} & a_{12} & a_{13} \end{vmatrix}.$$

推论 如果行列式有两行(列)的对应元素相同，则此行列式等于零.

例如，$\begin{vmatrix} 3 & 12 & 15 & 5 \\ 1 & 3 & 7 & 8 \\ 6 & 16 & 23 & 31 \\ 3 & 12 & 15 & 5 \end{vmatrix}=0$；$\begin{vmatrix} 7 & 5 & 7 \\ 8 & 61 & 8 \\ 21 & 76 & 21 \end{vmatrix}=0$.

性质 3 n 阶行列式等于它的任一行(列)的每个元素与其对应的代数余子式的乘积之和，即

$$D=\begin{vmatrix} a_{11} & a_{12} & \cdots & a_{1n} \\ a_{21} & a_{22} & \cdots & a_{2n} \\ \vdots & \vdots & & \vdots \\ a_{n1} & a_{n2} & \cdots & a_{nn} \end{vmatrix}=a_{i1}A_{i1}+a_{i2}A_{i2}+\cdots+a_{in}A_{in}=\sum_{k=1}^{n}a_{ik}A_{ik}\quad(i=1,2,\cdots,n),$$

$$D=\begin{vmatrix} a_{11} & a_{12} & \cdots & a_{1n} \\ a_{21} & a_{22} & \cdots & a_{2n} \\ \vdots & \vdots & & \vdots \\ a_{n1} & a_{n2} & \cdots & a_{nn} \end{vmatrix}=a_{1j}A_{1j}+a_{2j}A_{2j}+\cdots+a_{nj}A_{nj}=\sum_{k=1}^{n}a_{kj}A_{kj}\quad(j=1,2,\cdots,n).$$

性质 3 说明行列式可按任一行（列）展开. 在具体计算时，只要行列式的某一行（列）的零元素多，就可按该行（列）来展开，这样降低了行列式的阶数，从而简化运算.

推论 如果行列式的某一行（列）的元素全为零，则此行列式等于零.

由性质 3，按元素全为零的行（列）展开，即可证明此推论.

例题 1 计算行列式

$$D=\begin{vmatrix} 2 & -3 & 1 & 0 \\ 4 & -1 & 6 & 2 \\ 0 & 4 & 0 & 1 \\ 0 & 1 & -1 & 0 \end{vmatrix}.$$

解 按第 1 列展开，得

$$D=2\times(-1)^{1+1}\begin{vmatrix} -1 & 6 & 2 \\ 4 & 0 & 1 \\ 1 & -1 & 0 \end{vmatrix}+4\times(-1)^{2+1}\begin{vmatrix} -3 & 1 & 0 \\ 4 & 0 & 1 \\ 1 & -1 & 0 \end{vmatrix}=2\times(-3)-4\times(-2)=2.$$

练习 1 计算行列式

$$D=\begin{vmatrix} -1 & 0 & 3 & 4 & 7 \\ 3 & 0 & 1 & -2 & 0 \\ 5 & 2 & 7 & 8 & 10 \\ 4 & 0 & -1 & -6 & 0 \\ 0 & 0 & 6 & 0 & 0 \end{vmatrix}.$$

解

练习 2 计算行列式

$$D=\begin{vmatrix} 1 & -5 & 3 & -1 \\ 2 & -6 & 0 & -6 \\ 4 & -2 & 0 & -2 \\ 1 & 3 & 0 & 3 \end{vmatrix}.$$

解

性质 4 n 阶行列式中任意一行（列）的元素与另一行（列）的对应元素的代数余子式的乘积之和等于零，即

$$a_{i1}A_{s1}+a_{i2}A_{s2}+\cdots+a_{in}A_{sn}=0\quad(i\neq s);\tag{1}$$
$$a_{1j}A_{1t}+a_{2j}A_{2t}+\cdots+a_{nj}A_{nt}=0\quad(j\neq t).\tag{2}$$

证 将行列式 D 按第 s 行展开，有

$$\begin{vmatrix} a_{11} & a_{12} & \cdots & a_{1n} \\ \vdots & \vdots & & \vdots \\ a_{i1} & a_{i2} & \cdots & a_{in} \\ \vdots & \vdots & & \vdots \\ a_{s1} & a_{s2} & \cdots & a_{sn} \\ \vdots & \vdots & & \vdots \\ a_{n1} & a_{n2} & \cdots & a_{nn} \end{vmatrix}=a_{s1}A_{s1}+a_{s2}A_{s2}+\cdots+a_{sn}A_{sn}.$$

在上式中把第 s 行的元素对应换成第 i 行的元素，则有

$$a_{i1}A_{s1}+a_{i2}A_{s2}+\cdots+a_{in}A_{sn}=\begin{vmatrix} a_{11} & a_{12} & \cdots & a_{1n} \\ \vdots & \vdots & & \vdots \\ a_{i1} & a_{i2} & \cdots & a_{in} \\ \vdots & \vdots & & \vdots \\ a_{i1} & a_{i2} & \cdots & a_{in} \\ \vdots & \vdots & & \vdots \\ a_{n1} & a_{n2} & \cdots & a_{nn} \end{vmatrix}(i\neq s).$$

由性质 2 推论得 $a_{i1}A_{s1}+a_{i2}A_{s2}+\cdots+a_{in}A_{sn}=0(i\neq s)$. 同理可证(2)式成立.

性质 5 行列式某一行(列)的所有元素都乘以同一个数 k，等于用 k 乘以该行列式，即

$$\begin{vmatrix} a_{11} & a_{12} & \cdots & a_{1n} \\ \vdots & \vdots & & \vdots \\ ka_{i1} & ka_{i2} & \cdots & ka_{in} \\ \vdots & \vdots & & \vdots \\ a_{n1} & a_{n2} & \cdots & a_{nn} \end{vmatrix}=k\begin{vmatrix} a_{11} & a_{12} & \cdots & a_{1n} \\ \vdots & \vdots & & \vdots \\ a_{i1} & a_{i2} & \cdots & a_{in} \\ \vdots & \vdots & & \vdots \\ a_{n1} & a_{n2} & \cdots & a_{nn} \end{vmatrix}.$$

这个性质也可叙述为：行列式中某一行(列)所有元素的公因子可以提到行列式记号的外边. 由此性质，容易得到如下推论.

推论 如果行列式有两行(列)的元素对应成比例，则该行列式等于零.

例题 2 计算行列式

$$D=\begin{vmatrix} 2 & 5 & 5 \\ 6 & 4 & 10 \\ 3 & 6 & 15 \end{vmatrix}.$$

解 $D=2\times3\times\begin{vmatrix} 2 & 5 & 5 \\ 3 & 2 & 5 \\ 1 & 2 & 5 \end{vmatrix}=2\times3\times5\times\begin{vmatrix} 2 & 5 & 1 \\ 3 & 2 & 1 \\ 1 & 2 & 1 \end{vmatrix}=30\times(4+5+6-4-15-2)=-180.$

练习 3 计算行列式

$$D=\begin{vmatrix} -ab & ac & ae \\ bd & -cd & -de \\ bf & -cf & -ef \end{vmatrix}.$$

解

性质 6 如果行列式的某一行(列)的元素都可表示为两数之和,那么这个行列式等于两个行列式之和,其中这两个行列式除该行(列)的元素分别为这两数之一外,其余各行(列)的元素都与原来行列式的对应行(列)相同,即

$$\begin{vmatrix} a_{11} & a_{12} & \cdots & a_{1n} \\ \vdots & \vdots & & \vdots \\ (b_1+c_1) & (b_2+c_2) & \cdots & (b_n+c_n) \\ \vdots & \vdots & & \vdots \\ a_{n1} & a_{n2} & \cdots & a_{nn} \end{vmatrix} = \begin{vmatrix} a_{11} & a_{12} & \cdots & a_{1n} \\ \vdots & \vdots & & \vdots \\ b_1 & b_2 & \cdots & b_n \\ \vdots & \vdots & & \vdots \\ a_{n1} & a_{n2} & \cdots & a_{nn} \end{vmatrix} + \begin{vmatrix} a_{11} & a_{12} & \cdots & a_{1n} \\ \vdots & \vdots & & \vdots \\ c_1 & c_2 & \cdots & c_n \\ \vdots & \vdots & & \vdots \\ a_{n1} & a_{n2} & \cdots & a_{nn} \end{vmatrix}.$$

例题 3 计算行列式

$$D=\begin{vmatrix} 4 & 427 & 327 \\ 5 & 543 & 443 \\ 7 & 721 & 621 \end{vmatrix}.$$

解 $$D=\begin{vmatrix} 4 & 400+27 & 300+27 \\ 5 & 500+43 & 400+43 \\ 7 & 700+21 & 600+21 \end{vmatrix}=\begin{vmatrix} 4 & 400 & 300+27 \\ 5 & 500 & 400+43 \\ 7 & 700 & 600+21 \end{vmatrix}+\begin{vmatrix} 4 & 27 & 300+27 \\ 5 & 43 & 400+43 \\ 7 & 21 & 600+21 \end{vmatrix}$$

$$=\begin{vmatrix} 4 & 400 & 300 \\ 5 & 500 & 400 \\ 7 & 700 & 600 \end{vmatrix}+\begin{vmatrix} 4 & 400 & 27 \\ 5 & 500 & 43 \\ 7 & 700 & 21 \end{vmatrix}+\begin{vmatrix} 4 & 27 & 300 \\ 5 & 43 & 400 \\ 7 & 21 & 600 \end{vmatrix}+\begin{vmatrix} 4 & 27 & 27 \\ 5 & 43 & 43 \\ 7 & 21 & 21 \end{vmatrix}$$

$$=100\begin{vmatrix} 4 & 27 & 3 \\ 5 & 43 & 4 \\ 7 & 21 & 6 \end{vmatrix}=5\ 400.$$

性质 7 将行列式的某一行(列)的元素都乘以同一个常数 k 后,再加到另一行(列)的对应元素上,行列式的值不变,即

$$\begin{vmatrix} a_{11} & a_{12} & \cdots & a_{1n} \\ \vdots & \vdots & & \vdots \\ a_{i1} & a_{i2} & \cdots & a_{in} \\ \vdots & \vdots & & \vdots \\ a_{s1} & a_{s2} & \cdots & a_{sn} \\ \vdots & \vdots & & \vdots \\ a_{n1} & a_{n2} & \cdots & a_{nn} \end{vmatrix}=\begin{vmatrix} a_{11} & a_{12} & \cdots & a_{1n} \\ \vdots & \vdots & & \vdots \\ a_{i1} & a_{i2} & \cdots & a_{in} \\ \vdots & \vdots & & \vdots \\ (a_{s1}+ka_{i1}) & (a_{s2}+ka_{i2}) & \cdots & (a_{sn}+ka_{in}) \\ \vdots & \vdots & & \vdots \\ a_{n1} & a_{n2} & \cdots & a_{nn} \end{vmatrix}.$$

利用行列式的性质,可以简化行列式的计算,特别是利用这里的性质 2 和性质 7,总可将一个 n 阶行列式化为容易计算的上三角行列式. 当然在化简行列式的过程中,注意综合运用行列式的其他性质,这将有助于计算行列式.

日期：________________ 教师：________________

6.4 行列式的计算

学习内容：行列式的计算.
目的要求：理解并熟练掌握行列式的性质、降阶法及三角法求解行列式.
重点难点：降阶法及三角法求解行列式，利用行列式的性质计算行列式.

课前探讨

1. 复习行列式的性质及推论.
2. 利用三角法计算行列式，并举例(至少 2 个).
3. 利用降阶法计算行列式，并举例(至少 2 个).
4. 计算下列行列式：

(1) $D=\begin{vmatrix} 3 & 1 & 1 & 1 \\ 1 & 3 & 1 & 1 \\ 1 & 1 & 3 & 1 \\ 1 & 1 & 1 & 3 \end{vmatrix}$；　(2) $D=\begin{vmatrix} a & b & c & d \\ a & a+b & a+b+c & a+b+c+d \\ a & 2a+b & 3a+2b+c & 4a+3b+2c+d \\ a & 3a+b & 6a+3b+c & 10a+6b+3c+d \end{vmatrix}$.

课堂讲习

案例　计算行列式

(1) $D=\begin{vmatrix} 3 & 1 & -1 & 2 \\ -5 & 1 & 3 & 4 \\ 2 & 0 & 1 & -1 \\ 1 & -5 & 3 & -3 \end{vmatrix}$；　(2) $D=\begin{vmatrix} 3 & 1 & 1 & 1 \\ 1 & 3 & 1 & 1 \\ 1 & 1 & 3 & 1 \\ 1 & 1 & 1 & 3 \end{vmatrix}$.

行列式的计算主要采用以下两种基本方法.

(1) 降阶法. 把行列式按选定的某一行(列)展开，然后降低行列式的阶数，再求出它的值. 通常利用性质 7，使得某一行(列)中产生很多个零元素，再按包含零元素最多的行(列)展开.

(2) 三角法. 主要利用性质 2 和性质 7，把行列式，化为容易计算的上三角(或下三角)行列式，再求值.

现通过例题说明如何利用行列式性质计算行列式. 为使计算过程清楚，我们引入一些记号，用 r_i 表示第 i 行，c_i 表示第 i 列.

(1) 交换 i,j 两行(列)：$r_i \leftrightarrow r_j \quad (c_i \leftrightarrow c_j)$；

(2) 用数 k 乘以第 i 行(列)：$kr_i \quad (kc_i)$，$k\neq 0$；

(3) 用数 k 乘以第 j 行(列)再加到第 i 行(列)上：$kr_j + r_i \quad (kc_j + c_i)$.

例题 1 计算行列式

$$D=\begin{vmatrix} -2 & 1 & 3 & 1 \\ 1 & 0 & -1 & 2 \\ 1 & 3 & 4 & -2 \\ 0 & 1 & 0 & -1 \end{vmatrix}.$$

解法 1(降阶法) 注意到 D 的第 4 行有两个零元素，在按第 4 行展开之前，还可化简 D.

$$D \xlongequal{c_2+c_4} \begin{vmatrix} -2 & 1 & 3 & 2 \\ 1 & 0 & -1 & 2 \\ 1 & 3 & 4 & 1 \\ 0 & 1 & 0 & 0 \end{vmatrix} = (-1)^{4+2}\begin{vmatrix} -2 & 3 & 2 \\ 1 & -1 & 2 \\ 1 & 4 & 1 \end{vmatrix} \xlongequal[-r_3+r_2]{2r_3+r_1} \begin{vmatrix} 0 & 11 & 4 \\ 0 & -5 & 1 \\ 1 & 4 & 1 \end{vmatrix}$$

$$=(-1)^{3+1}\begin{vmatrix} 11 & 4 \\ -5 & 1 \end{vmatrix} = 31.$$

解法 2(三角法)

$$D \xlongequal{r_1 \leftrightarrow r_2} -\begin{vmatrix} 1 & 0 & -1 & 2 \\ -2 & 1 & 3 & 1 \\ 1 & 3 & 4 & -2 \\ 0 & 1 & 0 & -1 \end{vmatrix} \xlongequal[-r_1+r_3]{2r_1+r_2} -\begin{vmatrix} 1 & 0 & -1 & 2 \\ 0 & 1 & 1 & 5 \\ 0 & 3 & 5 & -4 \\ 0 & 1 & 0 & -1 \end{vmatrix}$$

$$\xlongequal[-r_2+r_4]{-3r_2+r_3} -\begin{vmatrix} 1 & 0 & -1 & 2 \\ 0 & 1 & 1 & 5 \\ 0 & 0 & 2 & -19 \\ 0 & 0 & -1 & -6 \end{vmatrix} \xlongequal{r_3 \leftrightarrow r_4} \begin{vmatrix} 1 & 0 & -1 & 2 \\ 0 & 1 & 1 & 5 \\ 0 & 0 & -1 & -6 \\ 0 & 0 & 2 & -19 \end{vmatrix}$$

$$\xlongequal{2r_3+r_4} \begin{vmatrix} 1 & 0 & -1 & 2 \\ 0 & 1 & 1 & 5 \\ 0 & 0 & -1 & -6 \\ 0 & 0 & 0 & -31 \end{vmatrix} = 31.$$

例题 2 计算行列式

$$D=\begin{vmatrix} 3 & 1 & -1 & 2 \\ -5 & 1 & 3 & -4 \\ 2 & 0 & 1 & -1 \\ 1 & -5 & 3 & -3 \end{vmatrix}.$$

解法 1(降阶法)

$$D \xlongequal{c_1 \leftrightarrow c_2} -\begin{vmatrix} 1 & 3 & -1 & 2 \\ 1 & -5 & 3 & -4 \\ 0 & 2 & 1 & -1 \\ -5 & 1 & 3 & -3 \end{vmatrix} \xlongequal[5r_1+r_4]{-r_1+r_2} -\begin{vmatrix} 1 & 3 & -1 & 2 \\ 0 & -8 & 4 & -6 \\ 0 & 2 & 1 & -1 \\ 0 & 16 & -2 & 7 \end{vmatrix}$$

$$=-\begin{vmatrix}-8&4&-6\\2&1&-1\\16&-2&7\end{vmatrix}\xlongequal[-8r_2+r_3]{4r_2+r_1}-\begin{vmatrix}0&8&-10\\2&1&-1\\0&-10&15\end{vmatrix}=2\begin{vmatrix}8&-10\\-10&15\end{vmatrix}=40.$$

解法 2(三角法)

$$D\xlongequal{c_1\leftrightarrow c_2}-\begin{vmatrix}1&3&-1&2\\1&-5&3&-4\\0&2&1&-1\\-5&1&3&-3\end{vmatrix}\xlongequal[5r_1+r_4]{-r_1+r_2}-\begin{vmatrix}1&3&-1&2\\0&-8&4&-6\\0&2&1&-1\\0&16&-2&7\end{vmatrix}$$

$$\xlongequal{r_2\leftrightarrow r_3}\begin{vmatrix}1&3&-1&2\\0&2&1&-1\\0&-8&4&-6\\0&16&-2&7\end{vmatrix}\xlongequal[-8r_2+r_4]{4r_2+r_3}\begin{vmatrix}1&3&-1&2\\0&2&1&-1\\0&0&8&-10\\0&0&-10&15\end{vmatrix}$$

$$\xlongequal{\frac{5}{4}r_3+r_4}\begin{vmatrix}1&3&-1&2\\0&2&1&-1\\0&0&8&-10\\0&0&0&\frac{5}{2}\end{vmatrix}=40.$$

练习 1 计算行列式

$$D=\begin{vmatrix}1&0&2&1\\2&-1&1&0\\1&2&0&3\\0&3&2&1\end{vmatrix}.$$

解

练习 2 计算行列式

$$D=\begin{vmatrix}1&2&-1&2\\3&0&1&5\\1&-2&0&3\\-2&-4&1&6\end{vmatrix}.$$

解

例题 3 计算行列式

$$D=\begin{vmatrix} a_1 & -a_1 & 0 & 0 \\ 0 & a_2 & -a_2 & 0 \\ 0 & 0 & a_3 & -a_3 \\ 1 & 1 & 1 & 1 \end{vmatrix}.$$

解 根据 D 中元素的规律，可将第 4 列加到第 3 列，然后将第 3 列加到第 2 列，再将第 2 列加到第 1 列，目的是使 D 中的零元素增多.

$$D\xlongequal{c_4+c_3}\begin{vmatrix} a_1 & -a_1 & 0 & 0 \\ 0 & a_2 & -a_2 & 0 \\ 0 & 0 & 0 & -a_3 \\ 1 & 1 & 2 & 1 \end{vmatrix}\xlongequal{c_3+c_2}\begin{vmatrix} a_1 & -a_1 & 0 & 0 \\ 0 & 0 & -a_2 & 0 \\ 0 & 0 & 0 & -a_3 \\ 1 & 3 & 2 & 1 \end{vmatrix}$$

$$\xlongequal{c_2+c_1}\begin{vmatrix} 0 & -a_1 & 0 & 0 \\ 0 & 0 & -a_2 & 0 \\ 0 & 0 & 0 & -a_3 \\ 4 & 3 & 2 & 1 \end{vmatrix}=4(-1)^{4+1}\begin{vmatrix} -a_1 & 0 & 0 \\ 0 & -a_2 & 0 \\ 0 & 0 & -a_3 \end{vmatrix}=4a_1a_2a_3.$$

一般地，我们有

$$D_{n+1}=\begin{vmatrix} a_1 & -a_1 & 0 & \cdots & 0 & 0 \\ 0 & a_2 & -a_2 & \cdots & 0 & 0 \\ 0 & 0 & a_3 & \cdots & 0 & 0 \\ \vdots & \vdots & \vdots & & \vdots & \vdots \\ 0 & 0 & 0 & \cdots & a_n & -a_n \\ 1 & 1 & 1 & \cdots & 1 & 1 \end{vmatrix}=(n+1)a_1a_2\cdots a_n.$$

例题 4 求解方程

$$\begin{vmatrix} x & 2 & 2 & 2 \\ 2 & x & 2 & 2 \\ 2 & 2 & x & 2 \\ 2 & 2 & 2 & x \end{vmatrix}=0.$$

解
$$\begin{vmatrix} x & 2 & 2 & 2 \\ 2 & x & 2 & 2 \\ 2 & 2 & x & 2 \\ 2 & 2 & 2 & x \end{vmatrix}\xlongequal[r_4+r_1]{\substack{r_2+r_1\\ r_3+r_1}}\begin{vmatrix} x+6 & x+6 & x+6 & x+6 \\ 2 & x & 2 & 2 \\ 2 & 2 & x & 2 \\ 2 & 2 & 2 & x \end{vmatrix}=(x+6)\begin{vmatrix} 1 & 1 & 1 & 1 \\ 2 & x & 2 & 2 \\ 2 & 2 & x & 2 \\ 2 & 2 & 2 & x \end{vmatrix}$$

$$\xlongequal[-c_1+c_4]{\substack{-c_1+c_2\\ -c_1+c_3}}(x+6)\begin{vmatrix} 1 & 0 & 0 & 0 \\ 2 & x-2 & 0 & 0 \\ 2 & 0 & x-2 & 0 \\ 2 & 0 & 0 & x-2 \end{vmatrix}$$

$$=(x+6)(x-2)^3=0.$$

解得 $x_1=-6, x_2=x_3=x_4=2$.

练习 3 计算行列式

$$D=\begin{vmatrix}3&1&1&1\\1&3&1&1\\1&1&3&1\\1&1&1&3\end{vmatrix}.$$

解

例题 5 计算行列式

$$D=\begin{vmatrix}a&b&c&d\\a&a+b&a+b+c&a+b+c+d\\a&2a+b&3a+2b+c&4a+3b+2c+d\\a&3a+b&6a+3b+c&10a+6b+3c+d\end{vmatrix}.$$

解

$$D\xlongequal{-r_3+r_4}\begin{vmatrix}a&b&c&d\\a&a+b&a+b+c&a+b+c+d\\a&2a+b&3a+2b+c&4a+3b+2c+d\\0&a&3a+b&6a+3b+c\end{vmatrix}$$

$$\xlongequal{-r_2+r_3}\begin{vmatrix}a&b&c&d\\a&a+b&a+b+c&a+b+c+d\\0&a&2a+b&3a+2b+c\\0&a&3a+b&6a+3b+c\end{vmatrix}\xlongequal{-r_1+r_2}\begin{vmatrix}a&b&c&d\\0&a&a+b&a+b+c\\0&a&2a+b&3a+2b+c\\0&a&3a+b&6a+3b+c\end{vmatrix}$$

$$\xlongequal{-r_3+r_4}\begin{vmatrix}a&b&c&d\\0&a&a+b&a+b+c\\0&a&2a+b&3a+2b+c\\0&0&a&3a+b\end{vmatrix}\xlongequal{-r_2+r_3}\begin{vmatrix}a&b&c&d\\0&a&a+b&a+b+c\\0&0&a&2a+b\\0&0&a&3a+b\end{vmatrix}$$

$$\xlongequal{-r_3+r_4}\begin{vmatrix}a&b&c&d\\0&a&a+b&a+b+c\\0&0&a&2a+b\\0&0&0&a\end{vmatrix}=a^4.$$

日期：______________　　　　教师：______________

6.5　克莱姆法则

学习内容： 克莱姆法则.

目的要求： 理解并掌握使用克莱姆法则判断齐次线性方程组解的情况，熟练掌握使用克莱姆法则解线性方程组.

重点难点： 利用克莱姆法则判断齐次线性方程组解的情况，利用克莱姆法则解线性方程组.

课前探讨

1. 阐述克莱姆法则及其适用条件.

2. 使用克莱姆法则解二元一次方程组 $\begin{cases}2x_1+3x_2=7,\\5x_1-4x_2=6,\end{cases}$ $\begin{cases}3x-y=3,\\x+2y=8.\end{cases}$

3. 使用克莱姆法则解三元一次方程组 $\begin{cases}x+2y+z=0,\\2x-y+z=1,\\x-y+2z=3,\end{cases}$ $\begin{cases}x+y+z=1,\\2x-y-z=1,\\x-y+z=2.\end{cases}$

4. 使用克莱姆法则解线性方程组

$$\begin{cases}x_1+x_2+2x_3+3x_4=4,\\x_1+x_2+x_4=4,\\3x_1+2x_2+5x_3+10x_4=12,\\4x_1+5x_2+9x_3+13x_4=18,\end{cases}\quad\begin{cases}x_1+2x_2-x_3+3x_4=2,\\2x_1+x_2-3x_3-2x_4=7,\\3x_2-x_3+x_4=6,\\x_1-x_2+x_3+4x_4=-4.\end{cases}$$

5. 阐述齐次线性方程组的定义，并举例(至少 2 个).

6. 阐述非齐次线性方程组的定义，并举例(至少 2 个).

7. 阐述齐次线性方程组解的判定方法(只有零解情形和有非零解情形).

课堂讲习

案例　利用行列式解 n 元线性方程组

$$\begin{cases}a_{11}x_1+a_{12}x_2+\cdots+a_{1n}x_n=b_1,\\a_{21}x_1+a_{22}x_2+\cdots+a_{2n}x_n=b_2,\\\cdots\cdots\cdots\cdots\\a_{n1}x_1+a_{n2}x_2+\cdots+a_{nn}x_n=b_n.\end{cases}$$

6.5.1 解二元一次方程组 $\begin{cases} a_{11}x_1+a_{12}x_2=b_1, \\ a_{21}x_1+a_{22}x_2=b_2 \end{cases}$

当系数行列式 $D=\begin{vmatrix} a_{11} & a_{12} \\ a_{21} & a_{22} \end{vmatrix}\neq 0$ 时，二元一次方程组有唯一解，可表示为

$$x_1=\frac{D_1}{D},x_2=\frac{D_2}{D}.$$

其中 D_1 和 D_2 是将系数行列式 D 中 x_1 和 x_2 的系数依次换成方程组右端的常数项所得到的行列式，即

$$D_1=\begin{vmatrix} b_1 & a_{12} \\ b_2 & a_{22} \end{vmatrix},D_2=\begin{vmatrix} a_{11} & b_1 \\ a_{21} & b_2 \end{vmatrix}.$$

例题 1 解方程组

$$\begin{cases} 2x_1+3x_2=7, \\ 5x_1-4x_2=6. \end{cases}$$

解 因为 $D=\begin{vmatrix} 2 & 3 \\ 5 & -4 \end{vmatrix}=-23\neq 0,D_1=\begin{vmatrix} 7 & 3 \\ 6 & -4 \end{vmatrix}=-46,D_2=\begin{vmatrix} 2 & 7 \\ 5 & 6 \end{vmatrix}=-23,$

所以
$$x_1=\frac{D_1}{D}=\frac{-46}{-23}=2,x_2=\frac{D_2}{D}=\frac{-23}{-23}=1.$$

练习 1 解方程组

$$\begin{cases} 3x-\ y=3, \\ x+2y=8. \end{cases}$$

解

6.5.2 解三元一次方程组 $\begin{cases} a_{11}x_1+a_{12}x_2+a_{13}x_3=b_1, \\ a_{21}x_1+a_{22}x_2+a_{23}x_3=b_2, \\ a_{31}x_1+a_{32}x_2+a_{33}x_3=b_3 \end{cases}$

当系数行列式 $D=\begin{vmatrix} a_{11} & a_{12} & a_{13} \\ a_{21} & a_{22} & a_{23} \\ a_{31} & a_{32} & a_{33} \end{vmatrix}\neq 0$ 时，三元一次方程组有唯一解，可表示为

$$x_1=\frac{D_1}{D},\quad x_2=\frac{D_2}{D},\quad x_3=\frac{D_3}{D}.$$

其中 D_1,D_2 和 D_3 是将系数行列式 D 中 x_1,x_2 和 x_3 对应的系数依次换成方程组右端的常数项所得到的行列式，即

$$D_1=\begin{vmatrix} b_1 & a_{12} & a_{13} \\ b_2 & a_{22} & a_{23} \\ b_3 & a_{32} & a_{33} \end{vmatrix},D_2=\begin{vmatrix} a_{11} & b_1 & a_{13} \\ a_{21} & b_2 & a_{23} \\ a_{31} & b_3 & a_{33} \end{vmatrix},D_3=\begin{vmatrix} a_{11} & a_{12} & b_1 \\ a_{21} & a_{22} & b_2 \\ a_{31} & a_{32} & b_3 \end{vmatrix}.$$

例题 2 解方程组

$$\begin{cases} x+2y+z=0, \\ 2x-y+z=1, \\ x-y+2z=3. \end{cases}$$

解 因为

$$D=\begin{vmatrix} 1 & 2 & 1 \\ 2 & -1 & 1 \\ 1 & -1 & 2 \end{vmatrix}=-8\neq 0,$$

$$D_1=\begin{vmatrix} 0 & 2 & 1 \\ 1 & -1 & 1 \\ 3 & -1 & 2 \end{vmatrix}=4, D_2=\begin{vmatrix} 1 & 0 & 1 \\ 2 & 1 & 1 \\ 1 & 3 & 2 \end{vmatrix}=4, D_3=\begin{vmatrix} 1 & 2 & 0 \\ 2 & -1 & 1 \\ 1 & -1 & 3 \end{vmatrix}=-12,$$

所以

$$x=\frac{D_1}{D}=\frac{4}{-8}=-\frac{1}{2}, y=\frac{D_2}{D}=\frac{4}{-8}=-\frac{1}{2}, z=\frac{D_3}{D}=\frac{-12}{-8}=\frac{3}{2}.$$

练习 2 解方程组

$$\begin{cases} x+y+z=1, \\ 2x-y-z=1, \\ x-y+z=2. \end{cases}$$

解

6.5.3 解 n 元一次方程组

$$\begin{cases} a_{11}x_1+a_{12}x_2+\cdots+a_{1n}x_n=b_1, \\ a_{21}x_1+a_{22}x_2+\cdots+a_{2n}x_n=b_2, \\ \cdots\cdots\cdots\cdots \\ a_{n1}x_1+a_{n2}x_2+\cdots+a_{nn}x_n=b_n \end{cases} \tag{1}$$

方程组中未知量前的系数确定的行列式称为**系数行列式**，记为

$$D=\begin{vmatrix} a_{11} & a_{12} & \cdots & a_{1n} \\ a_{21} & a_{22} & \cdots & a_{2n} \\ \vdots & \vdots & & \vdots \\ a_{n1} & a_{n2} & \cdots & a_{nn} \end{vmatrix}.$$

定理 1(克莱姆法则) 如果线性方程组(1)的系数行列式 $D\neq 0$，则方程组(1)必定有唯一解：

$$x_j=\frac{D_j}{D}(j=1,2,\cdots,n).$$

其中
$$D_j=\begin{vmatrix} a_{11} & \cdots & a_{1,j-1} & b_1 & a_{1,j+1} & \cdots & a_{1n} \\ \vdots & & \vdots & \vdots & \vdots & & \vdots \\ a_{i1} & \cdots & a_{i,j-1} & b_i & a_{i,j+1} & \cdots & a_{in} \\ \vdots & & \vdots & \vdots & \vdots & & \vdots \\ a_{n1} & \cdots & a_{n,j-1} & b_n & a_{n,j+1} & \cdots & a_{nn} \end{vmatrix}(j=1,2,\cdots,n)$$
是将系数行列式 D 中第 j 列的元素 $a_{1j},a_{2j},\cdots,a_{nj}$ 对应换为方程组的常数项 $b_1,b_2,\cdots,b_n$ 所得到的行列式.

注意 用克莱姆法则解线性方程组必须满足两个条件：

(1) 未知量的个数必须等于方程的个数；

(2) 系数行列式不能等于零.

例题 3 解线性方程组
$$\begin{cases} x_1+x_2+2x_3+3x_4=4, \\ x_1+x_2+x_4=4, \\ 3x_1+2x_2+5x_3+10x_4=12, \\ 4x_1+5x_2+9x_3+13x_4=18. \end{cases}$$

解 方程组的系数行列式 $D=\begin{vmatrix} 1 & 1 & 2 & 3 \\ 1 & 1 & 0 & 1 \\ 3 & 2 & 5 & 10 \\ 4 & 5 & 9 & 13 \end{vmatrix}=-4.$

因为 $D\neq 0$，所以可用克莱姆法则求解. 又
$$D_1=\begin{vmatrix} 4 & 1 & 2 & 3 \\ 4 & 1 & 0 & 1 \\ 12 & 2 & 5 & 10 \\ 18 & 5 & 9 & 13 \end{vmatrix}=-4, D_2=\begin{vmatrix} 1 & 4 & 2 & 3 \\ 1 & 4 & 0 & 1 \\ 3 & 12 & 5 & 10 \\ 4 & 18 & 9 & 13 \end{vmatrix}=-8,$$
$$D_3=\begin{vmatrix} 1 & 1 & 4 & 3 \\ 1 & 1 & 4 & 1 \\ 3 & 2 & 12 & 10 \\ 4 & 5 & 18 & 13 \end{vmatrix}=4, D_4=\begin{vmatrix} 1 & 1 & 2 & 4 \\ 1 & 1 & 0 & 4 \\ 3 & 2 & 5 & 12 \\ 4 & 5 & 9 & 18 \end{vmatrix}=-4.$$
故方程组的解是
$$x_1=\frac{D_1}{D}=\frac{-4}{-4}=1, x_2=\frac{D_2}{D}=\frac{-8}{-4}=2, x_3=\frac{D_3}{D}=\frac{4}{-4}=-1, x_4=\frac{D_4}{D}=\frac{-4}{-4}=1.$$

练习 3 解线性方程组
$$\begin{cases} x_1+2x_2-x_3+3x_4=2, \\ 2x_1+x_2-3x_3-2x_4=7, \\ 3x_2-x_3+x_4=6, \\ x_1-x_2+x_3+4x_4=-4. \end{cases}$$

解

定义 如果线性方程组(1)右端的常数项全部为零，即

$$\begin{cases} a_{11}x_1+a_{12}x_2+\cdots+a_{1n}x_n=0, \\ a_{21}x_1+a_{22}x_2+\cdots+a_{2n}x_n=0, \\ \cdots\cdots\cdots\cdots \\ a_{n1}x_1+a_{n2}x_2+\cdots+a_{nn}x_n=0, \end{cases} \tag{2}$$

则称方程组(2)为**齐次线性方程组**，否则称为**非齐次线性方程组**.

由克莱姆法则可得以下结论.

定理 2 如果齐次线性方程组(2)的系数行列式不等于零，则齐次线性方程组(2)只有零解，即 $x_1=x_2=\cdots=x_n=0$.

换句话说，如果齐次线性方程组(2)有非零解，则其系数行列式必为零.

例题 4 λ 取何值时，齐次线性方程组

$$\begin{cases} \lambda x+y+z=0, \\ x+\lambda y-z=0, \\ 2x-y+z=0, \end{cases}$$

只有零解？

解 当 $D=\begin{vmatrix} \lambda & 1 & 1 \\ 1 & \lambda & -1 \\ 2 & -1 & 1 \end{vmatrix}\neq 0$ 时，该齐次线性方程组只有零解，即

$$\lambda^2-3\lambda-4\neq 0.$$

解方程，得 $$\lambda\neq -1 \text{ 且 } \lambda\neq 4.$$

练习 4 λ 取何值时，齐次线性方程组

$$\begin{cases} 2x+\lambda y+z=0, \\ (\lambda-1)x-y+2z=0, \\ 4x+y+4z=0 \end{cases}$$

有非零解？

解

日期：______________　　教师：______________

6.6　第 6 模块习题课(一)

学习内容：行列式部分总结.

目的要求：理解行列式的定义、性质，熟练掌握行列式的计算方法及使用克莱姆法则求解线性方程组的方法.

重点难点：行列式的定义、性质，行列式的计算及使用克莱姆法则求解线性方程组.

课前探讨

1. 阐述二阶、三阶、n 阶行列式的定义.
2. 阐述 n 阶行列式的性质.
3. 阐述 n 阶行列式的计算方法.
4. 阐述克莱姆法则.

内容精要

1. 余子式和代数余子式的概念

在 n 阶行列式中，把元素 $a_{ij}\,(i,j=1,2,\cdots,n)$ 所在的第 i 行和第 j 列划去后，剩下的元素按原来次序组成的 $n-1$ 阶行列式，称为元素 a_{ij} 的余子式，记作 M_{ij}；而 $A_{ij}=(-1)^{i+j}M_{ij}$ 称为元素 a_{ij} 的代数余子式.

2. 行列式的定义

(1) 表达式 $a_{11}a_{22}-a_{12}a_{21}$ 称为数表 $\begin{matrix} a_{11} & a_{12} \\ a_{21} & a_{22} \end{matrix}$ 所确定的二阶行列式，并记作 $\begin{vmatrix} a_{11} & a_{12} \\ a_{21} & a_{22} \end{vmatrix}$.
且有

$$\begin{vmatrix} a_{11} & a_{12} \\ a_{21} & a_{22} \end{vmatrix}=a_{11}a_{22}-a_{12}a_{21}.$$

(2) 将 3^2 个数 $a_{11},a_{12},a_{13},a_{21},a_{22},a_{23},a_{31},a_{32},a_{33}$ 排成的一个 3 行 3 列的方块，两边再各加上一条竖线所构成的记号

$$\begin{vmatrix} a_{11} & a_{12} & a_{13} \\ a_{21} & a_{22} & a_{23} \\ a_{31} & a_{32} & a_{33} \end{vmatrix}$$

称为一个三阶行列式，且有

$$\begin{vmatrix} a_{11} & a_{12} & a_{13} \\ a_{21} & a_{22} & a_{23} \\ a_{31} & a_{32} & a_{33} \end{vmatrix} = a_{11}a_{22}a_{33}+a_{12}a_{23}a_{31}+a_{13}a_{21}a_{32}-a_{11}a_{23}a_{32}-a_{12}a_{21}a_{33}-a_{13}a_{22}a_{31}.$$

(3) 由 n^2 个数排成 n 行 n 列的正方形数表，两边再各加上一条竖线所构成的记号

$$\begin{vmatrix} a_{11} & a_{12} & \cdots & a_{1n} \\ a_{21} & a_{22} & \cdots & a_{2n} \\ \vdots & \vdots & & \vdots \\ a_{n1} & a_{n2} & \cdots & a_{nn} \end{vmatrix}$$

称为 n 阶行列式. 其中 $a_{ij}(i,j=1,2,\cdots,n)$ 称为 n 阶行列式的元素，通常把 n 阶行列式简记为大写字母 D 或 D_n. n 阶行列式从左上角到右下角的元素 $a_{11},a_{22},\cdots,a_{nn}$ 的连线称为主对角线，从右上角到左下角的元素 $a_{1n},a_{2,n-1},\cdots,a_{n1}$ 的连线称为副对角线.

n 阶行列式是一个数，其值为

$$D=\begin{vmatrix} a_{11} & a_{12} & \cdots & a_{1n} \\ a_{21} & a_{22} & \cdots & a_{2n} \\ \vdots & \vdots & & \vdots \\ a_{n1} & a_{n2} & \cdots & a_{nn} \end{vmatrix} = a_{11}(-1)^{1+1}M_{11}+a_{12}(-1)^{1+2}M_{12}+\cdots+a_{1n}(-1)^{1+n}M_{1n}$$

$$=a_{11}A_{11}+a_{12}A_{12}+\cdots+a_{1n}A_{1n}=\sum_{k=1}^{n}a_{1k}A_{1k}.$$

由行列式的性质，上式推广为

$$D=\begin{vmatrix} a_{11} & a_{12} & \cdots & a_{1n} \\ a_{21} & a_{22} & \cdots & a_{2n} \\ \vdots & \vdots & & \vdots \\ a_{n1} & a_{n2} & \cdots & a_{nn} \end{vmatrix} = a_{i1}A_{i1}+a_{i2}A_{i2}+\cdots+a_{in}A_{in}=\sum_{k=1}^{n}a_{ik}A_{ik}\ (i=1,2,\cdots,n);$$

$$D=\begin{vmatrix} a_{11} & a_{12} & \cdots & a_{1n} \\ a_{21} & a_{22} & \cdots & a_{2n} \\ \vdots & \vdots & & \vdots \\ a_{n1} & a_{n2} & \cdots & a_{nn} \end{vmatrix} = a_{1j}A_{1j}+a_{2j}A_{2j}+\cdots+a_{nj}A_{nj}=\sum_{k=1}^{n}a_{kj}A_{kj}\ (j=1,2,\cdots,n),$$

即行列式可以按任何一行(列)展开.

3. 行列式的性质

性质 1 行列式与它的转置行列式相等，即 $D=D^{\mathrm{T}}$.

性质 2 互换行列式的两行(列)，行列式变号.

性质 3 n 阶行列式等于它的任一行(列)的每个元素与其对应的代数余子式的乘积之和.

性质 4 n 阶行列式中任意一行(列)的元素与另一行(列)的对应元素的代数余子式的乘积之和等于零.

性质 5 行列式的某一行(列)的所有元素都乘以同一个数 k，等于用 k 乘以该行列式.

性质 6 如果行列式的某一行(列)的元素都可表示为两数之和，那么这个行列式等于两个行列式之和，其中这两个行列式除该行(列)的元素分别为这两数之一外，其余各行

(列)的元素都与原来行列式的对应行(列)相同.

性质 7 将行列式的某一行(列)的元素都乘以同一个常数 k 后，再加到另一行(列)的对应元素上，行列式的值不变.

4. 行列式的基本计算方法

(1) 利用行列式按行(列)展开的运算法则，将高阶行列式化成低阶行列式计算(特别选择零较多的行或列，或利用行(列)的选择把某行(列)元素尽可能多的化为零).

(2) 利用行列式的性质，将行列式化为比较简单且易于计算的行列式(特别是化成上(下)三角行列式是一种常用方法).

5. 克莱姆法则

(1) 克莱姆法则：如果线性方程组

$$\begin{cases} a_{11}x_1+a_{12}x_2+\cdots+a_{1n}x_n=b_1, \\ a_{21}x_1+a_{22}x_2+\cdots+a_{2n}x_n=b_2, \\ \cdots\cdots\cdots\cdots \\ a_{n1}x_1+a_{n2}x_2+\cdots+a_{nn}x_n=b_n \end{cases} \tag{1}$$

的系数行列式 $D\neq0$，则方程组(1)必有唯一解：

$$x_j=\frac{D_j}{D}(j=1,2,\cdots,n).$$

其中 D_j 是将系数行列式 D 中的元素 $a_{1j},a_{2j},\cdots,a_{nj}$ 对应换为方程组的常数项 $b_1,b_2,\cdots,b_n$ 得到的行列式.

(2) 如果齐次线性方程组

$$\begin{cases} a_{11}x_1+a_{12}x_2+\cdots+a_{1n}x_n=0, \\ a_{21}x_1+a_{22}x_2+\cdots+a_{2n}x_n=0, \\ \cdots\cdots\cdots\cdots \\ a_{n1}x_1+a_{n2}x_2+\cdots+a_{nn}x_n=0 \end{cases} \tag{2}$$

的系数行列式 $D\neq0$，则方程组(2)只有零解，即 $x_1=x_2=\cdots=x_n=0$. 换句话说，如果齐次线性方程组(2)有非零解，则其系数行列式必为零.

(3) 用克莱姆法则解线性方程组时必须满足两个条件：

① 未知量的个数必须等于方程的个数；

② 系数行列式不能等于零.

习题讲解

1. 填空题

(1) 行列式 $\begin{vmatrix} a & b & c \\ 1 & -1 & 1 \\ 1 & 2 & 3 \end{vmatrix}=$________.

(2) 已知 $\begin{vmatrix} a_1 & b_1 & c_1 \\ a_2 & b_2 & c_2 \\ a_3 & b_3 & c_3 \end{vmatrix}=m$，$\begin{vmatrix} a_1 & b_1 & c_1 \\ a_2 & b_2 & c_2 \\ a_3^* & b_3^* & c_3^* \end{vmatrix}=n$，则

$\begin{vmatrix} 2a_1 & 2b_1 & 2c_1 \\ a_2 & b_2 & c_2 \\ -a_3-a_3^* & -b_3-b_3^* & -c_3-c_3^* \end{vmatrix}=$________.

(3) 行列式$\begin{vmatrix} 2 & 1 & -4 \\ 1 & 3 & 2 \\ -3 & 1 & 5 \end{vmatrix}$的代数余子式 $A_{31}=$________，$A_{23}=$________.

(4) 行列式$\begin{vmatrix} -2 & 0 & 1 \\ 3 & 6 & 7 \\ 4 & 3 & 0 \end{vmatrix}$的代数余子式 $A_{23}=$________.

(5) 已知$\begin{vmatrix} a_1 & b_1 & c_1 \\ a_2 & b_2 & c_2 \\ a_3 & b_3 & c_3 \end{vmatrix}=m$，且知其中 a_i 的代数余子式为 $A_i(i=1,2,3)$，则 $b_1A_1+b_2A_2+b_3A_3=$________.

(6) $\begin{vmatrix} 1 & 0 & 0 & 0 \\ 0 & 0 & 1 & -1 \\ 1 & 2 & 0 & 0 \\ 0 & 0 & 0 & 1 \end{vmatrix}=$________.

(7) 当 $a=$________时，行列式$\begin{vmatrix} 1 & 0 & a \\ -2 & 0 & 4 \\ 0 & 1 & 2 \end{vmatrix}$的值为零.

(8) 线性方程组$\begin{cases} ax_1+bx_2=m, \\ cx_1+dx_2=n \end{cases}$的系数满足________时，方程组有唯一解.

2. 选择题

(1) 若$\begin{vmatrix} 3 & 1 & -1 \\ 2 & 5 & x \\ 2 & 3 & 2 \end{vmatrix}=2$，则 $x=$________.

A. 0　　B. 30　　C. $\frac{30}{7}$　　D. 4

(2) $\begin{vmatrix} 0 & 0 & 0 & a \\ 0 & 0 & b & 0 \\ 0 & c & 0 & 0 \\ d & 0 & 0 & 2 \end{vmatrix}=$________.

A. $abcd$　　B. $-abcd$　　C. $2abcd$　　D. $-2abcd$

(3) $\begin{vmatrix} 1 & 0 & 3 \\ -2 & 1 & 1 \\ 2 & 3 & -1 \end{vmatrix}$的第 2 行第 2 列的元素的代数余子式为________.

A. $\begin{vmatrix} 1 & 0 \\ -2 & 1 \end{vmatrix}$　　B. $\begin{vmatrix} 1 & 0 \\ 2 & 3 \end{vmatrix}$　　C. $-\begin{vmatrix} 1 & 3 \\ 2 & -1 \end{vmatrix}$　　D. $\begin{vmatrix} 1 & 3 \\ 2 & -1 \end{vmatrix}$

(4) 与 $\begin{vmatrix} 1 & 0 & 2 \\ -1 & 2 & 3 \\ 2 & -1 & 1 \end{vmatrix}$ 的值相等的行列式是________.

A. $\begin{vmatrix} 1 & 0 & 2 \\ -2 & 4 & 6 \\ 2 & -1 & 1 \end{vmatrix}$　　B. $\begin{vmatrix} 1 & 0 & 2 \\ -1 & 2 & 3 \\ 3 & -1 & 3 \end{vmatrix}$

C. $\begin{vmatrix} 1 & 0 & 1 \\ -2 & 4 & 6 \\ 2 & -1 & 1 \end{vmatrix}$　　D. $\begin{vmatrix} 0 & 2 & 2 \\ -1 & 2 & 3 \\ 2 & -1 & 1 \end{vmatrix}$

(5) 与 $\begin{vmatrix} 2 & 1 & -1 \\ 0 & 2 & 1 \\ -1 & 3 & 5 \end{vmatrix}$ 的值正好互为相反数的行列式是________.

A. $\begin{vmatrix} 0 & 2 & 1 \\ -2 & -1 & 1 \\ -1 & 3 & 5 \end{vmatrix}$　　B. $\begin{vmatrix} 1 & -1 & 2 \\ 2 & 1 & 0 \\ 3 & 5 & -1 \end{vmatrix}$

C. $\begin{vmatrix} 2 & 1 & -1 \\ -1 & 3 & 5 \\ 0 & 2 & 1 \end{vmatrix}$　　D. $\begin{vmatrix} 0 & 2 & 1 \\ -1 & 3 & 5 \\ 2 & 1 & -1 \end{vmatrix}$

(6) 将行列式 A 的第 1 行乘以 2，再将得到的行列式的第 1 行加到第 2 行，由此得到行列式 B，则________.

A. B 的值与 A 的值相等　　B. B 的值是 A 的值的 2 倍

C. A 的值是 B 的值的 2 倍　　D. B 的值与 A 的值互为相反数

(7) 将行列式 A 的第 1 列与第 2 列对换，再将得到的行列式的第 2 列乘以 -1，由此得到行列式 B，则________.

A. B 的值与 A 的值相等　　B. B 的值与 A 的值互为相反数

C. B 的值是 A 的值的 2 倍　　D. B 的值与 A 的值没有关系

(8) 下列命题错误的是________.

A. n 阶行列式 A 与 B 相加等于将它们对应的元素相加所得到行列式

B. 若行列式 A 有两列元素相等，则其值等于零

C. 若将行列式 A 的第 1 行乘以 5，则 A 的值必扩大 5 倍

D. 行列式 A 与 A^{T} 的值相等

(9) 下列命题正确的是________.

A. 行列式 A 的值等于零的充分必要条件是 A 有一行元素全为零

B. 行列式按第 1 行展开所求得的值与按第 1 列展开所求得的值必相等

C. 交换行列式两列，其值不变

D. 将行列式的某一行乘以 -1 加到另一行，所得到的行列式的值与原行列式的值互为相反数

(10) $\begin{vmatrix} 1 & a & ad \\ 2 & b & bd \\ 3 & c & cd \end{vmatrix}$ 的值等于________.

A. $abcd$　　B. d　　C. 6　　D. 0

(11) 下列命题正确的是________.

A. 代数余子式与相应的余子式正好互为相反数

B. 若 n 个未知量 n 个方程的线性方程组中常数项全为零,则只有零解

C. 将行列式的第 1 行元素乘以 c,加到第 2 行上,其值扩大 c 倍

D. 行列式 A 的第 2 行是第 1 行相应元素的 2 倍,第 3 行各元素是第 1 行相应元素的 3 倍,则 A 的值必等于零

(12) 行列式 A 的第 2 行第 3 列元素的余子式为 M,那么第 2 行第 3 列元素的代数余子式是________.

A. M　　B. $-M$　　C. $(-1)^{i+j}$　　D. 无法确定

3. 计算题

(1) 计算行列式

$$D=\begin{vmatrix} 1 & 2 & 3 \\ -1 & 4 & 1 \\ 3 & 5 & 8 \end{vmatrix}.$$

(2) 解方程

$$D=\begin{vmatrix} x-1 & 2 & 0 \\ 2 & x & 2 \\ 0 & 2 & x+1 \end{vmatrix}=0.$$

(3) 计算行列式

$$D=\begin{vmatrix} 1 & 2 & 0 & 1 \\ 1 & 3 & 2 & 9 \\ -1 & 1 & 5 & 6 \\ 2 & 3 & 1 & 2 \end{vmatrix}.$$

（4）解方程

$$D=\begin{vmatrix} 1 & 1 & 1 & 1 \\ -1 & x & 2 & 2 \\ 2 & 2 & x & 3 \\ 3 & 3 & 3 & x \end{vmatrix}=0.$$

（5）用克莱姆法则求解方程组

$$\begin{cases} 3x_1+5x_2+x_3=4, \\ 2x_1-3x_2+2x_3=-3, \\ 5x_1+4x_2-2x_3=2. \end{cases}$$

4. 证明题

（1）当 $\lambda\neq 1$ 时，线性方程组 $\begin{cases} \lambda x_1+x_2+x_3=b_1, \\ x_1+x_2+x_3=b_2 \\ x_1+x_2+\lambda x_3=b_3 \end{cases}$，对于任何实数 b_1,b_2,b_3 都有唯一解.

（2）当 $\lambda\neq 1$ 时，齐次线性方程组 $\begin{cases} \lambda x_1+x_4=0, \\ x_1+2x_2-x_4=0, \\ (\lambda+2)x_1-x_2+4x_4=0, \\ 2x_1+x_2+3x_3+\lambda x_4=0 \end{cases}$ 只有零解.

日期：______________ 教师：______________

6.7 矩阵的概念与矩阵的运算(一)

学习内容：矩阵的概念，矩阵的运算(相等、加减、数乘).

目的要求：理解矩阵的概念，熟练掌握矩阵的相等、加减法及数乘运算.

重点难点：矩阵的概念，矩阵的相等、加减法及数乘运算.

课前探讨

1. 阐述矩阵的概念，元素的定义，矩阵的表示方法，并举例(至少 2 个).
2. 阐述特殊矩阵的概念，并举例(至少 2 个).
3. 阐述矩阵与行列式的区别和联系.
4. 阐述矩阵相等的定义，并举例(至少 2 个).
5. 矩阵相等的前提是什么？
6. 阐述矩阵相等与行列式相等的区别.
7. 阐述矩阵加减法的定义，并举例(至少 2 个).
8. 矩阵可以进行加减运算的前提是什么？
9. 阐述矩阵相加与行列式相加的区别.
10. 阐述矩阵加法运算律.
11. 阐述矩阵数乘运算的定义，并举例(至少 2 个).
12. 阐述数乘矩阵与数乘行列式的区别.
13. 阐述矩阵的数乘运算律.

课堂讲习

案例 1 某学校一年级 3 名同学的语文、数学、英语、计算机的期末成绩如下表：

成绩 姓名	语文	数学	英语	计算机
王 宏	82	90	86	91
李 丹	93	89	92	80
杨 伟	85	82	90	94

如果把表中数据取出并且不改变数据的相关位置，那么就得到一个 3 行 4 列的矩形数表：

$$\begin{pmatrix} 82 & 90 & 86 & 91 \\ 93 & 89 & 92 & 80 \\ 85 & 82 & 90 & 94 \end{pmatrix}$$

案例 2 已知 n 元线性方程组

$$\begin{cases} a_{11}x_1+a_{12}x_2+\cdots+a_{1n}x_n=b_1, \\ a_{21}x_1+a_{22}x_2+\cdots+a_{2n}x_n=b_2, \\ \cdots\cdots\cdots\cdots \\ a_{m1}x_1+a_{m2}x_2+\cdots+a_{mn}x_n=b_m, \end{cases}$$

将其系数及常数项取出并且不改变数据的相关位置排成 m 行，$n+1$ 列的有序数表：

$$\begin{pmatrix} a_{11} & a_{12} & \cdots & a_{1n} & b_1 \\ a_{21} & a_{22} & \cdots & a_{2n} & b_2 \\ \vdots & \vdots & & \vdots & \vdots \\ a_{m1} & a_{m2} & \cdots & a_{mn} & b_m \end{pmatrix}$$

注意 这个有序数表完全确定了线性方程组，对它的研究可以判断解的情况.

6.7.1 矩阵的概念

1. 矩阵的概念

定义 1 由 $m\times n$ 个元素 $a_{ij}(i=1,2,\cdots,m;\ j=1,2,\cdots,n)$ 排成的 m 行 n 列的数表

$$\begin{pmatrix} a_{11} & a_{12} & \cdots & a_{1n} \\ a_{21} & a_{22} & \cdots & a_{2n} \\ \vdots & \vdots & & \vdots \\ a_{m1} & a_{m2} & \cdots & a_{mn} \end{pmatrix}$$

称为 **m 行 n 列矩阵**，简称 **$m\times n$ 矩阵**，其中 $a_{ij}(i=1,2,\cdots,m;\ j=1,2,\cdots,n)$ 称为矩阵的**第 i 行第 j 列元素**.

根据元素的特点，矩阵可分为实矩阵(元素都是实数)与复矩阵. 本书中的数与矩阵除特别说明外，都指实数与实矩阵.

通常用大写字母 $\boldsymbol{A},\boldsymbol{B},\cdots$表示矩阵. 例如，记

$$\boldsymbol{A}=\begin{pmatrix} a_{11} & a_{12} & \cdots & a_{1n} \\ a_{21} & a_{22} & \cdots & a_{2n} \\ \vdots & \vdots & & \vdots \\ a_{m1} & a_{m2} & \cdots & a_{mn} \end{pmatrix}$$

有时也简记为 $\boldsymbol{A}=(a_{ij})_{m\times n}$ 或 $\boldsymbol{A}=(a_{ij})$.

例题 1 北京、天津、南京、上海 4 个城市中，北京到天津 137 km，北京到上海 1 460 km，北京到南京 1 250 km，天津到上海 1 320 km，天津到南京 1 080 km，南京到上海 220 km，试写出表示 4 个城市里程的矩阵.

解 可记作矩阵：

$$\begin{array}{c} \text{北京} \quad \text{天津} \quad \text{上海} \quad \text{南京} \\ \begin{pmatrix} 0 & 137 & 1\,460 & 1\,250 \\ 137 & 0 & 1\,320 & 1\,080 \\ 1\,460 & 1\,320 & 0 & 220 \\ 1\,250 & 1\,080 & 220 & 0 \end{pmatrix} \begin{array}{l} \text{北京} \\ \text{天津} \\ \text{上海} \\ \text{南京} \end{array} \end{array}$$

其中矩阵的第 1 行表示北京到北京、天津、上海、南京 4 个城市的里程，第 2 行、第 3 行、第 4 行分别表示天津、上海、南京到北京、天津、上海、南京 4 个城市的里程.

2. 特殊矩阵

下面给出一些特殊矩阵.

(1) 零矩阵.

元素全为零的矩阵称为零矩阵，例如 $\boldsymbol{A}=(0)_{m\times n}$，记作 $\boldsymbol{O}_{m\times n}$ 或 $\boldsymbol{O}$.

(2) 行矩阵、列矩阵.

只有一行的矩阵称为**行矩阵**，此时 $m=1$，例如 $\boldsymbol{A}=(a_1 \quad a_2 \quad \cdots \quad a_n)_{1\times n}$ 或 $\boldsymbol{A}=(a_1, a_2, \cdots, a_n)$；

只有一列的矩阵称为**列矩阵**，此时 $n=1$，例如 $\boldsymbol{B}=\begin{pmatrix} b_1 \\ b_2 \\ \vdots \\ b_m \end{pmatrix}_{m\times 1}$ 或 $\boldsymbol{B}=\begin{pmatrix} b_1 \\ b_2 \\ \vdots \\ b_m \end{pmatrix}$.

(3) 方阵.

当 $m=n$ 时，$m\times n$ 矩阵称为 n **阶方阵**，用 $\boldsymbol{A}_n$ 表示，即 $\boldsymbol{A}_n=(a_{ij})_{n\times n}$. 方阵 $\boldsymbol{A}_n$ 中左上角到右下角的连线称为**主对角线**，其上的元素 $a_{11}, a_{22}, \cdots, a_{nn}$ 称为**主对角线上的元素**.

一阶方阵相当于一个数，如 $(a)=a$.

(4) 对角矩阵.

主对角线以外的元素都是零的方阵称为**对角矩阵**.

例如 $\begin{pmatrix} \lambda_1 & 0 & \cdots & 0 \\ 0 & \lambda_2 & \cdots & 0 \\ \vdots & \vdots & & \vdots \\ 0 & 0 & \cdots & \lambda_n \end{pmatrix}$ 简记为 $\begin{pmatrix} \lambda_1 & & & \\ & \lambda_2 & & \\ & & \ddots & \\ & & & \lambda_n \end{pmatrix}$（未写出的元素全为零）.

(5) 单位矩阵.

主对角线上的元素都是 1 的 n 阶对角矩阵称为 n **阶单位矩阵**，记为 $\boldsymbol{E}_n$（n 为单位矩阵的阶数）. 在阶数不致混淆时，简记为 $\boldsymbol{E}$，即

$$\boldsymbol{E}=\begin{pmatrix} 1 & & & \\ & 1 & & \\ & & \ddots & \\ & & & 1 \end{pmatrix}.$$

(6) 三角矩阵.

主对角线下方的元素全为零的方阵称为**上三角矩阵**，一般形式为

$$\begin{pmatrix} a_{11} & a_{12} & \cdots & a_{1n} \\ 0 & a_{22} & \cdots & a_{2n} \\ \vdots & \vdots & & \vdots \\ 0 & 0 & \cdots & a_{nn} \end{pmatrix};$$

主对角线上方的元素全为零的方阵称为**下三角矩阵**，一般形式为

$$\begin{pmatrix} a_{11} & 0 & \cdots & 0 \\ a_{21} & a_{22} & \cdots & 0 \\ \vdots & \vdots & & \vdots \\ a_{n1} & a_{n2} & \cdots & a_{nn} \end{pmatrix}.$$

（7）对称矩阵.

满足条件 $a_{ij}=a_{ji}(i,j=1,2,\cdots,n)$ 的方阵 $(a_{ij})_{n\times n}$ 称为**对称矩阵**. 对称矩阵的特点是：它的元素以主对角线为对称轴对应相等. 例如：

$$\begin{pmatrix} 1 & 2 & 4 & 7 \\ 2 & -1 & -3 & 1 \\ 4 & -3 & 2 & 0 \\ 7 & 1 & 0 & 3 \end{pmatrix}.$$

6.7.2 矩阵的运算

1. 矩阵的相等

定义 2 如果 $\boldsymbol{A}=(a_{ij})$ 与 $\boldsymbol{B}=(b_{ij})$ 都是 $m\times n$ 矩阵，并且它们的对应元素相等，即 $a_{ij}=b_{ij}$ $(i=1,2,\cdots,m;j=1,2,\cdots,n)$，则称矩阵 $\boldsymbol{A}$ 与矩阵 $\boldsymbol{B}$ **相等**，记作 $\boldsymbol{A}=\boldsymbol{B}$.

注意 （1）矩阵相等的前提为两个矩阵是同型矩阵，即两个矩阵行数相同，列数也相同.

（2）矩阵相等与行列式相等有本质的区别，例如

$$\begin{pmatrix} 1 & 0 \\ 0 & 1 \end{pmatrix} \neq \begin{pmatrix} 1 & 2 \\ 0 & 1 \end{pmatrix},$$

而

$$\begin{vmatrix} 1 & 0 \\ 0 & 1 \end{vmatrix} = \begin{vmatrix} 1 & 2 \\ 0 & 1 \end{vmatrix} = 1.$$

例题 2 设矩阵

$$\begin{pmatrix} 1 & 0 \\ x & -2 \end{pmatrix} = \begin{pmatrix} 1 & y \\ 5 & -2 \end{pmatrix},$$

求 x,y.

解 由矩阵相等的定义得 $x=5,y=0$.

练习 1 设矩阵

$$\begin{pmatrix} x & -1 \\ 5 & z \end{pmatrix} = \begin{pmatrix} 1 & y \\ 5 & 2x-y \end{pmatrix},$$

求 x,y,z.

解

2. 矩阵的加减法

定义 3 两个矩阵 $\boldsymbol{A}=(a_{ij})_{m\times n}$，$\boldsymbol{B}=(b_{ij})_{m\times n}$ 的对应元素相加(或相减)得到的 $m\times n$ 矩阵，称为矩阵 $\boldsymbol{A}$ 与 $\boldsymbol{B}$ 的和(或差)，记作 $\boldsymbol{A}\pm\boldsymbol{B}$，即 $\boldsymbol{A}\pm\boldsymbol{B}=(a_{ij})_{m\times n}\pm(b_{ij})_{m\times n}=(a_{ij}\pm b_{ij})_{m\times n}$.

例题 3 设矩阵

$$\boldsymbol{A}=\begin{pmatrix}1&0&-1\\2&3&3\\-2&3&5\end{pmatrix},\boldsymbol{B}=\begin{pmatrix}-2&1&0\\3&7&3\\-1&1&2\end{pmatrix},$$

求 $\boldsymbol{A}+\boldsymbol{B}$，$\boldsymbol{A}-\boldsymbol{B}$.

解 $$\boldsymbol{A}+\boldsymbol{B}=\begin{pmatrix}1+(-2)&0+1&-1+0\\2+3&3+7&3+3\\-2+(-1)&3+1&5+2\end{pmatrix}=\begin{pmatrix}-1&1&-1\\5&10&6\\-3&4&7\end{pmatrix},$$

$$\boldsymbol{A}-\boldsymbol{B}=\begin{pmatrix}1-(-2)&0-1&-1-0\\2-3&3-7&3-3\\-2-(-1)&3-1&5-2\end{pmatrix}=\begin{pmatrix}3&-1&-1\\-1&-4&0\\-1&2&3\end{pmatrix}.$$

练习 2 设矩阵

$$\boldsymbol{A}=\begin{pmatrix}1&2&3&4\\5&6&7&8\end{pmatrix},\boldsymbol{B}=\begin{pmatrix}0&1&4&5\\2&3&0&8\end{pmatrix},$$

求 $\boldsymbol{A}+\boldsymbol{B}$，$\boldsymbol{A}-\boldsymbol{B}$.

解

练习 3 已知矩阵

$$\boldsymbol{A}=\begin{pmatrix}3&-2&0\\1&1&2\\2&3&-1\end{pmatrix},\boldsymbol{B}=\begin{pmatrix}1&2&-1\\1&3&-4\\-2&-1&1\end{pmatrix},$$

而且 $\boldsymbol{X}+\boldsymbol{A}=\boldsymbol{B}$，求矩阵 $\boldsymbol{X}$.

解

注意 只有同型矩阵才能进行加减运算.

矩阵的加法满足下列运算律(设 $\boldsymbol{A},\boldsymbol{B},\boldsymbol{C},\boldsymbol{O}$ 都是 $m\times n$ 矩阵)：

(1) 加法交换律 $\boldsymbol{A}+\boldsymbol{B}=\boldsymbol{B}+\boldsymbol{A}$；

(2) 加法结合律 $(\boldsymbol{A}+\boldsymbol{B})+\boldsymbol{C}=\boldsymbol{A}+(\boldsymbol{B}+\boldsymbol{C})$；

(3) $\boldsymbol{A}+\boldsymbol{O}=\boldsymbol{A}$.

3. 矩阵的数乘

定义 4 用数 λ 与矩阵 $\boldsymbol{A}=(a_{ij})_{m\times n}$ 的每一个元素相乘所得的矩阵，称为 λ 与矩阵 $\boldsymbol{A}$ 的**数乘矩阵**，记作 $\lambda\boldsymbol{A}$，即

$$\lambda\boldsymbol{A}=\lambda\begin{pmatrix}a_{11}&a_{12}&\cdots&a_{1n}\\a_{21}&a_{22}&\cdots&a_{2n}\\\vdots&\vdots&&\vdots\\a_{m1}&a_{m2}&\cdots&a_{mn}\end{pmatrix}=\begin{pmatrix}\lambda a_{11}&\lambda a_{12}&\cdots&\lambda a_{1n}\\\lambda a_{21}&\lambda a_{22}&\cdots&\lambda a_{2n}\\\vdots&\vdots&&\vdots\\\lambda a_{m1}&\lambda a_{m2}&\cdots&\lambda a_{mn}\end{pmatrix}=(\lambda a_{ij})_{m\times n}(\text{其中 }\lambda\text{ 为常数}).$$

特别地，当 $\lambda=-1$ 时，可得 $\boldsymbol{A}$ 的负矩阵 $-\boldsymbol{A}$，则有 $\boldsymbol{A}-\boldsymbol{B}=\boldsymbol{A}+(-\boldsymbol{B})$.

例题 4 设从某地 4 个地区到另外 3 个地区的距离(单位 km)为：

$$\boldsymbol{B}=\begin{pmatrix}40&60&105\\175&130&190\\120&70&135\\80&55&100\end{pmatrix}.$$

已知货物每吨的运费为 2.40 元/km，那么各地区之间每吨货物的运费可记为

$$2.4\times\boldsymbol{B}=\begin{pmatrix}2.4\times40&2.4\times60&2.4\times105\\2.4\times175&2.4\times130&2.4\times190\\2.4\times120&2.4\times70&2.4\times135\\2.4\times80&2.4\times55&2.4\times100\end{pmatrix}=\begin{pmatrix}96&144&252\\420&312&456\\288&168&324\\192&132&240\end{pmatrix}.$$

练习 4 设矩阵 $\boldsymbol{A}=\begin{pmatrix}-1&4&3\\5&2&5\\1&0&-3\\2&-1&3\end{pmatrix}$，则 $5\boldsymbol{A}=$________.

矩阵的数乘满足下列运算律(设 $\boldsymbol{A},\boldsymbol{B}$ 都是 $m\times n$ 矩阵，λ,μ 是任意实数)：

(1) 结合律 $(\lambda\mu)\boldsymbol{A}=\lambda(\mu\boldsymbol{A})$；

(2) 分配率 $(\lambda+\mu)\boldsymbol{A}=\lambda\boldsymbol{A}+\mu\boldsymbol{A}$；$\lambda(\boldsymbol{A}+\boldsymbol{B})=\lambda\boldsymbol{A}+\lambda\boldsymbol{B}$.

注意 矩阵的加减与数乘统称为矩阵的线性运算.

例题 5 设矩阵

$$\boldsymbol{A}=\begin{pmatrix}3&-2&7&5\\1&0&4&-3\\6&8&0&2\end{pmatrix},\boldsymbol{B}=\begin{pmatrix}-2&0&1&4\\5&-1&7&6\\4&-2&1&-9\end{pmatrix},$$

求 $3\boldsymbol{A}-2\boldsymbol{B}$.

解 由已知得

$$3\boldsymbol{A}=3\begin{pmatrix}3&-2&7&5\\1&0&4&-3\\6&8&0&2\end{pmatrix}=\begin{pmatrix}9&-6&21&15\\3&0&12&-9\\18&24&0&6\end{pmatrix},$$

$$2\boldsymbol{B}=2\begin{pmatrix}-2&0&1&4\\5&-1&7&6\\4&-2&1&-9\end{pmatrix}=\begin{pmatrix}-4&0&2&8\\10&-2&14&12\\8&-4&2&-18\end{pmatrix}.$$

所以

$$3\boldsymbol{A}-2\boldsymbol{B}=\begin{pmatrix}13 & -6 & 19 & 7\\ -7 & 2 & -2 & -21\\ 10 & 28 & -2 & 24\end{pmatrix}.$$

练习 5 设矩阵

$$\boldsymbol{A}=\begin{pmatrix}12 & 13 & 8\\ 6 & 5 & 3\\ 2 & -1 & 0\end{pmatrix},\boldsymbol{B}=\begin{pmatrix}3 & 4 & 2\\ 6 & -1 & 0\\ -4 & -4 & 6\end{pmatrix},$$

且满足 $\boldsymbol{A}-3\boldsymbol{X}=\boldsymbol{B}$，求矩阵 $\boldsymbol{X}$.

解

日期：________________ 教师：________________

6.8 矩阵的运算(二)

学习内容：矩阵的运算(矩阵的乘法、矩阵的转置、方阵的行列式).

目的要求：理解矩阵乘法、矩阵转置的概念，熟练掌握矩阵乘法、矩阵转置、方阵行列式的计算方法.

重点难点：矩阵转置的概念及运算，矩阵的乘法、方阵行列式的计算.

课前探讨

1. 阐述矩阵与矩阵相乘的概念及运算方法，并举例(至少 2 个).
2. 阐述矩阵乘法的运算律.
3. 阐述 n 阶方阵的幂的定义，并举例(至少 2 个).
4. 阐述矩阵方程的定义.
5. 阐述矩阵转置的定义，并举例(至少 2 个).
6. 阐述矩阵转置的运算律.
7. 阐述方阵行列式的定义，并举例(至少 2 个).
8. 阐述方阵行列式的运算律.

课堂讲习

案例 设矩阵

$$\boldsymbol{A}=\begin{pmatrix}2 & -1 & 4\\ 0 & 3 & -2\end{pmatrix},\boldsymbol{B}=\begin{pmatrix}7 & 4 & 0\\ -1 & 3 & 2\end{pmatrix},$$

求 $\boldsymbol{A}^{\mathrm{T}}\boldsymbol{B}$.

6.8.1 矩阵的乘法

1. 矩阵与矩阵的乘法

引例 已知 $a_i(i=1,2)$站到 $b_j(j=1,2,3)$站有 a_{ij} 条路，而 b_j 站到 $c_k(k=1,2)$站有 b_{jk} 条路，问 a_i 站到 c_k 站分别有几条路？

解 用

$$A=\begin{pmatrix}a_{11} & a_{12} & a_{13}\\ a_{21} & a_{22} & a_{23}\end{pmatrix}$$

表示 $a_i(i=1,2)$站到 $b_j(j=1,2,3)$站的路数矩阵，用

$$B=\begin{pmatrix}b_{11} & b_{12}\\ b_{21} & b_{22}\\ b_{31} & b_{32}\end{pmatrix}$$

表示 $b_j(j=1,2,3)$站到 $c_k(k=1,2)$站的路数矩阵.

显然 a_i 站到 c_k 站的路数为：$a_{i1}b_{1k}+a_{i2}b_{2k}+a_{i3}b_{3k}$，用

$$C=\begin{pmatrix}c_{11} & c_{12}\\ c_{21} & c_{22}\end{pmatrix}$$

表示 a_i 站到 c_k 站的路数矩阵，其中

$$c_{ik}=a_{i1}b_{1k}+a_{i2}b_{2k}+a_{i3}b_{3k}.$$

$\boldsymbol{C}$ 可以看成 $\boldsymbol{A}$ 与 $\boldsymbol{B}$ 运算的结果.

定义 1 设 $\boldsymbol{A}=(a_{ij})_{m\times s}$，$B=(b_{ij})_{s\times n}$，则规定 $\boldsymbol{A}$ 与 $\boldsymbol{B}$ 的**乘积**是一个 $m\times n$ 矩阵 $\boldsymbol{C}=(c_{ij})_{m\times n}$，其中

$$c_{ij}=a_{i1}b_{1j}+a_{i2}b_{2j}+\cdots+a_{is}b_{sj}=\sum_{k=1}^{s}a_{ik}b_{kj}\,(i=1,2,\cdots,m;j=1,2,\cdots,n),$$

记作
$$\boldsymbol{C}=\boldsymbol{AB}.$$

注意 (1) 一个 $1\times s$ 行矩阵与一个 $s\times 1$ 列矩阵相乘

$$(a_{i1},a_{i2},\cdots,a_{is})\begin{pmatrix}b_{1j}\\ b_{2j}\\ \vdots\\ b_{sj}\end{pmatrix}=\sum_{k=1}^{s}a_{ik}b_{kj}=c_{ij}.$$

故 $\boldsymbol{AB}=\boldsymbol{C}$ 的第 i 行第 j 列位置上的元素 c_{ij} 就是 $\boldsymbol{A}$ 的第 i 行与 $\boldsymbol{B}$ 的第 j 列的乘积.

(2) 只有矩阵 $\boldsymbol{A}$ 的列数等于矩阵 $\boldsymbol{B}$ 的行数时，$\boldsymbol{AB}$ 才有意义(乘法可行).

例题 1 设矩阵

$$\boldsymbol{A}=\begin{pmatrix}3 & -1 & 1\\ -2 & 0 & 2\end{pmatrix},\ \boldsymbol{B}=\begin{pmatrix}1 & 0 & 0 & 0\\ 1 & 2 & 0 & 0\\ 2 & 1 & 3 & 4\end{pmatrix},$$

求 $\boldsymbol{AB}$.

解 因为 $\boldsymbol{A}$ 是 2×3 矩阵，$\boldsymbol{B}$ 是 3×4 矩阵，$\boldsymbol{A}$ 的列数等于 $\boldsymbol{B}$ 的行数，所以 $\boldsymbol{A}$ 与 $\boldsymbol{B}$ 可以相乘，其乘积 $\boldsymbol{AB}=\boldsymbol{C}$ 是一个 2×4 矩阵. 由矩阵相乘的定义得

$$c_{11}=(3\quad -1\quad 1)\begin{pmatrix}1\\ 1\\ 2\end{pmatrix}=3\times 1+(-1)\times 1+1\times 2=4,$$

$$c_{12}=(3\quad -1\quad 1)\begin{pmatrix}0\\ 2\\ 1\end{pmatrix}=3\times 0+(-1)\times 2+1\times 1=-1,$$

$$c_{13}=(3\quad -1\quad 1)\begin{pmatrix}0\\0\\3\end{pmatrix}=3\times 0+(-1)\times 0+1\times 3=3,$$

$$c_{14}=(3\quad -1\quad 1)\begin{pmatrix}0\\0\\4\end{pmatrix}=3\times 0+(-1)\times 0+1\times 4=4.$$

同理可得 $c_{21}=2, c_{22}=2, c_{23}=6, c_{24}=8$.

所以
$$\boldsymbol{AB}=\begin{pmatrix}4 & -1 & 3 & 4\\2 & 2 & 6 & 8\end{pmatrix}.$$

注意 $\boldsymbol{BA}$ 乘法不可行.

练习 1 设矩阵

$$\boldsymbol{A}=\begin{pmatrix}4 & 3\\2 & 1\end{pmatrix},\boldsymbol{B}=\begin{pmatrix}5 & 3 & 1\\4 & 1 & -1\end{pmatrix},$$

求 $\boldsymbol{AB}$.

解

例题 2 设矩阵

$$\boldsymbol{A}=\begin{pmatrix}4 & -2\\-2 & 1\end{pmatrix},\boldsymbol{B}=\begin{pmatrix}3 & 6\\-2 & -4\end{pmatrix},$$

求 $\boldsymbol{AB}$ 及 $\boldsymbol{BA}$.

解 由已知得

$$\boldsymbol{AB}=\begin{pmatrix}4 & -2\\-2 & 1\end{pmatrix}\begin{pmatrix}3 & 6\\-2 & -4\end{pmatrix}=\begin{pmatrix}16 & 32\\-8 & -16\end{pmatrix},$$

$$\boldsymbol{BA}=\begin{pmatrix}3 & 6\\-2 & -4\end{pmatrix}\begin{pmatrix}4 & -2\\-2 & 1\end{pmatrix}=\begin{pmatrix}0 & 0\\0 & 0\end{pmatrix}.$$

由此发现：

(1) $\boldsymbol{AB}\neq\boldsymbol{BA}$(不满足交换律)；(2) $\boldsymbol{A}\neq\boldsymbol{O},\boldsymbol{B}\neq\boldsymbol{O}$,却可能有 $\boldsymbol{BA}=\boldsymbol{O}$.

练习 2 设矩阵

$$\boldsymbol{A}=\begin{pmatrix}0 & 0\\1 & 1\end{pmatrix},\boldsymbol{B}=\begin{pmatrix}1 & 0\\1 & 0\end{pmatrix},$$

求 $\boldsymbol{AB}$ 及 $\boldsymbol{BA}$.

解

2. 矩阵乘法的运算律(假定运算都是可行的)

① 乘法结合律　$(\boldsymbol{AB})\boldsymbol{C}=\boldsymbol{A}(\boldsymbol{BC})$；

② 左乘分配律　$\boldsymbol{A}(\boldsymbol{B}+\boldsymbol{C})=\boldsymbol{AB}+\boldsymbol{AC}$，

右乘分配律　$(\boldsymbol{A}+\boldsymbol{B})\boldsymbol{C}=\boldsymbol{AC}+\boldsymbol{BC}$；

③ 数乘结合率　$\lambda(\boldsymbol{AB})=(\lambda\boldsymbol{A})\boldsymbol{B}=\boldsymbol{A}(\lambda\boldsymbol{B})$；

④ $\boldsymbol{EA}=\boldsymbol{A},\boldsymbol{BE}=\boldsymbol{B}$(单位矩阵的意义所在).

3. n 阶方阵的幂

定义 2　设 $\boldsymbol{A}$ 为 n 阶方阵，k 是正整数，将 k 个 $\boldsymbol{A}$ 连乘的积称为**方阵 $\boldsymbol{A}$ 的 k 次幂**，记作 $\boldsymbol{A}^k$，即 $\boldsymbol{A}^k=\underbrace{\boldsymbol{AA}\cdots\boldsymbol{A}}_{k个}$.

当 k,l 都是正整数时，由矩阵乘法结合律，可得 $\boldsymbol{A}^k\boldsymbol{A}^l=\boldsymbol{A}^{k+l}$，$(\boldsymbol{A}^k)^l=\boldsymbol{A}^{kl}$. 因为矩阵乘法一般不满足交换律，所以一般地 $(\boldsymbol{AB})^k\neq\boldsymbol{A}^k\boldsymbol{B}^k$. 一般地，我们规定 $\boldsymbol{A}^0=\boldsymbol{E},\boldsymbol{A}^1=\boldsymbol{A}$.

例题 3　计算矩阵

$$\begin{pmatrix}1 & 1\\0 & 1\end{pmatrix}^k (k 为正整数).$$

解　设

$$\boldsymbol{A}=\begin{pmatrix}1 & 1\\0 & 1\end{pmatrix},$$

则

$$\boldsymbol{A}^2=\boldsymbol{AA}=\begin{pmatrix}1 & 1\\0 & 1\end{pmatrix}\begin{pmatrix}1 & 1\\0 & 1\end{pmatrix}=\begin{pmatrix}1 & 2\\0 & 1\end{pmatrix},$$

$$\boldsymbol{A}^3=\boldsymbol{A}^2\boldsymbol{A}=\begin{pmatrix}1 & 2\\0 & 1\end{pmatrix}\begin{pmatrix}1 & 1\\0 & 1\end{pmatrix}=\begin{pmatrix}1 & 3\\0 & 1\end{pmatrix}.$$

假设 $\boldsymbol{A}^{k-1}=\begin{pmatrix}1 & k-1\\0 & 1\end{pmatrix}$ 成立，其中 $k\geqslant 2$，

则

$$\boldsymbol{A}^k=\boldsymbol{A}^{k-1}\boldsymbol{A}=\begin{pmatrix}1 & k-1\\0 & 1\end{pmatrix}\begin{pmatrix}1 & 1\\0 & 1\end{pmatrix}=\begin{pmatrix}1 & k\\0 & 1\end{pmatrix}.$$

于是由归纳法知，对于任意正整数 k，有

$$\begin{pmatrix}1 & 1\\0 & 1\end{pmatrix}^k=\begin{pmatrix}1 & k\\0 & 1\end{pmatrix}.$$

练习 3　设矩阵

$$\boldsymbol{A}=\begin{pmatrix}1 & 0\\\lambda & 1\end{pmatrix},$$

计算 $\boldsymbol{A}^k$(k 为正整数).

解

4. 矩阵方程

学习了矩阵的乘法，我们可以把线性方程组写成矩阵形式：

对于 $\begin{cases} a_{11}x_1+a_{12}x_2+\cdots+a_{1n}x_n=b_1, \\ a_{21}x_1+a_{22}x_2+\cdots+a_{2n}x_n=b_2, \\ \cdots\cdots\cdots\cdots \\ a_{m1}x_1+a_{m2}x_2+\cdots+a_{mn}x_n=b_m, \end{cases}$

其中，令
$$\boldsymbol{A}=\begin{pmatrix} a_{11} & a_{12} & \cdots & a_{1n} \\ a_{21} & a_{22} & \cdots & a_{2n} \\ \vdots & \vdots & & \vdots \\ a_{m1} & a_{m2} & \cdots & a_{mn} \end{pmatrix}, \boldsymbol{X}=\begin{pmatrix} x_1 \\ x_2 \\ \vdots \\ x_n \end{pmatrix}, \boldsymbol{B}=\begin{pmatrix} b_1 \\ b_2 \\ \vdots \\ b_m \end{pmatrix},$$
那么该方程组的矩阵形式为 $\boldsymbol{AX}=\boldsymbol{B}$，这种形式的方程称为**矩阵方程**.

6.8.2 矩阵的转置

定义 3 设矩阵
$$\boldsymbol{A}=\begin{pmatrix} a_{11} & a_{12} & \cdots & a_{1n} \\ a_{21} & a_{22} & \cdots & a_{2n} \\ \vdots & \vdots & & \vdots \\ a_{m1} & a_{m2} & \cdots & a_{mn} \end{pmatrix},$$
把 $m\times n$ 矩阵 $\boldsymbol{A}$ 的各行均换成同序数的列，所得到的 $n\times m$ 矩阵称为矩阵 $\boldsymbol{A}$ **的转置矩阵**，记作 $\boldsymbol{A}^{\mathrm{T}}$（或 $\boldsymbol{A}'$），即
$$\boldsymbol{A}^{\mathrm{T}}=\begin{pmatrix} a_{11} & a_{21} & \cdots & a_{m1} \\ a_{12} & a_{22} & \cdots & a_{m2} \\ \vdots & \vdots & & \vdots \\ a_{1n} & a_{2n} & \cdots & a_{mn} \end{pmatrix}.$$

例如，$\boldsymbol{A}=\begin{pmatrix} 2 & 0 & -1 \\ 1 & 3 & 2 \end{pmatrix}$，$\boldsymbol{A}^{\mathrm{T}}=\begin{pmatrix} 2 & 1 \\ 0 & 3 \\ -1 & 2 \end{pmatrix}$.

显然，(1) $(\boldsymbol{A}^{\mathrm{T}})^{\mathrm{T}}=\boldsymbol{A}$；(2) 方阵 $\boldsymbol{A}$ 是对称矩阵的充要条件是 $\boldsymbol{A}=\boldsymbol{A}^{\mathrm{T}}$.

例题 4 已知矩阵
$$\boldsymbol{A}=\begin{pmatrix} 2 & 1 & 4 & 0 \\ 1 & -1 & 3 & 4 \end{pmatrix}, \boldsymbol{B}=\begin{pmatrix} 1 & 3 & 1 \\ 0 & -1 & 2 \\ 1 & -3 & 1 \\ 4 & 0 & -2 \end{pmatrix},$$
求 $(\boldsymbol{AB})^{\mathrm{T}}, \boldsymbol{A}^{\mathrm{T}}, \boldsymbol{B}^{\mathrm{T}}, \boldsymbol{B}^{\mathrm{T}}\boldsymbol{A}^{\mathrm{T}}$.

解 由已知得
$$\boldsymbol{AB}=\begin{pmatrix} 2 & 1 & 4 & 0 \\ 1 & -1 & 3 & 4 \end{pmatrix}\begin{pmatrix} 1 & 3 & 1 \\ 0 & -1 & 2 \\ 1 & -3 & 1 \\ 4 & 0 & -2 \end{pmatrix}=\begin{pmatrix} 6 & -7 & 8 \\ 20 & -5 & -6 \end{pmatrix},$$

所以

$$(\boldsymbol{AB})^{\mathrm{T}}=\begin{pmatrix}6 & 20\\ -7 & -5\\ 8 & -6\end{pmatrix},$$

$$\boldsymbol{A}^{\mathrm{T}}=\begin{pmatrix}2 & 1\\ 1 & -1\\ 4 & 3\\ 0 & 4\end{pmatrix},\boldsymbol{B}^{\mathrm{T}}=\begin{pmatrix}1 & 0 & 1 & 4\\ 3 & -1 & -3 & 0\\ 1 & 2 & 1 & -2\end{pmatrix},$$

$$\boldsymbol{B}^{\mathrm{T}}\boldsymbol{A}^{\mathrm{T}}=\begin{pmatrix}1 & 0 & 1 & 4\\ 3 & -1 & -3 & 0\\ 1 & 2 & 1 & -2\end{pmatrix}\begin{pmatrix}2 & 1\\ 1 & -1\\ 4 & 3\\ 0 & 4\end{pmatrix}=\begin{pmatrix}6 & 20\\ -7 & -5\\ 8 & -6\end{pmatrix}.$$

根据计算可以看出 $(\boldsymbol{AB})^{\mathrm{T}}=\boldsymbol{B}^{\mathrm{T}}\boldsymbol{A}^{\mathrm{T}}$.

练习 4 已知矩阵

$$\boldsymbol{A}=\begin{pmatrix}1 & 2\\ -1 & 0\\ 0 & 3\end{pmatrix},\boldsymbol{B}=\begin{pmatrix}1 & 1 & 0\\ -1 & 0 & 1\end{pmatrix},$$

求 $(\boldsymbol{AB})^{\mathrm{T}},\boldsymbol{A}^{\mathrm{T}},\boldsymbol{B}^{\mathrm{T}},\boldsymbol{B}^{\mathrm{T}}\boldsymbol{A}^{\mathrm{T}}$.

解

一般地，矩阵转置满足以下运算律：

(1) $(\boldsymbol{A}^{\mathrm{T}})^{\mathrm{T}}=\boldsymbol{A}$；

(2) $(\boldsymbol{A}+\boldsymbol{B})^{\mathrm{T}}=\boldsymbol{A}^{\mathrm{T}}+\boldsymbol{B}^{\mathrm{T}}$；

(3) $(k\boldsymbol{A})^{\mathrm{T}}=k\boldsymbol{A}^{\mathrm{T}}$；

(4) $(\boldsymbol{AB})^{\mathrm{T}}=\boldsymbol{B}^{\mathrm{T}}\boldsymbol{A}^{\mathrm{T}}$.

6.8.3 方阵的行列式

定义 4 由 n 阶方阵 $\boldsymbol{A}$ 的元素所构成的 n 阶行列式(各元素的位置不变)，称为**方阵 $\boldsymbol{A}$ 的行列式**，记作 $|\boldsymbol{A}|$ 或 $\det\boldsymbol{A}$.

也就是说，若

$$\boldsymbol{A}=\begin{pmatrix}a_{11} & a_{12} & \cdots & a_{1n}\\ a_{21} & a_{22} & \cdots & a_{2n}\\ \vdots & \vdots & & \vdots\\ a_{n1} & a_{n2} & \cdots & a_{nn}\end{pmatrix},$$

那么

$$|\boldsymbol{A}|=\begin{vmatrix} a_{11} & a_{12} & \cdots & a_{1n} \\ a_{21} & a_{22} & \cdots & a_{2n} \\ \vdots & \vdots & & \vdots \\ a_{n1} & a_{n2} & \cdots & a_{nn} \end{vmatrix}.$$

注意 方阵与其行列式不同，前者为数表，后者为一个数.

方阵的行列式满足下列运算律（设 $\boldsymbol{A},\boldsymbol{B}$ 为 n 阶方阵，k 为常数）：

(1) $|\boldsymbol{A}^{\mathrm{T}}|=|\boldsymbol{A}|$；

(2) $|k\boldsymbol{A}|=k^n|\boldsymbol{A}|$；

(3) $|\boldsymbol{AB}|=|\boldsymbol{A}||\boldsymbol{B}|$.

(3)式表明，对于同阶方阵 $\boldsymbol{A},\boldsymbol{B}$，虽然一般 $\boldsymbol{AB}\neq\boldsymbol{BA}$，但 $|\boldsymbol{AB}|=|\boldsymbol{BA}|$.

例题 5 设矩阵

$$\boldsymbol{A}=\begin{pmatrix} 1 & 2 \\ 3 & 3 \end{pmatrix},\boldsymbol{B}=\begin{pmatrix} 1 & 2 \\ -1 & 3 \end{pmatrix},$$

求 $|\boldsymbol{AB}|$.

解法 1 由已知得

$$\boldsymbol{AB}=\begin{pmatrix} -1 & 8 \\ 0 & 15 \end{pmatrix},$$

所以

$$|\boldsymbol{AB}|=\begin{vmatrix} -1 & 8 \\ 0 & 15 \end{vmatrix}=-15.$$

解法 2 由已知得

$$|\boldsymbol{AB}|=|\boldsymbol{A}||\boldsymbol{B}|=\begin{vmatrix} 1 & 2 \\ 3 & 3 \end{vmatrix}\begin{vmatrix} 1 & 2 \\ -1 & 3 \end{vmatrix}=(-3)\times 5=-15.$$

练习 5 设矩阵

$$\boldsymbol{A}=\begin{pmatrix} -1 & -1 & -3 \\ 0 & -1 & 0 \\ 0 & 0 & 3 \end{pmatrix},$$

求 $|3\boldsymbol{A}|$.

解

日期：________________ 教师：________________

6.9 矩阵的初等变换与矩阵的秩

学习内容：矩阵的初等变换，矩阵的秩.
目的要求：掌握矩阵的初等变换和矩阵秩的概念，会运用定义及初等变换法求矩阵的秩.
重点难点：矩阵的初等变换，初等变换法求矩阵的秩.

课前探讨

1. 阐述矩阵的初等变换的定义，并举例(至少 2 个).
2. 阐述阶梯形矩阵、行最简阶梯形矩阵的概念，并举例(至少 2 个).
3. 阐述 k 阶子式的定义，并举例(至少 2 个).
4. 阐述矩阵的秩的概念.
5. 用初等行变换把矩阵 $\begin{pmatrix} 2 & 0 & -1 & 3 \\ 1 & 2 & -2 & 4 \\ 0 & 1 & 3 & -1 \end{pmatrix}$ 化为行最简阶梯形矩阵.
6. 用初等行变换求下列矩阵的秩：

$$\boldsymbol{A}=\begin{pmatrix} 1 & 1 & 2 & 2 & 1 \\ 0 & 2 & 1 & 5 & -1 \\ 2 & 0 & 3 & -1 & 3 \\ 1 & 1 & 0 & 4 & -1 \end{pmatrix}.$$

课堂讲习

案例 求矩阵

$$\boldsymbol{A}=\begin{pmatrix} 2 & 3 & -5 & 4 \\ 0 & -2 & 6 & -4 \\ -1 & 1 & -5 & 3 \\ 3 & -1 & 9 & -5 \end{pmatrix}$$

的秩.

6.9.1 矩阵的初等变换

定义 1 对矩阵施以下列 3 种变换，称为矩阵的**初等变换**：

(1) 串位变换：任意交换矩阵的两行(列)，用 $r_i \leftrightarrow r_j(c_i \leftrightarrow c_j)$ 表示第 i 行(列)和第 j 行(列)互换.

(2) 数乘变换：以一个非零的数 k 乘以矩阵的某一行(列)的所有元素，用 $kr_i(kc_i)$ 表示用 $k(k \neq 0)$ 乘以第 i 行(列).

(3) 消元变换：把矩阵的某一行(列)所有元素的 k 倍加于另一行(列)的对应元素上去，用 $kr_i + r_j(kc_i + c_j)$ 表示把第 i 行(列)的 k 倍加到第 j 行(列)上.

只对行进行的初等变换称为**初等行变换**(以下讨论中只对矩阵的行进行变换).

定义 2 满足以下条件的矩阵称为**阶梯形矩阵**：

(1) 矩阵的所有零行(若存在的话)在矩阵的最下方；

(2) 各个非零行的首个非零元素的列标随着行标递增而严格增大.

例如，$\begin{pmatrix} 0 & 3 & 2 & 0 \\ 0 & 0 & -2 & 3 \\ 0 & 0 & 0 & 0 \end{pmatrix}, \begin{pmatrix} 1 & 3 & 2 & 4 \\ 0 & 2 & 1 & 1 \\ 0 & 0 & 0 & 5 \end{pmatrix}, \begin{pmatrix} 2 & 1 & 0 & 6 & 3 \\ 0 & 1 & 3 & 0 & 0 \\ 0 & 0 & 0 & 2 & 1 \\ 0 & 0 & 0 & 0 & 0 \end{pmatrix}$.

定义 3 满足以下条件的阶梯形矩阵称为**行最简阶梯形矩阵**：

(1) 非零行的首个非零元素都是 1；

(2) 首个非零元素所在列的其余元素都为 0.

例如，$\begin{pmatrix} 1 & 0 & 2 & 0 & 3 \\ 0 & 1 & 3 & 0 & 0 \\ 0 & 0 & 0 & 1 & 1 \\ 0 & 0 & 0 & 0 & 0 \end{pmatrix}, \begin{pmatrix} 1 & 2 & 0 & 0 & 0 & -7 \\ 0 & 0 & 1 & 1 & 0 & 6 \\ 0 & 0 & 0 & 0 & 1 & 1 \\ 0 & 0 & 0 & 0 & 0 & 0 \end{pmatrix}$.

定理 1 任一矩阵经过有限次初等行变换都可转化为阶梯形矩阵，进而转化为行最简阶梯形矩阵.

例题 1 用初等行变换将矩阵

$$\boldsymbol{A} = \begin{pmatrix} 2 & 0 & -1 & 3 \\ 1 & 2 & -2 & 4 \\ 0 & 1 & 3 & -1 \end{pmatrix}$$

化为行最简阶梯形矩阵.

解 $\begin{pmatrix} 2 & 0 & -1 & 3 \\ 1 & 2 & -2 & 4 \\ 0 & 1 & 3 & -1 \end{pmatrix} \xrightarrow{r_1 \leftrightarrow r_2} \begin{pmatrix} 1 & 2 & -2 & 4 \\ 2 & 0 & -1 & 3 \\ 0 & 1 & 3 & -1 \end{pmatrix} \xrightarrow{-2r_1 + r_2} \begin{pmatrix} 1 & 2 & -2 & 4 \\ 0 & -4 & 3 & -5 \\ 0 & 1 & 3 & -1 \end{pmatrix}$

$\xrightarrow{r_2 \leftrightarrow r_3} \begin{pmatrix} 1 & 2 & -2 & 4 \\ 0 & 1 & 3 & -1 \\ 0 & -4 & 3 & -5 \end{pmatrix} \xrightarrow{4r_2 + r_3} \begin{pmatrix} 1 & 2 & -2 & 4 \\ 0 & 1 & 3 & -1 \\ 0 & 0 & 15 & -9 \end{pmatrix}$(阶梯形矩阵)

$\xrightarrow{\frac{1}{15}r_3} \begin{pmatrix} 1 & 2 & -2 & 4 \\ 0 & 1 & 3 & -1 \\ 0 & 0 & 1 & -\frac{3}{5} \end{pmatrix} \xrightarrow[2r_3 + r_1]{-3r_3 + r_2} \begin{pmatrix} 1 & 2 & 0 & \frac{14}{5} \\ 0 & 1 & 0 & \frac{4}{5} \\ 0 & 0 & 1 & -\frac{3}{5} \end{pmatrix}$

$$\xrightarrow{-2r_2+r_1}\begin{pmatrix}1&0&0&\frac{6}{5}\\0&1&0&\frac{4}{5}\\0&0&1&-\frac{3}{5}\end{pmatrix}\text{（行最简阶梯形矩阵）}.$$

练习 1 用初等行变换把矩阵

$$A=\begin{pmatrix}2&-1&-1&1&2\\1&1&-2&1&4\\4&-6&2&-2&4\\3&6&-9&7&9\end{pmatrix}$$

化为行最简阶梯形矩阵.

解

6.9.2 矩阵的秩

矩阵的秩是一个很重要的概念，在研究线性方程组的解等方面起着非常关键的作用.

定义 4 在矩阵 $A_{m\times n}$ 中任取 k 行 k 列（$k\leqslant m$ 且 $k\leqslant n$），由位于这些行列相交处的元素按原来的位置次序构成的 k 阶行列式，称为矩阵 A 的一个 **k 阶子式**，记作 $D_k(A)$.

$D_k(A)$ 共有 $C_m^k\cdot C_n^k$ 个.

例如，矩阵 $A_{3\times4}=\begin{pmatrix}a_{11}&a_{12}&a_{13}&a_{14}\\a_{21}&a_{22}&a_{23}&a_{24}\\a_{31}&a_{32}&a_{33}&a_{34}\end{pmatrix}$ 有 4 个三阶子式，18 个二阶子式.

定义 5 若矩阵 A 中不为零的子式的最高阶数是 r，则称 r 为矩阵 A 的**秩**，记作

$$r(A)=r.$$

并有如下结论：

(1) $r(A)=0\Leftrightarrow A=O$；

(2) 对于矩阵 $A_{m\times n}$，有 $0\leqslant r(A)\leqslant\min(m,n)$；

(3) 若 $r(A)=r$，则矩阵 A 中至少有一个 $D_r(A)\neq0$，而所有的 $D_{r+1}(A)=0$.

定义 6 对于矩阵 $A_{n\times n}$，若 $r(A)=n$，则称矩阵 A 为**满秩方阵**；若 $r(A)<n$，则称矩阵 A 为**降秩方阵**.

由定义 6 可知 A 为满秩方阵 $\Leftrightarrow|A|\neq0$.

例题 2 求下列矩阵的秩：

$$\boldsymbol{A}=\begin{pmatrix}1 & 1 & 0 & 0\\ 1 & 0 & 1 & 1\\ 2 & -1 & 3 & 3\end{pmatrix},\boldsymbol{B}=\begin{pmatrix}1 & 0 & 1 & 0\\ 2 & 1 & -1 & -3\\ 1 & 0 & -3 & -1\\ 0 & 2 & -6 & 3\end{pmatrix}.$$

解 $\boldsymbol{A}$ 的所有三阶子式(4 个)：

$$\begin{vmatrix}1 & 1 & 0\\ 1 & 0 & 1\\ 2 & -1 & 3\end{vmatrix}=0,\begin{vmatrix}1 & 1 & 0\\ 1 & 0 & 1\\ 2 & -1 & 3\end{vmatrix}=0,\begin{vmatrix}1 & 0 & 0\\ 1 & 1 & 1\\ 2 & 3 & 3\end{vmatrix}=0,\begin{vmatrix}1 & 0 & 0\\ 0 & 1 & 1\\ -1 & 3 & 3\end{vmatrix}=0.$$

而
$$D_2(\boldsymbol{A})=\begin{vmatrix}1 & 1\\ 1 & 0\end{vmatrix}=-1\neq 0,$$

所以
$$r(\boldsymbol{A})=2.$$

因为

$$|\boldsymbol{B}|=\begin{vmatrix}1 & 0 & 1 & 0\\ 2 & 1 & -1 & -3\\ 1 & 0 & -3 & -1\\ 0 & 2 & -6 & 3\end{vmatrix}\xlongequal{-c_1+c_3}\begin{vmatrix}1 & 0 & 0 & 0\\ 2 & 1 & -3 & -3\\ 1 & 0 & -4 & -1\\ 0 & 2 & -6 & 3\end{vmatrix}=\begin{vmatrix}1 & -3 & -3\\ 0 & -4 & -1\\ 2 & -6 & 3\end{vmatrix}$$

$$\xlongequal{-2r_1+r_3}\begin{vmatrix}1 & -3 & -3\\ 0 & -4 & -1\\ 0 & 0 & 9\end{vmatrix}=-36\neq 0.$$

所以
$$r(\boldsymbol{B})=4.$$

练习 2 求下列矩阵的秩：

$$\boldsymbol{A}=\begin{pmatrix}1 & 0 & -1 & 0\\ 2 & 1 & -3 & 1\\ 3 & -2 & 0 & 3\end{pmatrix},\boldsymbol{B}=\begin{pmatrix}2 & -3 & 8 & 2\\ 1 & 6 & -1 & 6\\ 1 & 3 & 1 & 4\end{pmatrix}.$$

解

6.9.3 利用初等变换求矩阵的秩

定理 2 矩阵的初等变换不改变矩阵的秩(证明略).

推论 矩阵 $\boldsymbol{A}$ 经过有限次初等行变换转化为阶梯形矩阵，则该阶梯形矩阵非零行的个数 r 即为矩阵 $\boldsymbol{A}$ 的秩.

例题 3　求 $r(\boldsymbol{A})$，其中

$$\boldsymbol{A}=\begin{pmatrix}1&1&2&2&1\\0&2&1&5&-1\\2&0&3&-1&3\\1&1&0&4&-1\end{pmatrix}.$$

解　$$\boldsymbol{A}=\begin{pmatrix}1&1&2&2&1\\0&2&1&5&-1\\2&0&3&-1&3\\1&1&0&4&-1\end{pmatrix}\xrightarrow[-r_1+r_4]{-2r_1+r_3}\begin{pmatrix}1&1&2&2&1\\0&2&1&5&-1\\0&-2&-1&-5&1\\0&0&-2&2&-2\end{pmatrix}$$

$$\xrightarrow{r_2+r_3}\begin{pmatrix}1&1&2&2&1\\0&2&1&5&-1\\0&0&0&0&0\\0&0&-2&2&-2\end{pmatrix}\xrightarrow{r_3\leftrightarrow r_4}\begin{pmatrix}1&1&2&2&1\\0&2&1&5&-1\\0&0&-2&2&-2\\0&0&0&0&0\end{pmatrix}\text{(阶梯形矩阵)}.$$

由此可看出 $r(\boldsymbol{A})=3$.

注意　在具体的解题过程中，如果矩阵 $\boldsymbol{A}$ 经过几次初等变换后便可看出 $r(\boldsymbol{A})$ 的秩时，就不必再将 $\boldsymbol{A}$ 化为阶梯形矩阵.

练习 3　求矩阵

$$\boldsymbol{A}=\begin{pmatrix}2&3&-5&4\\0&-2&6&-4\\-1&1&-5&3\\3&-1&9&-5\end{pmatrix}$$

的秩.

解

日期：______________ 教师：______________

6.10 逆矩阵的概念与求解

学习内容：逆矩阵的概念与求解.

目的要求：掌握逆矩阵的概念、性质，熟练掌握逆矩阵存在的条件，学会使用伴随矩阵及初等行变换求逆矩阵.

重点难点：逆矩阵的概念、性质及存在的条件，用伴随矩阵及初等行变换求逆矩阵.

课前探讨

1. 阐述逆矩阵的定义，并举例(至少 2 个).
2. 叙述并证明逆矩阵的 4 条性质.
3. 矩阵可逆的条件是什么?
4. 阐述伴随矩阵的概念，并举例(至少 2 个).
5. 阐述利用伴随矩阵求逆矩阵的方法，并举例(至少 2 个).
6. 阐述利用初等行变换求逆矩阵的方法，并举例(至少 2 个).

课堂讲习

案例 求矩阵

$$\boldsymbol{A}=\begin{pmatrix}1&2&3\\2&2&1\\3&4&3\end{pmatrix}$$

的逆矩阵.

6.10.1 逆矩阵的概念与性质

1. 逆矩阵的概念

定义 1 设 $\boldsymbol{A}$ 为 n 阶方阵，若存在一个 n 阶方阵 $\boldsymbol{B}$，使得 $\boldsymbol{AB}=\boldsymbol{BA}=\boldsymbol{E}$，则称方阵 $\boldsymbol{A}$ 可逆，并称方阵 $\boldsymbol{B}$ 为 $\boldsymbol{A}$ 的**逆矩阵**或**逆阵**，记作 $\boldsymbol{B}=\boldsymbol{A}^{-1}$.

注意 (1) 逆阵是对方阵而言的；

(2) 由定义可知此时 $\boldsymbol{AB}=\boldsymbol{BA}$($\boldsymbol{A}$ 与 $\boldsymbol{B}$ 可交换)；

(3) 若 $\boldsymbol{A}$ 的逆矩阵存在，则必唯一.

证 (3) 设 $\boldsymbol{B},\boldsymbol{C}$ 是 $\boldsymbol{A}$ 的任意两个逆矩阵，则 $\boldsymbol{AB}=\boldsymbol{BA}=\boldsymbol{E},\boldsymbol{AC}=\boldsymbol{CA}=\boldsymbol{E}$，而

$$\boldsymbol{B}=\boldsymbol{BE}=\boldsymbol{B}(\boldsymbol{AC})=(\boldsymbol{BA})\boldsymbol{C}=\boldsymbol{EC}=\boldsymbol{C},$$

所以 $\boldsymbol{A}$ 的逆矩阵唯一.

2. 逆矩阵的性质

性质 1 若 $\boldsymbol{A}$ 可逆，则 $\boldsymbol{A}^{-1}$ 亦可逆，且 $(\boldsymbol{A}^{-1})^{-1}=\boldsymbol{A}$.

证 因为 $\boldsymbol{A}$ 可逆，则有 $\boldsymbol{AA}^{-1}=\boldsymbol{A}^{-1}\boldsymbol{A}=\boldsymbol{E}$，从而 $\boldsymbol{A}^{-1}$ 也可逆，且 $\boldsymbol{A}^{-1}$ 的逆阵就是 $\boldsymbol{A}$，即 $(\boldsymbol{A}^{-1})^{-1}=\boldsymbol{A}$.

性质 2 若 $\boldsymbol{A}$ 可逆，数 $k\neq0$，则 $k\boldsymbol{A}$ 可逆，且 $(k\boldsymbol{A})^{-1}=\frac{1}{k}\boldsymbol{A}^{-1}$.

证 因为 $(k\boldsymbol{A})\left(\frac{1}{k}\boldsymbol{A}^{-1}\right)=\left(k\cdot\frac{1}{k}\right)\boldsymbol{AA}^{-1}=\boldsymbol{E}=\left(\frac{1}{k}\cdot k\right)\boldsymbol{A}^{-1}\boldsymbol{A}=\left(\frac{1}{k}\boldsymbol{A}^{-1}\right)(k\boldsymbol{A})$，

所以 $k\boldsymbol{A}$ 也可逆，且

$$(k\boldsymbol{A})^{-1}=\frac{1}{k}\boldsymbol{A}^{-1}.$$

性质 3 若 $\boldsymbol{A}$ 可逆，则 $\boldsymbol{A}^{\mathrm{T}}$ 亦可逆，且 $(\boldsymbol{A}^{\mathrm{T}})^{-1}=(\boldsymbol{A}^{-1})^{\mathrm{T}}$.

证 因为
$$\boldsymbol{A}^{-1}\boldsymbol{A}=\boldsymbol{AA}^{-1}=\boldsymbol{E},$$
所以
$$(\boldsymbol{A}^{-1}\boldsymbol{A})^{\mathrm{T}}=(\boldsymbol{AA}^{-1})^{\mathrm{T}}=\boldsymbol{E}^{\mathrm{T}}.$$
从而 $\boldsymbol{A}^{\mathrm{T}}(\boldsymbol{A}^{-1})^{\mathrm{T}}=(\boldsymbol{A}^{-1})^{\mathrm{T}}\boldsymbol{A}^{\mathrm{T}}=\boldsymbol{E}$，于是 $\boldsymbol{A}^{\mathrm{T}}$ 亦可逆，且
$$(\boldsymbol{A}^{\mathrm{T}})^{-1}=(\boldsymbol{A}^{-1})^{\mathrm{T}}.$$

性质 4 若同阶方阵 $\boldsymbol{A},\boldsymbol{B}$ 都可逆，则 $\boldsymbol{AB}$ 可逆，且 $(\boldsymbol{AB})^{-1}=\boldsymbol{B}^{-1}\boldsymbol{A}^{-1}$.

证 因为
$$(\boldsymbol{AB})(\boldsymbol{B}^{-1}\boldsymbol{A}^{-1})=\boldsymbol{A}(\boldsymbol{BB}^{-1})\boldsymbol{A}^{-1}=\boldsymbol{AEA}^{-1}=\boldsymbol{AA}^{-1}=\boldsymbol{E},$$
$$(\boldsymbol{B}^{-1}\boldsymbol{A}^{-1})(\boldsymbol{AB})=\boldsymbol{B}^{-1}(\boldsymbol{A}^{-1}\boldsymbol{A})\boldsymbol{B}=\boldsymbol{B}^{-1}\boldsymbol{EB}=\boldsymbol{B}^{-1}\boldsymbol{B}=\boldsymbol{E},$$
所以 $\boldsymbol{AB}$ 可逆，且
$$(\boldsymbol{AB})^{-1}=\boldsymbol{B}^{-1}\boldsymbol{A}^{-1}.$$

6.10.2 逆矩阵存在的条件及求法(利用伴随矩阵求逆矩阵)

定义 2 设 A_{ij} 是方阵 $\boldsymbol{A}=(a_{ij})_{n\times n}$ 的行列式 $|\boldsymbol{A}|=\begin{vmatrix}a_{11}&a_{12}&\cdots&a_{1n}\\a_{21}&a_{22}&\cdots&a_{2n}\\\vdots&\vdots&&\vdots\\a_{n1}&a_{n2}&\cdots&a_{nn}\end{vmatrix}$ 中元素 a_{ij} 的代数余子式，称方阵
$$\begin{pmatrix}A_{11}&A_{21}&\cdots&A_{n1}\\A_{12}&A_{22}&\cdots&A_{n2}\\\vdots&\vdots&&\vdots\\A_{1n}&A_{2n}&\cdots&A_{nn}\end{pmatrix}$$
为 $\boldsymbol{A}$ 的**伴随矩阵**，记为 $\boldsymbol{A}^{*}$.

例题 1 设矩阵

$$\boldsymbol{A}=\begin{pmatrix}3&2&1\\1&2&2\\3&4&3\end{pmatrix},$$

求 $\boldsymbol{A}^*$.

解 因为

$$A_{11}=(-1)^{1+1}\begin{vmatrix}2&2\\4&3\end{vmatrix}=-2,$$

$$A_{12}=(-1)^{1+2}\begin{vmatrix}1&2\\3&3\end{vmatrix}=3,$$

$$A_{13}=(-1)^{1+3}\begin{vmatrix}1&2\\3&4\end{vmatrix}=-2.$$

同理可得 $A_{21}=-2, A_{22}=6, A_{23}=-6, A_{31}=2, A_{32}=-5, A_{33}=4$.

所以
$$\boldsymbol{A}^*=\begin{pmatrix}-2&-2&2\\3&6&-5\\-2&-6&4\end{pmatrix}.$$

练习 1 设矩阵

$$\boldsymbol{A}=\begin{pmatrix}a&b\\c&d\end{pmatrix},$$

求 $\boldsymbol{A}^*$.

解

定理 1 方阵 $\boldsymbol{A}=(a_{ij})_{n\times n}$ 可逆 $\Leftrightarrow|\boldsymbol{A}|\neq0$，且 $\boldsymbol{A}^{-1}=\dfrac{\boldsymbol{A}^*}{|\boldsymbol{A}|}$.（证明略）

推论 1 设 $\boldsymbol{A},\boldsymbol{B}$ 为 n 阶方阵，若 $\boldsymbol{AB}=\boldsymbol{E}$（或 $\boldsymbol{BA}=\boldsymbol{E}$），则 $\boldsymbol{B}=\boldsymbol{A}^{-1}$（或 $\boldsymbol{A}=\boldsymbol{B}^{-1}$）.

推论 2 $\boldsymbol{A}$ 可逆 $\Leftrightarrow\boldsymbol{A}$ 为满秩方阵.

例题 2 判断方阵

$$\boldsymbol{A}=\begin{pmatrix}3&2&1\\1&2&2\\3&4&3\end{pmatrix},\boldsymbol{B}=\begin{pmatrix}-1&3&2\\-11&15&1\\-3&3&-1\end{pmatrix}$$

是否可逆？若可逆，求其逆阵.

解 因为 $|\boldsymbol{A}|=-2\neq0$，$|\boldsymbol{B}|=0$，所以 $\boldsymbol{B}$ 不可逆，$\boldsymbol{A}$ 可逆，并且

$$\boldsymbol{A}^{-1}=\frac{\boldsymbol{A}^*}{|\boldsymbol{A}|}=-\frac{1}{2}\begin{pmatrix}-2&-2&2\\3&6&-5\\-2&-6&4\end{pmatrix}=\begin{pmatrix}1&1&-1\\-\frac{3}{2}&-3&\frac{5}{2}\\1&3&-2\end{pmatrix}.$$

练习 2 当 $ad-bc\neq0$，求 $\boldsymbol{A}=\begin{pmatrix}a&b\\c&d\end{pmatrix}$ 的逆矩阵.

解

6.10.3 利用初等行变换求逆矩阵

定理 2 n 阶可逆方阵 $\boldsymbol{A}_n=(a_{ij})_{n\times n}$ 可以经过一系列初等行变换化为 n 阶单位矩阵 $\boldsymbol{E}_n$.

具体方法为：$(\boldsymbol{A}_n \vdots \boldsymbol{E}_n)\xrightarrow{\text{初等行变换}}(\boldsymbol{E}_n \vdots \boldsymbol{A}_n^{-1})$，其中 $(\boldsymbol{A}_n \vdots \boldsymbol{E}_n)$，$(\boldsymbol{E}_n \vdots \boldsymbol{A}_n^{-1})$ 表示 $n\times 2n$ 的矩阵.

例题 3 设矩阵

$$\boldsymbol{A}=\begin{pmatrix}1&2&3\\2&1&2\\1&3&4\end{pmatrix},$$

用初等行变换法求 $\boldsymbol{A}^{-1}$.

解

$$(\boldsymbol{A}\vdots\boldsymbol{E})=\left(\begin{array}{ccc|ccc}1&2&3&1&0&0\\2&1&2&0&1&0\\1&3&4&0&0&1\end{array}\right)\xrightarrow[-r_1+r_3]{-2r_1+r_2}\left(\begin{array}{ccc|ccc}1&2&3&1&0&0\\0&-3&-4&-2&1&0\\0&1&1&-1&0&1\end{array}\right)$$

$$\xrightarrow{r_2\leftrightarrow r_3}\left(\begin{array}{ccc|ccc}1&2&3&1&0&0\\0&1&1&-1&0&1\\0&-3&-4&-2&1&0\end{array}\right)\xrightarrow{3r_2+r_3}\left(\begin{array}{ccc|ccc}1&2&3&1&0&0\\0&1&1&-1&0&1\\0&0&-1&-5&1&3\end{array}\right)$$

$$\xrightarrow[(-1)\times r_3]{\substack{r_3+r_2\\3r_3+r_1}}\left(\begin{array}{ccc|ccc}1&2&0&-14&3&9\\0&1&0&-6&1&4\\0&0&1&5&-1&-3\end{array}\right)\xrightarrow{-2r_2+r_1}\left(\begin{array}{ccc|ccc}1&0&0&-2&1&1\\0&1&0&-6&1&4\\0&0&1&5&-1&-3\end{array}\right).$$

所以

$$\boldsymbol{A}^{-1}=\begin{pmatrix}-2&1&1\\-6&1&4\\5&-1&-3\end{pmatrix}.$$

练习 3 设矩阵

$$\boldsymbol{A}=\begin{pmatrix}1&2&3\\2&2&1\\3&4&3\end{pmatrix},$$

用初等行变换法求 $\boldsymbol{A}^{-1}$.

解

日期：______________ 教师：______________

6.11 第6模块习题课(二)

学习内容：矩阵部分总结.

目的要求：理解矩阵、矩阵转置、矩阵的秩、逆矩阵的概念，熟练掌握矩阵的运算、初等变换及秩的计算，熟练运用初等变换判断矩阵的秩及求解逆矩阵.

重点难点：矩阵的初等变换，矩阵秩的求解，逆矩阵的求解.

课前探讨

1. 复习矩阵的概念.
2. 复习矩阵的运算.
3. 复习矩阵的初等变换.
4. 复习矩阵秩的概念及求解.
5. 复习逆矩阵的概念及求解.

内容精要

1. 矩阵的概念

由 $m\times n$ 个元素 $a_{ij}(i=1,2,\cdots,m;j=1,2,\cdots,n)$ 排成的 m 行 n 列的数表

$$\begin{pmatrix} a_{11} & a_{12} & \cdots & a_{1n} \\ a_{21} & a_{22} & \cdots & a_{2n} \\ \vdots & \vdots & & \vdots \\ a_{m1} & a_{m2} & \cdots & a_{mn} \end{pmatrix}$$

称为 $m\times n$ 矩阵，其中 $a_{ij}(i=1,2,\cdots,m;j=1,2,\cdots,n)$ 称为矩阵的第 i 行第 j 列元素.

矩阵和行列式不同，它是一张数表，所以行数和列数可以不同. 行数和列数相等的矩阵称为方阵.

特殊矩阵：(1) 零矩阵；(2) 行矩阵、列矩阵；(3) 方阵；(4) 对角矩阵；(5) 单位矩阵；(6) 三角矩阵；(7) 对称矩阵.

2. 矩阵的运算

(1) 矩阵的相等，加(减)法.

两个矩阵相等以及能进行加(减)运算的前提条件是两个矩阵是同型矩阵(行数和列数都相同).

（2）矩阵的数乘.

$$\lambda \boldsymbol{A}=\lambda\begin{pmatrix}a_{11} & a_{12} & \cdots & a_{1n}\\ a_{21} & a_{22} & \cdots & a_{2n}\\ \vdots & \vdots & & \vdots\\ a_{m1} & a_{m2} & \cdots & a_{mn}\end{pmatrix}=\begin{pmatrix}\lambda a_{11} & \lambda a_{12} & \cdots & \lambda a_{1n}\\ \lambda a_{21} & \lambda a_{22} & \cdots & \lambda a_{2n}\\ \vdots & \vdots & & \vdots\\ \lambda a_{m1} & \lambda a_{m2} & \cdots & \lambda a_{mn}\end{pmatrix}=(\lambda a_{ij})_{m\times n}.$$

（3）矩阵的乘法.

对于矩阵 $\boldsymbol{A},\boldsymbol{B}$，只有在 $\boldsymbol{A}$ 的列数与 $\boldsymbol{B}$ 的行数相等时，两矩阵才可以相乘，即 $\boldsymbol{AB}$ 成立；若不相等，则它们的乘积 $\boldsymbol{AB}$ 无意义. 矩阵乘法不满足交换律，也不满足消去律.

单位矩阵在矩阵乘法中具有类似于数 1 在数的乘法中的作用，即 $\boldsymbol{EA}=\boldsymbol{AE}=\boldsymbol{A}$.

（4）矩阵的转置.

矩阵转置满足以下运算律：

① $(\boldsymbol{A}^{\mathrm{T}})^{\mathrm{T}}=\boldsymbol{A}$；

② $(\boldsymbol{A}+\boldsymbol{B})^{\mathrm{T}}=\boldsymbol{A}^{\mathrm{T}}+\boldsymbol{B}^{\mathrm{T}}$；

③ $(k\boldsymbol{A})^{\mathrm{T}}=k\boldsymbol{A}^{\mathrm{T}}$；

④ $(\boldsymbol{AB})^{\mathrm{T}}=\boldsymbol{B}^{\mathrm{T}}\boldsymbol{A}^{\mathrm{T}}$.

（5）方阵的行列式.

两个同阶方阵乘积的行列式等于两方阵行列式的积，即若矩阵 $\boldsymbol{A},\boldsymbol{B}$ 都是 n 阶方阵，则有 $|\boldsymbol{AB}|=|\boldsymbol{A}||\boldsymbol{B}|$.

3. 矩阵的初等变换与矩阵的秩

对矩阵施以下列 3 种变换，称为矩阵的初等变换：

（1）串位变换：任意交换矩阵的两行（列），用 $r_i\leftrightarrow r_j$（$c_i\leftrightarrow c_j$）表示第 i 行（列）和第 j 行（列）互换.

（2）数乘变换：以一个非零的数 k 乘以矩阵的某一行（列）所有元素，用 kr_i（kc_i）表示用 $k(k\neq 0)$ 乘以第 i 行（列）.

（3）消元变换：把矩阵的某一行（列）所有元素的 k 倍加于另一行（列）的对应元素上，用 kr_i+r_j（kc_i+c_j）表示把第 i 行（列）的 k 倍加到第 j 行（列）上.

只对行进行的初等变换称为初等行变换.

任一矩阵经过有限次初等行变换都可转化为阶梯形矩阵和行最简阶梯形矩阵.

矩阵 $\boldsymbol{A}$ 经过有限次初等行变换转化为阶梯形矩阵，则该阶梯形矩阵非零行的个数 r 称为矩阵 $\boldsymbol{A}$ 的秩，记为 $r(\boldsymbol{A})$，即 $r(\boldsymbol{A})=r$.

4. 逆矩阵

（1）逆矩阵的概念.

设 $\boldsymbol{A}$ 为 n 阶方阵，若存在一个 n 阶方阵 $\boldsymbol{B}$，使得 $\boldsymbol{AB}=\boldsymbol{BA}=\boldsymbol{E}$，则称方阵 $\boldsymbol{A}$ 可逆，并称方阵 $\boldsymbol{B}$ 为 $\boldsymbol{A}$ 的逆矩阵或逆阵，记作 $\boldsymbol{B}=\boldsymbol{A}^{-1}$.

（2）逆矩阵存在的充要条件.

方阵 $\boldsymbol{A}$ 可逆当且仅当 $|\boldsymbol{A}|\neq 0$.

（3）求逆矩阵的方法.

方法 1 利用伴随矩阵求逆矩阵：

$$A^{-1}=\frac{A^*}{|A|}.$$

方法 2 利用初等行变换求逆矩阵.

设 A 是 n 阶可逆阵，做 $n\times 2n$ 阶矩阵 $(A\vdots E)$ 并对其进行初等行变换，将 A 变成单位矩阵，这时原 $n\times 2n$ 阶矩阵转化为 $(E\vdots A^{-1})$.

(4) 求逆运算适合下列法则.

① $(A^{-1})^{-1}=A$；② $(kA)^{-1}=\frac{1}{k}A^{-1}(k\neq 0)$；③ $(A^{T})^{-1}=(A^{-1})^{T}$；④ $(AB)^{-1}=B^{-1}A^{-1}$.

注意 一般来说 $(AB)^{-1}\neq A^{-1}B^{-1}$.

(5) 证明 A 可逆的方法.

① 求 $|A|$，计算它的值不等于 0；② 找 B，使 $AB=E$.

习题讲解

1. 填空题

(1) 设 $A=\begin{pmatrix}1&2&7\\0&-2&9\\0&0&-2\end{pmatrix}$，$B=\begin{pmatrix}3&0&0\\1&2&0\\0&0&3\end{pmatrix}$，则 $|AB|=$________.

(2) 设矩阵 X 满足方程 $2\begin{pmatrix}3&-1&0\\-1&1&2\end{pmatrix}-3X+\begin{pmatrix}3&-1&6\\5&1&-1\end{pmatrix}=O$，求矩阵 $X=$______.

(3) 已知三阶方阵 A 的行列式 $|A|=\frac{1}{2}$，则 $|-2A|=$________.

(4) 设 $A=\begin{pmatrix}0&1&0\\3&3&4\\4&5&6\end{pmatrix}$，则 $|-A^*|=$________.

(5) 三阶方阵 A 的行列式 $|A|=4$，$|A^2+E|=8$，则 $|A+A^{-1}|=$________.

2. 选择题

(1) A 是 $m\times k$ 矩阵，B 是 $k\times t$ 矩阵，若 B 的第 j 列元素全为零，则下列结论正确的是________.

A. AB 的第 j 行元素全为零　　B. AB 的第 j 列元素全为零

C. BA 的第 j 行元素全为零　　D. BA 的第 j 列元素全为零

(2) 下列矩阵有逆矩阵的是________.

A. $\begin{pmatrix}1&1\\1&1\end{pmatrix}$　　B. $\begin{pmatrix}1&2\\3&4\end{pmatrix}$　　C. $\begin{pmatrix}2&-1\\-1&\frac{1}{2}\end{pmatrix}$　　D. $\begin{pmatrix}1&2\\3&6\end{pmatrix}$

(3) 设矩阵 $A=\begin{pmatrix}\frac{1}{2}&0\\0&\frac{1}{4}\end{pmatrix}$，$B=\begin{pmatrix}3&4\\5&6\end{pmatrix}$，则 $(AB)^{-1}=$________.

A. $\begin{pmatrix}-6&-8\\-5&-6\end{pmatrix}$　　B. $\begin{pmatrix}6&8\\5&6\end{pmatrix}$　　C. $\begin{pmatrix}-6&8\\5&-6\end{pmatrix}$　　D. $\begin{pmatrix}-8&6\\6&-5\end{pmatrix}$

(4) $\boldsymbol{A}=\begin{bmatrix}1 & -2 & -1 & 3\\ 3 & -6 & -3 & 8\\ -2 & 4 & 2 & k\end{bmatrix}$中的 $k=$________时，$r(\boldsymbol{A})=2$.

A. 0　　B. -2　　C. 4　　D. -6

(5) 设方阵 $\boldsymbol{A}$ 可逆，并且$(2\boldsymbol{A})^{-1}=\begin{pmatrix}-3 & 7\\ 1 & -2\end{pmatrix}$，则 $\boldsymbol{A}=$________.

A. $\begin{pmatrix}2 & 7\\ 1 & 3\end{pmatrix}$　　B. $\begin{pmatrix}-2 & 7\\ 1 & -3\end{pmatrix}$　　C. $\frac{1}{2}\begin{pmatrix}2 & 7\\ 1 & 3\end{pmatrix}$　　D. $\frac{1}{2}\begin{pmatrix}2 & -7\\ -1 & 3\end{pmatrix}$

(6) 若矩阵 $\boldsymbol{A}$ 的行列式等于零，则下列结论正确的是________.

A. $\boldsymbol{A}^2$ 的行列式不为零

B. $\boldsymbol{A}$ 有逆矩阵

C. $\boldsymbol{A}$ 是零矩阵

D. 对任意与 $\boldsymbol{A}$ 同阶的矩阵 $\boldsymbol{B}$，有$|\boldsymbol{AB}|=0$

(7) 设 $\boldsymbol{A}$ 经过有限次初等变换后得到矩阵 $\boldsymbol{B}$，则下列命题正确的是________.

A. $\boldsymbol{A}$ 与 $\boldsymbol{B}$ 都是 n 阶矩阵，则$|\boldsymbol{A}|=|\boldsymbol{B}|$

B. $\boldsymbol{A}$ 与 $\boldsymbol{B}$ 都是 n 阶矩阵，则$|\boldsymbol{A}|$与$|\boldsymbol{B}|$同时为零或同时不为零

C. $|\boldsymbol{A}|=0$，但$|\boldsymbol{B}|$可能不为零

D. $\boldsymbol{A}=\boldsymbol{B}$

(8) $\boldsymbol{A}=\begin{pmatrix}1 & 1\\ 0 & 1\end{pmatrix}$，则 $\boldsymbol{A}^n=$________.

A. $\begin{pmatrix}1 & 1\\ 0 & 1\end{pmatrix}$　　B. $\begin{pmatrix}1 & 0\\ 0 & 1\end{pmatrix}$　　C. $\begin{pmatrix}1 & 2\\ 0 & 1\end{pmatrix}$　　D. $\begin{pmatrix}1 & n\\ 0 & 1\end{pmatrix}$

(9) 当 $a=$________时，矩阵$\begin{bmatrix}a & 1 & 1\\ 1 & 0 & 2\\ 0 & -1 & 1\end{bmatrix}$不可逆.

A. 0　　B. 1　　C. 2　　D. -1

(10) 下列矩阵可通过初等变换化为 $\boldsymbol{E}_3$ 的是________.

A. $\begin{bmatrix}1 & 2 & -1\\ -1 & -2 & 1\\ 3 & 2 & 0\end{bmatrix}$　　B. $\begin{bmatrix}1 & 0 & -1\\ 2 & -1 & 0\\ 0 & -1 & 2\end{bmatrix}$

C. $\begin{bmatrix}1 & 0 & -1\\ 0 & 1 & 2\\ 1 & 0 & 3\end{bmatrix}$　　D. $\begin{bmatrix}2 & 2 & 2\\ 2 & 2 & 2\\ 2 & 2 & 2\end{bmatrix}$

3. 计算题

(1) 设矩阵

$$\boldsymbol{A}=\begin{bmatrix}-2 & 2 & 1\\ -1 & -2 & -2\\ 2 & 1 & 2\end{bmatrix},$$

求 $\boldsymbol{A}\boldsymbol{A}^{\mathrm{T}}$ 及 $\boldsymbol{A}^{-1}$.

(2) 若 $\boldsymbol{XA}-\boldsymbol{E}=\boldsymbol{X}-\boldsymbol{A}^2$,其中

$$\boldsymbol{A}=\begin{pmatrix} 1 & 2 & -1 \\ -1 & -1 & 0 \\ 2 & 3 & 2 \end{pmatrix},$$

求 $\boldsymbol{X}$.

(3) 求下列矩阵的秩.

① $\boldsymbol{A}=\begin{pmatrix} 1 & 2 & 3 & 4 \\ 1 & -5 & 4 & 5 \\ 1 & 10 & 1 & 2 \end{pmatrix}$.

② $\boldsymbol{B}=\begin{pmatrix} 7 \\ 6 \\ -4 \\ 1 \end{pmatrix}$.

③ $\boldsymbol{C}=\begin{pmatrix}1 & -1 & 2\\ 2 & -2 & 4\\ 3 & 0 & 6\\ 2 & 1 & 4\end{pmatrix}$.

④ $\boldsymbol{D}=\begin{pmatrix}2 & 0 & 1 & 4\\ 1 & 2 & 0 & -1\\ 6 & 4 & 2 & 6\end{pmatrix}$.

（4）求下列矩阵的逆矩阵.

① $\boldsymbol{A}=\begin{pmatrix}2 & 3 & 1\\ 0 & 1 & 3\\ 1 & 2 & 5\end{pmatrix}$.

② $\boldsymbol{B}=\begin{pmatrix} 1 & 0 & -2 \\ 2 & -1 & 0 \\ -3 & 1 & 1 \end{pmatrix}$.

③ $\boldsymbol{C}=\begin{pmatrix} 1 & 2 & 3 & 4 \\ 0 & 1 & 2 & 3 \\ 0 & 0 & 2 & 3 \\ 0 & 0 & 0 & 5 \end{pmatrix}$.

日期：________________ 教师：________________

6.12 线性方程组的解法

学习内容：运用克莱姆法则、逆矩阵法、初等行变换法解线性方程组.
目的要求：熟练掌握使用克莱姆法则、逆矩阵法、初等行变换法求解线性方程组.
重点难点：逆矩阵法解线性方程组，初等行变换法解线性方程组.

课前探讨

1. 介绍如何利用克莱姆法则解线性方程组，并举例(至少 2 个).
2. 阐述如何求矩阵的逆矩阵，并举例(至少 2 个).
3. 介绍如何利用逆矩阵法解线性方程组，并举例(至少 2 个).
4. 复习初等行变换.
5. 阐述什么是行最简阶梯形矩阵，如何把矩阵化为行最简阶梯形矩阵，并举例(至少 2 个).
6. 介绍如何利用初等行变换解线性方程组，并举例(至少 2 个).
7. 解线性方程组

$$\begin{cases} x+2y+z=0, \\ 2x-y+z=1, \\ x-y+2z=3. \end{cases}$$

课堂讲习

案例 一工厂有 1 000 h 用于生产、维修和检验. 各工序的工作时间分别为 P, M, I，且满足 $P+M+I=1\,000$，$P=I-100$，$P+I=M+100$. 求各工序所用时间分别为多少？

从 6.5 节对克莱姆法则的介绍中得知克莱姆法则实际上给出了一种求 n 元一次线性方程组的方法. 下面将介绍另外两种求解线性方程组的方法.

6.12.1 逆矩阵法解线性方程组

定理 1 对于方程组

$$\begin{cases} a_{11}x_1+a_{12}x_2+\cdots+a_{1n}x_n=b_1, \\ a_{21}x_1+a_{22}x_2+\cdots+a_{2n}x_n=b_2, \\ \cdots\cdots\cdots\cdots \\ a_{n1}x_1+a_{n2}x_2+\cdots+a_{nn}x_n=b_n, \end{cases} \tag{1}$$

其矩阵形式为 $\boldsymbol{AX}=\boldsymbol{B}$，其中

$$\boldsymbol{A}=\begin{pmatrix} a_{11} & a_{12} & \cdots & a_{1n} \\ a_{21} & a_{22} & \cdots & a_{2n} \\ \vdots & \vdots & & \vdots \\ a_{n1} & a_{n2} & \cdots & a_{nn} \end{pmatrix},\boldsymbol{X}=\begin{pmatrix} x_1 \\ x_2 \\ \vdots \\ x_n \end{pmatrix},\boldsymbol{B}=\begin{pmatrix} b_1 \\ b_2 \\ \vdots \\ b_n \end{pmatrix}.$$

$\boldsymbol{A}$ 称为方程组(1)的**系数矩阵**，$\boldsymbol{X}$ 称为 n **元未知量矩阵**，$\boldsymbol{B}$ 称为**常数项矩阵**，则当 $|\boldsymbol{A}|\neq 0$，用 $\boldsymbol{A}^{-1}$ 左乘矩阵方程两边，得 $\boldsymbol{X}=\boldsymbol{A}^{-1}\boldsymbol{B}$，即为方程组(1)的解.

例题 1 解线性方程组

$$\begin{cases} 3x_1+2x_2+x_3=1, \\ x_1+2x_2+2x_3=2, \\ 3x_1+4x_2+3x_3=3. \end{cases}$$

解 记
$$\boldsymbol{A}=\begin{pmatrix} 3 & 2 & 1 \\ 1 & 2 & 2 \\ 3 & 4 & 3 \end{pmatrix},\boldsymbol{X}=\begin{pmatrix} x_1 \\ x_2 \\ x_3 \end{pmatrix},\boldsymbol{B}=\begin{pmatrix} 1 \\ 2 \\ 3 \end{pmatrix},$$

则方程组可写成矩阵方程 $\boldsymbol{AX}=\boldsymbol{B}$. 因为 $|\boldsymbol{A}|=\begin{vmatrix} 3 & 2 & 1 \\ 1 & 2 & 2 \\ 3 & 4 & 3 \end{vmatrix}=-2\neq 0$，

则
$$\boldsymbol{A}^{-1}=-\frac{1}{2}\begin{pmatrix} -2 & -2 & 2 \\ 3 & 6 & -5 \\ -2 & -6 & 4 \end{pmatrix},$$

所以
$$\begin{pmatrix} x_1 \\ x_2 \\ x_3 \end{pmatrix}=\begin{pmatrix} 3 & 2 & 1 \\ 1 & 2 & 2 \\ 3 & 4 & 3 \end{pmatrix}^{-1}\begin{pmatrix} 1 \\ 2 \\ 3 \end{pmatrix}=-\frac{1}{2}\begin{pmatrix} -2 & -2 & 2 \\ 3 & 6 & -5 \\ -2 & -6 & 4 \end{pmatrix}\begin{pmatrix} 1 \\ 2 \\ 3 \end{pmatrix}=\begin{pmatrix} 0 \\ 0 \\ 1 \end{pmatrix},$$

即原线性方程组的解为 $x_1=0,x_2=0,x_3=1$.

练习 1 求解矩阵方程 $\boldsymbol{AXB}=\boldsymbol{C}$，其中

$$\boldsymbol{A}=\begin{pmatrix} 3 & 2 & 1 \\ 1 & 2 & 2 \\ 3 & 4 & 3 \end{pmatrix},\boldsymbol{B}=\begin{pmatrix} 3 & 1 \\ 5 & 2 \end{pmatrix},\boldsymbol{C}=\begin{pmatrix} 1 & 4 \\ 2 & 0 \\ 3 & 2 \end{pmatrix}.$$

解

6.12.2 初等行变换法解线性方程组

定义 由 n 个未知量 $x_1, x_2, \cdots, x_n$ 以及 m 个方程构成的线性方程组

$$\begin{cases} a_{11}x_1 + a_{12}x_2 + \cdots + a_{1n}x_n = b_1, \\ a_{21}x_1 + a_{22}x_2 + \cdots + a_{2n}x_n = b_2, \\ \cdots\cdots\cdots\cdots \\ a_{m1}x_1 + a_{m2}x_2 + \cdots + a_{mn}x_n = b_m, \end{cases} \tag{2}$$

称为**一般线性方程组**. 它可以用矩阵形式写成 $\boldsymbol{AX}=\boldsymbol{B}$,其中

$$\boldsymbol{A}=\begin{pmatrix} a_{11} & a_{12} & \cdots & a_{1n} \\ a_{21} & a_{22} & \cdots & a_{2n} \\ \vdots & \vdots & & \vdots \\ a_{m1} & a_{m2} & \cdots & a_{mn} \end{pmatrix}, \boldsymbol{X}=\begin{pmatrix} x_1 \\ x_2 \\ \vdots \\ x_n \end{pmatrix}, \boldsymbol{B}=\begin{pmatrix} b_1 \\ b_2 \\ \vdots \\ b_m \end{pmatrix},$$

$\boldsymbol{A}$ 称为方程组(2)的**系数矩阵**,$\boldsymbol{X}$ 称为 n **元未知量矩阵**,$\boldsymbol{B}$ 称为**常数项矩阵**.

当 $\boldsymbol{B}=\boldsymbol{O}$,即常数项 $b_1=b_2=\cdots=b_m=0$ 时,方程组(2)称为齐次线性方程组;当 $\boldsymbol{B}\neq\boldsymbol{O}$ 时,方程组(2)称为非齐次线性方程组.

我们把方程组(2)的系数矩阵 $\boldsymbol{A}$ 与常数项矩阵 $\boldsymbol{B}$ 放在一起构成的矩阵

$$\widetilde{\boldsymbol{A}}(\text{或 } \overline{\boldsymbol{A}})=(\boldsymbol{A} \vdots \boldsymbol{B})=\begin{pmatrix} a_{11} & a_{12} & \cdots & a_{1n} & b_1 \\ a_{21} & a_{22} & \cdots & a_{2n} & b_2 \\ \vdots & \vdots & & \vdots & \vdots \\ a_{m1} & a_{m2} & \cdots & a_{mn} & b_m \end{pmatrix}.$$

称为方程组(2)的**增广矩阵**.

引例 消元法解线性方程组的矩阵形式.

在中学阶段已经学习过用消元法解简单的线性方程组. 例如,求解线性方程组

$$\begin{cases} 2x_1 + 3x_2 = 4, \\ x_1 - 2x_2 = -5. \end{cases} \tag{3}$$

解 第一步:将线性方程组中两个方程的次序对换,得

$$\begin{cases} x_1 - 2x_2 = -5, \\ 2x_1 + 3x_2 = 4. \end{cases} \tag{4}$$

第二步:第二个方程减去第一个方程的 2 倍,方程组就变成

$$\begin{cases} x_1 - 2x_2 = -5, \\ 7x_2 = 14. \end{cases} \tag{5}$$

第三步:用 $\frac{1}{7}$ 乘第二个方程的两端,得

$$\begin{cases} x_1 - 2x_2 = -5, \\ x_2 = 2. \end{cases} \tag{6}$$

第四步:第一个方程加上第二个方程的 2 倍,得

$$\begin{cases} x_1 = -1, \\ x_2 = 2. \end{cases} \tag{7}$$

显然,方程组(3)至(7)都是同解方程组,因而(7)是方程组(3)的解.

上述解线性方程组的方法称为消元法. 从引例中可见，消元法实际上是对线性方程组进行如下变换：

(1) 互换两个方程的位置(串位变换)；

(2) 用一个非零的数乘某个方程的两端(数乘变换)；

(3) 用一个数乘某个方程后加到另一个方程上(消元变换).

由于线性方程组与其增广矩阵一一对应，所以对线性方程组进行上述变换，相当于对其增广矩阵实施相应的初等行变换：

$$\begin{pmatrix}2&3&4\\1&-2&-5\end{pmatrix}\xrightarrow{r_1\leftrightarrow r_2}\begin{pmatrix}1&-2&-5\\2&3&4\end{pmatrix}\xrightarrow{-2r_1+r_2}\begin{pmatrix}1&-2&-5\\0&7&14\end{pmatrix}\xrightarrow{\frac{1}{7}r_2}\begin{pmatrix}1&-2&-5\\0&1&2\end{pmatrix}$$

$$\xrightarrow{2r_2+r_1}\begin{pmatrix}1&0&-1\\0&1&2\end{pmatrix}.$$

定理 2 如果通过初等行变换将一个线性方程组的增广矩阵$(\boldsymbol{A}\vdots\boldsymbol{B})$化为$(\boldsymbol{C}\vdots\boldsymbol{D})$，则方程组 $\boldsymbol{AX}=\boldsymbol{B}$ 与 $\boldsymbol{CX}=\boldsymbol{D}$ 是同解方程组.

因此，可利用矩阵的初等行变换，将线性方程组的增广矩阵 $\overline{\boldsymbol{A}}$ 化为行最简阶梯形矩阵. 若将非零行的第一个非零元素称为主元的话，那么这种行最简阶梯形矩阵即是主元为 1，主元所在列的其余元素均为 0 的矩阵. 因此线性方程组的解就可由行最简阶梯形矩阵对应的线性方程组而得到.

例题 2 解线性方程组

$$\begin{cases}x_1+3x_2-2x_3+x_4=3,\\2x_1+x_2-3x_3=2,\\x_1-2x_2-x_3-x_4=-1.\end{cases}$$

解 对其增广矩阵作初等行变换，化成行最简阶梯形矩阵

$$\overline{\boldsymbol{A}}=(\boldsymbol{A}\vdots\boldsymbol{B})=\begin{pmatrix}1&3&-2&1&3\\2&1&-3&0&2\\1&-2&-1&-1&-1\end{pmatrix}\to\begin{pmatrix}1&3&-2&1&3\\0&1&-\frac{1}{5}&\frac{2}{5}&\frac{4}{5}\\0&0&0&0&0\end{pmatrix}$$

$$\to\begin{pmatrix}1&0&-\frac{7}{5}&-\frac{1}{5}&\frac{3}{5}\\0&1&-\frac{1}{5}&\frac{2}{5}&\frac{4}{5}\\0&0&0&0&0\end{pmatrix}.$$

得原线性方程组的同解线性方程组$\begin{cases}x_1-\frac{7}{5}x_3-\frac{1}{5}x_4=\frac{3}{5},\\x_2-\frac{1}{5}x_3+\frac{2}{5}x_4=\frac{4}{5},\end{cases}$

即
$$\begin{cases}x_1=\frac{3}{5}+\frac{7}{5}x_3+\frac{1}{5}x_4\\x_2=\frac{4}{5}+\frac{1}{5}x_3-\frac{2}{5}x_4\end{cases}.$$

显然，原方程组有无穷多个解. 因为 x_3，x_4 可取不同的值，方程组就会有不同的解，则称

x_3, x_4 为自由未知量. 原方程组的解为$\begin{cases} x_1 = \dfrac{3}{5} + \dfrac{7}{5}x_3 + \dfrac{1}{5}x_4, \\ x_2 = \dfrac{4}{5} + \dfrac{1}{5}x_3 - \dfrac{2}{5}x_4, \\ x_3 = x_3, \\ x_4 = x_4. \end{cases}$

练习 2 解线性方程组

$$\begin{cases} x_1 + x_2 + x_3 + x_4 = 0, \\ x_1 - x_2 = -1, \\ 2x_3 - 2x_4 = -2, \\ x_2 - 2x_3 = 6. \end{cases}$$

解

日期：________________　　　教师：________________

6.13　线性方程组解的判定

学习内容：线性方程组解的判定.
目的要求：熟练判定非齐次线性方程组和齐次线性方程组解的情况.
重点难点：非齐次线性方程组和齐次线性方程组解的判定.

课前探讨

1. 回顾矩阵秩的概念.
2. 如何求矩阵的秩？
3. 阐述非齐次线性方程组解的判定定理.
4. 阐述齐次线性方程组解的判定定理.
5. 判断下列方程组解的情况：

(1) $\begin{cases} x_1+2x_2-3x_3+x_4=1, \\ x_1+x_2+x_3+x_4=0, \end{cases}$　　(2) $\begin{cases} -3x_1+x_2+4x_3=-5, \\ x_1+x_2+x_3=2, \\ -2x_1+x_3=-3, \\ x_1+x_2-2x_3=5. \end{cases}$

课堂讲习

案例　判断下列线性方程组解的情况：

(1) $\begin{cases} x_1+x_2-2x_3=2, \\ 2x_1-3x_2+5x_3=1, \\ 4x_1-x_2-x_3=5, \\ 5x_1-x_3=2. \end{cases}$　　(2) $\begin{cases} x_1+x_2-2x_3=2, \\ 2x_1-3x_2+5x_3=1, \\ 4x_1-x_2-x_3=5, \\ 5x_1-3x_3=7. \end{cases}$

(3) $\begin{cases} x_1+x_2-2x_3=2, \\ 2x_1-3x_2+5x_3=1, \\ 4x_1-x_2+x_3=5, \\ 5x_1-x_3=7. \end{cases}$

通过上面3个例子可知，线性方程组解的情况与其系数矩阵的秩、增广矩阵的秩、未知量的个数之间存在某种必然的联系.

6.13.1 非齐次线性方程组解的判定

设非齐次线性方程组

$$AX=B\ (B\neq O) \tag{1}$$

其中

$$A=\begin{pmatrix} a_{11} & a_{12} & \cdots & a_{1n} \\ a_{21} & a_{22} & \cdots & a_{2n} \\ \vdots & \vdots & & \vdots \\ a_{m1} & a_{m2} & \cdots & a_{mn} \end{pmatrix}, X=\begin{pmatrix} x_1 \\ x_2 \\ \vdots \\ x_n \end{pmatrix}, B=\begin{pmatrix} b_1 \\ b_2 \\ \vdots \\ b_m \end{pmatrix}, \bar{A}=(A \vdots B)=\begin{pmatrix} a_{11} & a_{12} & \cdots & a_{1n} & b_1 \\ a_{21} & a_{22} & \cdots & a_{2n} & b_2 \\ \vdots & \vdots & & \vdots & \vdots \\ a_{m1} & a_{m2} & \cdots & a_{mn} & b_m \end{pmatrix},$$

则方程组(1)解的情况有如下判定定理.

定理 1(非齐次线性方程组解的判定定理) 对非齐次线性方程组(1)有以下结论：

(1) 若 $r(\bar{A})=r(A)=n$，则方程组(1)有且只有唯一解；

(2) 若 $r(\bar{A})=r(A)<n$，则方程组(1)有无穷多解；

(3) 若 $r(\bar{A})\neq r(A)$，则方程组(1)无解.

例题 1 判断下列方程组解的情况：

$$\begin{cases} x_1+2x_2-3x_3+x_4=1, \\ x_1+\ x_2+\ x_3+x_4=0. \end{cases}$$

解 此方程组的增广矩阵为

$$\bar{A}=\begin{pmatrix} 1 & 2 & -3 & 1 & 1 \\ 1 & 1 & 1 & 1 & 0 \end{pmatrix}.$$

显然，有一个二阶子式 $\begin{vmatrix} 1 & 2 \\ 1 & 1 \end{vmatrix}=-1\neq 0$.

因此 $r(\bar{A})=r(A)=2<4=n$. 故此方程组有无穷多解.

练习 1 判断下列方程组解的情况：

$$\begin{cases} -3x_1+x_2+4x_3=-5, \\ x_1+x_2+\ x_3=\ 2, \\ -2x_1\qquad +\ x_3=-3, \\ x_1+x_2-2x_3=\ 5. \end{cases}$$

解

例题 2 当 a,b 为何值时，线性方程组

$$\begin{cases} x_1+\ x_2+\ x_3+\ x_4=1, \\ 3x_1+2x_2+\ x_3+\ x_4=3, \\ \qquad x_2+3x_3+2x_4=0, \\ 5x_1+4x_2+3x_2+bx_4=a, \end{cases}$$

(1) 有唯一解；(2) 无解；(3) 有无穷多解？

解 对线性方程组的增广矩阵实施初等行变换，得

$$\overline{\boldsymbol{A}}=\begin{pmatrix}1&1&1&1&1\\3&2&1&1&3\\0&1&3&2&0\\5&4&3&b&a\end{pmatrix}\xrightarrow[-5r_1+r_4]{-3r_1+r_2}\begin{pmatrix}1&1&1&1&1\\0&-1&-2&-2&0\\0&1&3&2&0\\0&-1&-2&b-5&a-5\end{pmatrix}$$

$$\xrightarrow[-r_2+r_4]{r_2+r_3}\begin{pmatrix}1&1&1&1&1\\0&-1&-2&-2&0\\0&0&1&0&0\\0&0&0&b-3&a-5\end{pmatrix}.$$

(1) 当 $b-3\neq0$，即 $b\neq3$ 时，有 $r(\overline{\boldsymbol{A}})=r(\boldsymbol{A})=4$，此时方程组有唯一解；

(2) 当 $b-3=0$ 而 $a-5\neq0$，即 $b=3$ 且 $a\neq5$ 时 $r(\overline{\boldsymbol{A}})=4$，$r(\boldsymbol{A})=3$，此时方程组无解；

(3) 当 $b-3=0$ 且 $a-5=0$，即 $b=3$ 且 $a=5$ 时 $r(\overline{\boldsymbol{A}})=r(\boldsymbol{A})=3<4$，此时方程组有无穷多解.

练习 2 当 k 为何值时，线性方程组

$$\begin{cases}x_1+2x_2+x_3=k,\\-x_1-x_2+kx_3=1,\\2x_1+kx_2+8x_3=-4,\end{cases}$$

(1) 无解；(2) 有唯一解；(3) 有无穷多解？

解

6.13.2 齐次线性方程组解的判定

设齐次线性方程组

$$\boldsymbol{AX}=\boldsymbol{O},\tag{2}$$

其中

$$\boldsymbol{A}=\begin{pmatrix}a_{11}&a_{12}&\cdots&a_{1n}\\a_{21}&a_{22}&\cdots&a_{2n}\\\vdots&\vdots&&\vdots\\a_{m1}&a_{m2}&\cdots&a_{mn}\end{pmatrix},\boldsymbol{X}=\begin{pmatrix}x_1\\x_2\\\vdots\\x_n\end{pmatrix},\boldsymbol{O}=\begin{pmatrix}0\\0\\\vdots\\0\end{pmatrix},$$

则方程组(2)解的情况有如下判定定理

定理 2(齐次线性方程组解的判定定理) 对齐次线性方程组(2)有以下结论：

(1) 若 $r(\boldsymbol{A})=n$,则方程组(2)只有零解；

(2) 若 $r(\boldsymbol{A})<n$,则方程组(2)有非零解.

例题 3 判断下列方程组解的情况：

$$\begin{cases} x_1+2x_2+3x_3=0, \\ 2x_1+5x_2+3x_3=0, \\ x_1+5x_2+8x_3=0. \end{cases}$$

解
$$\boldsymbol{A}=\begin{pmatrix} 1 & 2 & 3 \\ 2 & 5 & 3 \\ 1 & 5 & 8 \end{pmatrix} \to \begin{pmatrix} 1 & 2 & 3 \\ 0 & 1 & -3 \\ 0 & 3 & 5 \end{pmatrix} \to \begin{pmatrix} 1 & 2 & 3 \\ 0 & 1 & -3 \\ 0 & 0 & 14 \end{pmatrix},$$

所以 $r(\boldsymbol{A})=3=n$. 故此方程组只有零解.

练习 3 判断下列方程组解的情况：

$$\begin{cases} x_1+x_2+x_3=0, \\ x_1-2x_2+3x_3=0, \\ 3x_1+5x_3=0. \end{cases}$$

解

日期：________________ 教师：________________

6.14 向量与向量组

学习内容：向量与向量组.

目的要求：理解 n 维向量的概念，掌握向量的运算；理解向量的线性关系，熟练掌握向量组的线性相关性判断；理解极大无关组的概念，会求向量组的秩.

重点难点：向量组线性相关性的判断，求向量组的秩.

课前探讨

1. 阐述 n 维向量的概念.
2. 阐述向量的运算法则.
3. 阐述向量组的线性相关性（线性相关、线性无关）的概念.
4. 阐述极大无关组、向量组的秩的概念.
5. 讨论单位坐标向量组

$$\boldsymbol{\varepsilon}_1=\begin{pmatrix}1\\0\\\vdots\\0\end{pmatrix},\boldsymbol{\varepsilon}_2=\begin{pmatrix}0\\1\\\vdots\\0\end{pmatrix},\cdots,\boldsymbol{\varepsilon}_n=\begin{pmatrix}0\\0\\\vdots\\1\end{pmatrix}$$

的线性相关性.

课堂讲习

案例 求向量组 $\boldsymbol{\alpha}_1=\begin{pmatrix}1\\2\\-2\\3\end{pmatrix},\boldsymbol{\alpha}_2=\begin{pmatrix}-2\\-4\\4\\-6\end{pmatrix},\boldsymbol{\alpha}_3=\begin{pmatrix}2\\8\\-2\\0\end{pmatrix},\boldsymbol{\alpha}_4=\begin{pmatrix}-1\\0\\3\\-6\end{pmatrix}$ 的秩.

为了进一步研究线性方程组，本节引入 n 维向量的概念，并讨论向量组的线性相关性及向量组的秩.

6.14.1 n 维向量

1. n 维向量的概念

向量是空间解析几何的一个基本概念，现在我们将向量的概念进行拓展.

定义 1 由 n 个数 $a_1,a_2,\cdots,a_n$ 组成的有序数组 $(a_1,a_2,\cdots,a_n)$ 称为 n **维向量**，一般用 $\boldsymbol{\alpha},\boldsymbol{\beta},\boldsymbol{\gamma}\cdots$ 表示，记作

$$\boldsymbol{\alpha}=(a_1,a_2,\cdots,a_n).$$

向量也可以用列表示，即

$$\boldsymbol{\beta}=\begin{pmatrix} b_1 \\ b_2 \\ \vdots \\ b_n \end{pmatrix}.$$

写成一行(列)的向量称为**行(列)向量**，行向量与列向量只是在写法和运算规则上的不同，没有本质区别.

其中 a_i 称为向量 $\boldsymbol{\alpha}$ 的第 i 个分量 $(i=1,2,\cdots,n)$ 或第 i 个坐标，分量全为零的向量称为**零向量**，记作 $\mathbf{0}$，即 $\mathbf{0}=(0,0,\cdots,0)$.

2. 向量的运算

我们可将向量看成矩阵，因此向量的相等、加减、数乘都可以看成相应的矩阵运算.

两个 n 维向量 $\boldsymbol{\alpha}=(a_1,a_2,\cdots,a_n)$ 与 $\boldsymbol{\beta}=(b_1,b_2,\cdots,b_n)$，当且仅当 $a_i=b_i(i=1,2,\cdots,n)$ 时称两个向量相等，记作 $\boldsymbol{\alpha}=\boldsymbol{\beta}$.

定义 2 n 维向量 $\boldsymbol{\alpha}=(a_1,a_2,\cdots,a_n)$ 的各个分量的 k 倍所组成的 n 维向量，称为数 k 与向量 $\boldsymbol{\alpha}$ 的乘积，记作 $k\boldsymbol{\alpha}$，即

$$k\boldsymbol{\alpha}=k(a_1,a_2,\cdots,a_n)=(ka_1,ka_2,\cdots,ka_n).$$

根据定义，显然有 $k\mathbf{0}=\mathbf{0}$，$0\boldsymbol{\alpha}=\mathbf{0}$.

定义 3 两个 n 维向量 $\boldsymbol{\alpha}=(a_1,a_2,\cdots,a_n)$ 与 $\boldsymbol{\beta}=(b_1,b_2,\cdots,b_n)$ 的对应分量之和构成的 n 维向量称为向量 $\boldsymbol{\alpha}$ 与 $\boldsymbol{\beta}$ 的和，记作 $\boldsymbol{\alpha}+\boldsymbol{\beta}$，即

$$\boldsymbol{\alpha}+\boldsymbol{\beta}=(a_1+b_1,a_2+b_2,\cdots,a_n+b_n).$$

向量 $(-a_1,-a_2,\cdots,-a_n)$ 称为向量 $\boldsymbol{\alpha}$ 的**负向量**，记作 $-\boldsymbol{\alpha}=(-a_1,-a_2,\cdots,-a_n)$.

因此，可定义向量的减法为

$$\boldsymbol{\alpha}-\boldsymbol{\beta}=\boldsymbol{\alpha}+(-\boldsymbol{\beta})=(a_1-b_1,a_2-b_2,\cdots,a_n-b_n).$$

对于线性方程组

$$\begin{cases} a_{11}x_1+a_{12}x_2+\cdots+a_{1n}x_n=b_1, \\ a_{21}x_1+a_{22}x_2+\cdots+a_{2n}x_n=b_2, \\ \cdots\cdots\cdots\cdots \\ a_{m1}x_1+a_{m2}x_2+\cdots+a_{mn}x_n=b_m, \end{cases}$$

设

$$\boldsymbol{\alpha}_j=\begin{pmatrix} a_{1j} \\ a_{2j} \\ \vdots \\ a_{mj} \end{pmatrix},\boldsymbol{\beta}=\begin{pmatrix} b_1 \\ b_2 \\ \vdots \\ b_m \end{pmatrix}(j=1,2,\cdots,n),$$

则方程组可以用向量表示为

$$x_1\boldsymbol{\alpha}_1+x_2\boldsymbol{\alpha}_2+\cdots+x_n\boldsymbol{\alpha}_n=\boldsymbol{\beta}.$$

上式称为线性方程组的**向量形式**.

6.14.2 向量间的线性关系

通常称同维数的 m 个行向量(列向量)$\boldsymbol{\alpha}_1,\boldsymbol{\alpha}_2,\cdots,\boldsymbol{\alpha}_m$ 为向量组.

定义 4 若 $\boldsymbol{\alpha}_1,\boldsymbol{\alpha}_2,\cdots,\boldsymbol{\alpha}_m$ 为一个 n 维向量组，且存在 m 个实数 $k_1,k_2,\cdots,k_m$，使得

$$\boldsymbol{\beta}=k_1\boldsymbol{\alpha}_1+k_2\boldsymbol{\alpha}_2+\cdots+k_m\boldsymbol{\alpha}_m,$$

则称向量 $\boldsymbol{\beta}$ 是向量组 $\boldsymbol{\alpha}_1,\boldsymbol{\alpha}_2,\cdots,\boldsymbol{\alpha}_m$ 的一个线性组合，或称向量 $\boldsymbol{\beta}$ 可由 $\boldsymbol{\alpha}_1,\boldsymbol{\alpha}_2,\cdots,\boldsymbol{\alpha}_m$ 线性表示(出).

定义 5 若 $\boldsymbol{\alpha}_1,\boldsymbol{\alpha}_2,\cdots,\boldsymbol{\alpha}_m$ 是一个 n 维向量组，如果存在 m 个不全为零的数 $k_1,k_2,\cdots,k_m$，使得

$$k_1\boldsymbol{\alpha}_1+k_2\boldsymbol{\alpha}_2+\cdots+k_m\boldsymbol{\alpha}_m=\boldsymbol{0},$$

则称向量组 $\boldsymbol{\alpha}_1,\boldsymbol{\alpha}_2,\cdots,\boldsymbol{\alpha}_m$ **线性相关**，否则称向量组**线性无关**. 即当且仅当 $k_1=k_2=\cdots=k_m=0$ 时，

$$k_1\boldsymbol{\alpha}_1+k_2\boldsymbol{\alpha}_2+\cdots+k_m\boldsymbol{\alpha}_m=\boldsymbol{0}$$

成立，则称向量组 $\boldsymbol{\alpha}_1,\boldsymbol{\alpha}_2,\cdots,\boldsymbol{\alpha}_m$ 线性无关.

由定义可得出：

(1) 含有零向量的向量组一定线性相关；

(2) 若向量组只含一个向量 $\boldsymbol{\alpha}$ 时，$\boldsymbol{\alpha}=\boldsymbol{0}\Leftrightarrow\boldsymbol{\alpha}$ 线性相关；$\boldsymbol{\alpha}\neq\boldsymbol{0}\Leftrightarrow\boldsymbol{\alpha}$ 线性无关.

例题 1 讨论单位坐标向量组 $\boldsymbol{\varepsilon}_1=\begin{pmatrix}1\\0\\\vdots\\0\end{pmatrix},\boldsymbol{\varepsilon}_2=\begin{pmatrix}0\\1\\\vdots\\0\end{pmatrix},\cdots,\boldsymbol{\varepsilon}_n=\begin{pmatrix}0\\0\\\vdots\\1\end{pmatrix}$ 的线性相关性.

解 设 $k_1\boldsymbol{\varepsilon}_1+k_2\boldsymbol{\varepsilon}_2+\cdots+k_n\boldsymbol{\varepsilon}_n=\boldsymbol{0}$，则

$$k_1\begin{pmatrix}1\\0\\\vdots\\0\end{pmatrix}+k_2\begin{pmatrix}0\\1\\\vdots\\0\end{pmatrix}+\cdots+k_n\begin{pmatrix}0\\0\\\vdots\\1\end{pmatrix}=\begin{pmatrix}0\\0\\\vdots\\0\end{pmatrix},$$

即

$$\begin{pmatrix}k_1\\k_2\\\vdots\\k_n\end{pmatrix}=\begin{pmatrix}0\\0\\\vdots\\0\end{pmatrix},$$

故 $k_1=k_2=\cdots=k_n=0$，从而向量组 $\boldsymbol{\varepsilon}_1,\boldsymbol{\varepsilon}_2,\cdots,\boldsymbol{\varepsilon}_n$ 线性无关.

练习 1 判断向量组

$$\boldsymbol{\alpha}_1=\begin{pmatrix}1\\2\\-1\end{pmatrix},\boldsymbol{\alpha}_2=\begin{pmatrix}5\\1\\3\end{pmatrix},\boldsymbol{\alpha}_3=\begin{pmatrix}2\\1\\4\end{pmatrix}$$

的线性相关性.

解

6.14.3 向量组的秩

定义 6 设 T 是 n 维向量所组成的向量组，在 T 中选取 r 个向量 $\boldsymbol{\alpha}_1,\boldsymbol{\alpha}_2,\cdots,\boldsymbol{\alpha}_r$，如果满足：

(1) $\boldsymbol{\alpha}_1,\boldsymbol{\alpha}_2,\cdots,\boldsymbol{\alpha}_r$ 线性无关；

(2) 对于向量组 T 中任一向量 $\boldsymbol{\alpha}$，总有 $\boldsymbol{\alpha}_1,\boldsymbol{\alpha}_2,\cdots,\boldsymbol{\alpha}_r,\boldsymbol{\alpha}$ 线性相关(或 $\boldsymbol{\alpha}$ 可由向量组 $\boldsymbol{\alpha}_1,\boldsymbol{\alpha}_2,\cdots,\boldsymbol{\alpha}_r$ 线性表示)，则称向量组 $\boldsymbol{\alpha}_1,\boldsymbol{\alpha}_2,\cdots,\boldsymbol{\alpha}_r$ 为向量组 T 的一个极大线性无关组，简称**极大无关组**. 向量组的极大无关组所含的向量个数，称为该**向量组的秩**.

由于零向量组没有极大无关组，故规定零向量组的秩为 0.

利用定义求向量组的秩，就需要先找极大无关组，其求解过程比较复杂. 此外，还可以利用矩阵的秩求向量组的秩.

定理 矩阵的秩等于它的列向量组的秩，也等于它行向量组的秩.

由定理知，若要求一个向量组的秩，只需要把此向量组组成一个矩阵(当 $\boldsymbol{\alpha}_1,\boldsymbol{\alpha}_2,\cdots,\boldsymbol{\alpha}_m$ 为列向量时，构建矩阵 $\boldsymbol{A}=(\boldsymbol{\alpha}_1,\boldsymbol{\alpha}_2,\cdots,\boldsymbol{\alpha}_m)$；当 $\boldsymbol{\alpha}_1,\boldsymbol{\alpha}_2,\cdots,\boldsymbol{\alpha}_m$ 为行向量时，构建矩阵 $\boldsymbol{A}=(\boldsymbol{\alpha}_1^{\mathrm{T}},\boldsymbol{\alpha}_2^{\mathrm{T}},\cdots,\boldsymbol{\alpha}_m^{\mathrm{T}})$)，求此矩阵的秩即可.

例题 2 求向量组 $\boldsymbol{\alpha}_1,\boldsymbol{\alpha}_2,\boldsymbol{\alpha}_3,\boldsymbol{\alpha}_4$ 的秩，其中，

$$\boldsymbol{\alpha}_1=(1,-2,2,3),\boldsymbol{\alpha}_2=(-2,4,-1,3),\boldsymbol{\alpha}_3=(-1,2,0,3),\boldsymbol{\alpha}_4=(0,6,2,3).$$

解 由向量组构建矩阵 $\boldsymbol{A}=(\boldsymbol{\alpha}_1^{\mathrm{T}},\boldsymbol{\alpha}_2^{\mathrm{T}},\boldsymbol{\alpha}_3^{\mathrm{T}},\boldsymbol{\alpha}_4^{\mathrm{T}})$并对矩阵进行初等变换，得

$$\boldsymbol{A}=\begin{pmatrix}1&-2&-1&0\\-2&4&2&6\\2&-1&0&2\\3&3&3&3\end{pmatrix}\to\begin{pmatrix}1&-2&-1&0\\0&3&2&1\\0&0&0&1\\0&0&0&0\end{pmatrix}.$$

因为 $r(\boldsymbol{A})=3$，所以向量组 $\boldsymbol{\alpha}_1,\boldsymbol{\alpha}_2,\boldsymbol{\alpha}_3,\boldsymbol{\alpha}_4$ 的秩为 3.

练习 2 求向量组

$$\boldsymbol{\alpha}_1=\begin{pmatrix}1\\2\\-2\\3\end{pmatrix},\boldsymbol{\alpha}_2=\begin{pmatrix}-2\\-4\\4\\-6\end{pmatrix},\boldsymbol{\alpha}_3=\begin{pmatrix}2\\8\\-2\\0\end{pmatrix},\boldsymbol{\alpha}_4=\begin{pmatrix}-1\\0\\3\\-6\end{pmatrix}$$

的秩.

解

6.15　齐次线性方程组解的结构

学习内容：齐次线性方程组解的结构.

目的要求：掌握齐次线性方程组解的性质，理解基础解系的概念，会求齐次线性方程组的基础解系及通解.

重点难点：齐次线性方程组解的性质，齐次线性方程组的基础解系、结构式通解.

课前探讨

1. 线性方程组求解的方法及步骤.
2. 阐述线性方程组解的判定方法.
3. 阐述齐次线性方程组解的性质.
4. 阐述极大无关组的概念.
5. 阐述基础解系的概念.
6. 求下列齐次线性方程组的结构式通解：

$$\begin{cases} x_1-x_2-x_3+x_4=0, \\ x_1-x_2+x_3-3x_4=0, \\ x_1-x_2-2x_3+3x_4=0. \end{cases}$$

课堂讲习

案例　求齐次线性方程组$\begin{cases} x_1+x_2+2x_3-x_4=0, \\ 2x_1+x_2+x_3-x_4=0, \\ 2x_1+2x_2+x_3+2x_4=0 \end{cases}$的基础解系及通解.

对于线性方程组，已经解决了方程组解的判定及如何求解的问题. 在线性方程组有无穷多解的条件下，我们将进一步讨论线性方程组解的结构.

6.15.1　齐次线性方程组解的性质

齐次线性方程组

$$\begin{cases} a_{11}x_1+a_{12}x_2+\cdots+a_{1n}x_n=0, \\ a_{21}x_1+a_{22}x_2+\cdots+a_{2n}x_n=0, \\ \cdots\cdots\cdots\cdots \\ a_{m1}x_1+a_{m2}x_2+\cdots+a_{mn}x_n=0. \end{cases} \tag{1}$$

的矩阵形式为

$$\boldsymbol{AX}=\boldsymbol{0}, \tag{2}$$

其中

$$\boldsymbol{A}=(a_{ij})_{m\times n},\boldsymbol{X}=\begin{pmatrix}x_1\\x_2\\\vdots\\x_n\end{pmatrix},\boldsymbol{0}=\begin{pmatrix}0\\0\\\vdots\\0\end{pmatrix}.$$

若 $x_1=c_1,x_2=c_2,\cdots,x_n=c_n$ 为齐次线性方程组(1)的解，则

$$\boldsymbol{\xi}=\begin{pmatrix}c_1\\c_2\\\vdots\\c_n\end{pmatrix}$$

称为齐次线性方程组(1)的**解向量**(简称为**解**)，也就是方程(2)的解.

齐次线性方程组(1)的解向量有如下性质：

性质 1 若 $\boldsymbol{X}_1=\boldsymbol{\xi}_1,\boldsymbol{X}_2=\boldsymbol{\xi}_2$ 是齐次线性方程组(1)的两个解，则 $\boldsymbol{X}=\boldsymbol{\xi}_1+\boldsymbol{\xi}_2$ 也是方程组(1)的解.

性质 2 若 $\boldsymbol{X}=\boldsymbol{\xi}$ 是齐次线性方程组(1)的解，k 为任意实数，则 $\boldsymbol{X}=k\boldsymbol{\xi}$ 也是方程组(1)的解.

性质 3 若 $\boldsymbol{\xi}_1,\boldsymbol{\xi}_2,\cdots,\boldsymbol{\xi}_s$ 是齐次线性方程组(1)的解，则 $k_1\boldsymbol{\xi}_1+k_2\boldsymbol{\xi}_2+\cdots+k_s\boldsymbol{\xi}_s$ ($k_1,k_2,\cdots,k_s$ 均为实数)也是方程组(1)的解.

6.15.2 齐次线性方程组解的结构

由以上分析知，若要表示出齐次线性方程组全部的解，只需要求得 $\boldsymbol{AX}=\boldsymbol{0}$ 的所有解的一个极大线性无关组 $\boldsymbol{\xi}_1,\boldsymbol{\xi}_2,\cdots,\boldsymbol{\xi}_s$，则齐次线性方程组 $\boldsymbol{AX}=\boldsymbol{0}$ 的任意一个解 $\boldsymbol{X}$ 均可由此极大线性无关组线性表示为 $\boldsymbol{X}=k_1\boldsymbol{\xi}_1+k_2\boldsymbol{\xi}_2+\cdots+k_s\boldsymbol{\xi}_s$，其中 $k_1,k_2,\cdots,k_s$ 均为实数.

为了讨论齐次线性方程组解的结构，我们先引入基础解系的概念.

定义 设 $\boldsymbol{\xi}_1,\boldsymbol{\xi}_2,\cdots,\boldsymbol{\xi}_s$ 是齐次线性方程组(1)的 s 个解(解向量)，如果满足：

(1) $\boldsymbol{\xi}_1,\boldsymbol{\xi}_2,\cdots,\boldsymbol{\xi}_s$ 线性无关；

(2) 方程组(1)或(2)的任意一个解都可以由 $\boldsymbol{\xi}_1,\boldsymbol{\xi}_2,\cdots,\boldsymbol{\xi}_s$ 线性表示，

则称 $\boldsymbol{\xi}_1,\boldsymbol{\xi}_2,\cdots,\boldsymbol{\xi}_s$ 为方程组(1)或(2)的一个**基础解系**.

由定义知，基础解系是方程组(1)或(2)所有解向量的一个极大无关组. 显然，基础解系如果存在，便不是唯一的.

定理 设齐次线性方程组 $\boldsymbol{AX}=\boldsymbol{0}$ 的系数矩阵 $\boldsymbol{A}$ 的秩 $r(\boldsymbol{A})=r<n$(其中 n 为未知量的个数)，则方程组一定存在基础解系，且基础解系中含有 $n-r$ 个解向量. 如果 $\boldsymbol{\xi}_1,\boldsymbol{\xi}_2,\cdots,\boldsymbol{\xi}_{n-r}$ 是其中一个基础解系，则齐次线性方程组 $\boldsymbol{AX}=\boldsymbol{0}$ 的任一解(**结构式通解**)可表示为

$$\boldsymbol{X}=k_1\boldsymbol{\xi}_1+k_2\boldsymbol{\xi}_2+\cdots+k_{n-r}\boldsymbol{\xi}_{n-r},$$

其中 $k_1,k_2,\cdots,k_{n-r}$ 为一组任意实数.

以下介绍求齐次线性方程组 $\boldsymbol{AX}=\boldsymbol{0}$ 的基础解系的一般步骤：

(1) 将齐次线性方程组的系数矩阵通过初等行变换化为行最简阶梯形矩阵，确定系数矩阵的秩为 $r(\boldsymbol{A})=r$，判定方程组解的情况；

(2) 将阶梯形矩阵中非主元列所对应的变量作为自由未知量(共有 $n-r$ 个)，再根据行

最简阶梯形矩阵写出对应的方程组，即同解方程组，求出原方程组的解；

(3) 给自由未知量赋值：令其中的一个为 1，其余为 0，求出 $n-r$ 个线性无关的解向量（这 $n-r$ 个解向量可构成基础解系），最后写出齐次线性方程组的结构式通解.

例题 求齐次方程组

$$\begin{cases} x_1-x_2-x_3+x_4=0, \\ x_1-x_2+x_3-3x_4=0, \\ x_1-x_2-2x_3+3x_4=0 \end{cases}$$

的基础解系及通解.

解 将此方程组的系数矩阵经过初等行变换化为行最简阶梯形矩阵：

$$A=\begin{pmatrix} 1 & -1 & -1 & 1 \\ 1 & -1 & 1 & -3 \\ 1 & -1 & -2 & 3 \end{pmatrix} \to \begin{pmatrix} 1 & -1 & -1 & 1 \\ 0 & 0 & 2 & -4 \\ 0 & 0 & -1 & 2 \end{pmatrix} \to \begin{pmatrix} 1 & -1 & -1 & 1 \\ 0 & 0 & 1 & -2 \\ 0 & 0 & 0 & 0 \end{pmatrix}$$

$$\to \begin{pmatrix} 1 & -1 & 0 & -1 \\ 0 & 0 & 1 & -2 \\ 0 & 0 & 0 & 0 \end{pmatrix}.$$

可得原方程组的同解方程组为

$$\begin{cases} x_1-x_2-x_4=0, \\ x_3-2x_4=0. \end{cases}$$

则方程组的解为

$$\begin{cases} x_1=x_2+x_4, \\ x_2=x_2, \\ x_3=2x_4, \\ x_4=x_4, \end{cases}$$

其中 x_2, x_4 为自由未知量.

分别取 $\begin{pmatrix} x_2 \\ x_4 \end{pmatrix}=\begin{pmatrix} 1 \\ 0 \end{pmatrix}, \begin{pmatrix} 0 \\ 1 \end{pmatrix}$，得到原方程组的一个基础解系：

$$\boldsymbol{\xi}_1=\begin{pmatrix} 1 \\ 1 \\ 0 \\ 0 \end{pmatrix}, \boldsymbol{\xi}_2=\begin{pmatrix} 1 \\ 0 \\ 2 \\ 1 \end{pmatrix},$$

所以原方程组的通解为 $\boldsymbol{X}=k_1\boldsymbol{\xi}_1+k_2\boldsymbol{\xi}_2$，

即

$$\begin{pmatrix} x_1 \\ x_2 \\ x_3 \\ x_4 \end{pmatrix}=k_1\begin{pmatrix} 1 \\ 1 \\ 0 \\ 0 \end{pmatrix}+k_2\begin{pmatrix} 1 \\ 0 \\ 2 \\ 1 \end{pmatrix} \quad (k_1, k_2 \text{ 为任意常数}).$$

练习 1 求齐次线性方程组

$$\begin{cases} x_1+x_2+2x_3-x_4=0, \\ 2x_1+x_2+x_3-x_4=0, \\ 2x_1+2x_2+x_3+2x_4=0 \end{cases}$$

的基础解系及通解.

解

练习 2 求齐次线性方程组

$$\begin{cases} x_1+3x_2-2x_3+x_4=0, \\ 2x_1+x_2-3x_3=0, \\ x_1-2x_2-x_3-x_4=0 \end{cases}$$

的基础解系及通解.

解

日期：________________　　教师：________________

6.16　非齐次线性方程组解的结构

学习内容：非齐次线性方程组解的结构.

目的要求：掌握非齐次线性方程组解的性质和解的结构，理解特解、导出组及其基础解系的概念，会求非齐次线性方程组的通解.

重点难点：非齐次线性方程组解的性质，非齐次线性方程组的结构式通解.

课前探讨

1. 阐述非齐次线性方程组解的判定方法.
2. 介绍如何利用初等行变换法求解非齐次线性方程组.
3. 阐述齐次线性方程组解的性质.
4. 阐述非齐次线性方程组解的性质.
5. 阐述非齐次线性方程组的结构式通解定义.
6. 求下列非齐次线性方程组的结构式通解：

$$\begin{cases} x_1+2x_2-x_3+x_4=1, \\ 2x_1+4x_2-2x_3+x_4=2, \\ x_1+2x_2-x_3-x_4=1. \end{cases}$$

课堂讲习

案例　求非齐次线性方程组

$$\begin{cases} x_1-x_2-x_3+x_4=0, \\ x_1-x_2+x_3-3x_4=2, \\ x_1-x_2-2x_3+3x_4=-1 \end{cases}$$

的通解.

在齐次线性方程组有无穷多解的条件下，我们讨论了其解的结构问题（基础解系、通解）. 本节将在非齐次线性方程组有无穷多解的条件下，讨论非齐次线性方程组解的结构问题.

6.16.1 非齐次线性方程组解的性质

设有非齐次线性方程组

$$\begin{cases} a_{11}x_1 + a_{12}x_2 + \cdots + a_{1n}x_n = b_1, \\ a_{21}x_1 + a_{22}x_2 + \cdots + a_{2n}x_n = b_2, \\ \cdots\cdots\cdots\cdots \\ a_{m1}x_1 + a_{m2}x_2 + \cdots + a_{mn}x_n = b_m. \end{cases} \tag{1}$$

为了方便，我们称相对应的齐次线性方程组

$$\begin{cases} a_{11}x_1 + a_{12}x_2 + \cdots + a_{1n}x_n = 0, \\ a_{21}x_1 + a_{22}x_2 + \cdots + a_{2n}x_n = 0, \\ \cdots\cdots\cdots\cdots \\ a_{m1}x_1 + a_{m2}x_2 + \cdots + a_{mn}x_n = 0. \end{cases} \tag{2}$$

为非齐次线性方程组(1)的**导出方程组**(简称**导出组**)，非齐次线性方程组与其导出方程组解之间有如下关系.

性质 1 若 $\boldsymbol{X}_1 = \boldsymbol{\eta}_1, \boldsymbol{X}_2 = \boldsymbol{\eta}_2$ 都是方程组(1)的解，则 $\boldsymbol{X} = \boldsymbol{\eta}_1 - \boldsymbol{\eta}_2$ 必为其导出组(2)的解.

性质 2 若 $\boldsymbol{X}_1 = \boldsymbol{\eta}$ 是方程组(1)的解，$\boldsymbol{X}_2 = \boldsymbol{\xi}$ 是它的导出组(2)的解，则 $\boldsymbol{X} = \boldsymbol{\eta} + \boldsymbol{\xi}$ 是方程组(1)的解.

6.16.2 非齐次线性方程组解的结构

定理 设 $\boldsymbol{\eta}_0$ 是方程组(1)的一个解(称为**特解**)，$\boldsymbol{\xi}_1, \boldsymbol{\xi}_2 \cdots, \boldsymbol{\xi}_{n-r}$ 是它导出组(2)的一个基础解系，则方程组(1)的任一解(**结构式通解**)为

$$\boldsymbol{X} = k_1\boldsymbol{\xi}_1 + \cdots + k_{n-r}\boldsymbol{\xi}_{n-r} + \boldsymbol{\eta}_0 \quad (k_1, \cdots, k_{n-r} \in \mathbf{R}).$$

也就是说，非齐次线性方程组的通解等于它的一个特解加上对应的齐次线性方程组的通解.

以下介绍求非齐次线性方程组(1)的通解的一般步骤：

(1) 将非齐次线性方程组的增广矩阵通过初等行变换化为行最简阶梯形矩阵，确定系数矩阵的秩为 $r(\boldsymbol{A}) = r$，判定方程组解的情况；

(2) 将阶梯形矩阵中非主元列所对应的变量作为自由未知量(共有 $n-r$ 个)，再根据行最简阶梯形矩阵写出对应的方程组，即同解方程组，求出原方程组的解；

(3) 令所有自由未知量为零，得出方程组的一个特解 $\boldsymbol{\eta}_0$；

(4) 写出原方程组对应的导出组的解，给自由未知量赋值：令其中的一个为 1，其余全为 0，求出 $n-r$ 个线性无关的解向量(这 $n-r$ 个解向量可构成导出组的基础解系)，最后写出非齐次线性方程组的结构式通解.

例题 求非齐次方程组

$$\begin{cases} 2x_1 - 3x_2 + 6x_3 - 5x_4 = 3, \\ -x_1 + 2x_2 - 5x_3 + 3x_4 = -1, \\ 4x_1 - 5x_2 + 8x_3 - 9x_4 = 7 \end{cases}$$

的通解.

解 将此方程组的增广矩阵经过初等行变换化为行最简阶梯形矩阵：

$$\overline{\mathbf{A}}=\begin{pmatrix}2&-3&6&-5&3\\-1&2&-5&3&-1\\4&-5&8&-9&7\end{pmatrix}\to\begin{pmatrix}1&-2&5&-3&1\\2&-3&6&-5&3\\4&-5&8&-9&7\end{pmatrix}$$

$$\to\begin{pmatrix}1&-2&5&-3&1\\0&1&-4&1&1\\0&3&-12&3&3\end{pmatrix}\to\begin{pmatrix}1&0&-3&-1&3\\0&1&-4&1&1\\0&0&0&0&0\end{pmatrix}.$$

由行最简阶梯形矩阵知 $r(\overline{\mathbf{A}})=r(\mathbf{A})=2$，故原方程组有解.

原方程组的同解方程组为

$$\begin{cases}x_1\qquad -3x_3-x_4=3,\\ \qquad x_2-4x_3+x_4=1,\end{cases}$$

则方程组的解为

$$\begin{cases}x_1=3+3x_3+x_4,\\x_2=1+4x_3-x_4,\\x_3=\qquad x_3,\\x_4=\qquad\qquad x_4,\end{cases}$$

其中 x_3,x_4 为自由未知量.

令 $\begin{pmatrix}x_3\\x_4\end{pmatrix}=\begin{pmatrix}0\\0\end{pmatrix}$，代入上式，得到方程组的一个特解 $\boldsymbol{\eta}_0=\begin{pmatrix}3\\1\\0\\0\end{pmatrix}$. 显然，原方程组的导出组的解为

$$\begin{cases}x_1=3x_3+x_4,\\x_2=4x_3-x_4,\\x_3=\ x_3,\\x_4=\qquad x_4.\end{cases}$$

分别取 $\begin{pmatrix}x_3\\x_4\end{pmatrix}=\begin{pmatrix}1\\0\end{pmatrix},\begin{pmatrix}0\\1\end{pmatrix}$，代入上式，可得到导出组的一个基础解系：

$$\boldsymbol{\xi}_1=\begin{pmatrix}3\\4\\1\\0\end{pmatrix},\boldsymbol{\xi}_2=\begin{pmatrix}1\\-1\\0\\1\end{pmatrix}.$$

所以原方程组的通解为 $\mathbf{X}=k_1\boldsymbol{\xi}_1+k_2\boldsymbol{\xi}_2+\boldsymbol{\eta}_0$，

即
$$\begin{pmatrix}x_1\\x_2\\x_3\\x_4\end{pmatrix}=k_1\begin{pmatrix}3\\4\\1\\0\end{pmatrix}+k_2\begin{pmatrix}1\\-1\\0\\1\end{pmatrix}+\begin{pmatrix}3\\1\\0\\0\end{pmatrix}\quad(k_1,k_2\text{ 为任意常数}).$$

练习 1 求非齐次线性方程组

$$\begin{cases} x_1-x_2-\ x_3+\ x_4=\ 0, \\ x_1-x_2+\ x_3-3x_4=\ 2, \\ x_1-x_2-2x_3+3x_4=-1 \end{cases}$$

的通解.

解

练习 2 当参数 a 为何值时，非齐次线性方程组

$$\begin{cases} x_1+\ 5x_2-\ x_3-\ x_4=-1, \\ x_1+\ 7x_2+\ x_3+3x_4=\ 3, \\ 3x_1+17x_2-\ x_3+\ x_4=\ a, \\ x_1+\ 3x_2-3x_3-5x_4=-5 \end{cases}$$

有解？并求其通解.

解

日期：________________ 教师：________________

6.17 第6模块习题课(三)

学习内容：线性方程组部分总结.

目的要求：熟练掌握线性方程组的解法，学会判断方程组解的情况，理解向量组的线性相关性，掌握极大线性无关组的求法，熟练掌握齐次、非齐次线性方程组结构式通解的求法.

重点难点：初等行变换求解线性方程组，齐次、非齐次线性方程组结构式通解的求法.

课前探讨

1. 复习线性方程组的解法.
2. 复习线性方程组解的判断.
3. 复习向量与向量组的概念.
4. 复习齐次线性方程组解的结构.
5. 复习非齐次线性方程组解的结构.

内容精要

本部分主要介绍了线性方程组的相关理论，以及如何求线性方程组的解，现归纳解线性方程组的主要步骤：

1. 齐次线性方程组

(1) 写出系数矩阵 $\boldsymbol{A}$.

(2) 对 $\boldsymbol{A}$ 进行初等行变换化为阶梯形矩阵.

(3) 根据系数矩阵的秩即 $r(\boldsymbol{A})$ 判断方程组是否有非零解：

① 若 $r(\boldsymbol{A})=n$(未知量个数)，则方程组有唯一解(零解)；

② 若 $r(\boldsymbol{A})<n$，则方程组有无穷多解(非零解).

(4) 当方程组有非零解时，对系数矩阵 $\boldsymbol{A}$ 继续施行初等行变换化为行最简阶梯形矩阵.

(5) 找出自由未知量并赋值.

(6) 求出基础解系，写出通解.

2. 非齐次线性方程组

(1) 写出增广矩阵 $\overline{\boldsymbol{A}}$.

(2) 对 $\overline{\boldsymbol{A}}$ 实行初等行变换化为阶梯形矩阵.

(3) 根据增广矩阵的秩 $r(\bar{\boldsymbol{A}})$ 和系数矩阵的秩 $r(\boldsymbol{A})$，判断方程组解的情况：

① 若 $r(\bar{\boldsymbol{A}})\neq r(\boldsymbol{A})$，则方程组无解；

② 若 $r(\bar{\boldsymbol{A}})=r(\boldsymbol{A})=n$，则方程组有唯一解；

③ 若 $r(\bar{\boldsymbol{A}})=r(\boldsymbol{A})<n$，则方程组有无穷多解.

(4) 当方程组有无穷多解时，对增广矩阵 $\bar{\boldsymbol{A}}$ 继续施行初等行变换化为行最简阶梯形矩阵.

(5) 找出自由未知量并赋值.

(6) 求出一个特解及导出方程组的基础解系，写出通解.

3. 向量与向量组

利用矩阵的秩判断向量组的线性相关性，并求出一个极大线性无关组.

习题讲解

1. 填空题

(1) 若线性方程组 $\begin{cases}x_1-x_2=0,\\x_1+\lambda x_2=0\end{cases}$ 有非零解，则 $\lambda=$________.

(2) 齐次线性方程组 $\boldsymbol{AX}=\boldsymbol{0}$ 的系数矩阵为 $\boldsymbol{A}=\begin{pmatrix}1&-1&2&3\\0&1&0&-2\\0&0&0&0\end{pmatrix}$，则此方程组的一般解为________.

(3) 线性方程组 $\boldsymbol{AX}=\boldsymbol{B}$ 的增广矩阵 $\bar{\boldsymbol{A}}$ 化成阶梯形矩阵后为

$$\bar{\boldsymbol{A}}\to\begin{pmatrix}1&2&0&1&0\\0&4&2&-1&1\\0&0&0&0&d+1\end{pmatrix},$$

则当 $d=$________时，方程组 $\boldsymbol{AX}=\boldsymbol{B}$ 有无穷多解.

(4) 已知向量组 $\boldsymbol{\alpha}_1=(1,3,1)$，$\boldsymbol{\alpha}_2=(0,1,1)$，$\boldsymbol{\alpha}_3=(1,4,k)$ 的极大线性无关组所含向量的个数为 2，则 $k=$________.

(5) 方程组 $\begin{pmatrix}-2&3&0\\1&1&0\end{pmatrix}\begin{pmatrix}x_1\\x_2\\x_3\end{pmatrix}=\begin{pmatrix}0\\0\end{pmatrix}$ 的基础解系所含向量的个数是________.

2. 选择题

(1) 设线性方程组 $\boldsymbol{AX}=\boldsymbol{B}$ 的增广矩阵通过初等行变换化为 $\begin{pmatrix}1&3&1&2&6\\0&-1&3&1&4\\0&0&0&2&-1\\0&0&0&0&0\end{pmatrix}$，则此线性方程组的一般解中自由未知量的个数为________.

A. 1 B. 2 C. 3 D. 4

(2) 线性方程组 $\begin{cases}x_1+x_2=1,\\x_1+x_2=0,\end{cases}$ 解的情况是________.

A. 无解 B. 只有零解 C. 有唯一解 D. 有无穷多解

(3) 若线性方程组的增广矩阵为 $\overline{\boldsymbol{A}}=\begin{pmatrix}1 & \lambda & 2\\ 2 & 1 & 0\end{pmatrix}$，则当 $\lambda=$________时线性方程组无解.

A. $\frac{1}{2}$　　B. 0　　C. 1　　D. 2

(4) 线性方程组 $\boldsymbol{AX}=\boldsymbol{0}$ 只有零解，则 $\boldsymbol{AX}=\boldsymbol{B}(\boldsymbol{B}\neq\boldsymbol{0})$________.

A. 有唯一解　　B. 可能无解　　C. 有无穷多解　　D. 无解

(5) 设线性方程组 $\boldsymbol{AX}=\boldsymbol{B}$ 中，若 $r(\overline{\boldsymbol{A}})=4$，$r(\boldsymbol{A})=3$，则该线性方程组________.

A. 有唯一解　　B. 无解　　C. 有非零解　　D. 有无穷多解

(6) 设线性方程组 $\boldsymbol{AX}=\boldsymbol{B}(\boldsymbol{B}\neq\boldsymbol{0})$ 有唯一解，则相应的齐次方程组 $\boldsymbol{AX}=\boldsymbol{0}$________.

A. 无解　　B. 有非零解　　C. 只有零解　　D. 解不能确定

(7) 当 $\lambda=$________时，下列方程组有唯一解.

$$\begin{cases}x_1+x_2+x_3=\lambda-1,\\ 2x_2-x_3=\lambda-2,\\ \lambda(\lambda-3)(\lambda-1)x_3=3-\lambda.\end{cases}$$

A. 0　　B. 2　　C. 3　　D. 1

(8) 当 $\lambda=$________时，下列方程组有无穷多解.

$$\begin{cases}x_1+2x_2-x_3=\lambda-1,\\ 3x_2-x_3=\lambda-2,\\ \lambda x_2-x_3=(\lambda-3)(\lambda-4)+(\lambda-2).\end{cases}$$

A. 1　　B. 2　　C. 3　　D. 4

(9) 当 $\lambda=$________时，下列方程组无解.

$$\begin{cases}x_1+2x_2-x_3=4\\ x_2+2x_3=2,\\ (\lambda-2)x_3=(\lambda-3)(\lambda-4).\end{cases}$$

A. 0　　B. 2　　C. 3　　D. 4

(10) 齐次线性方程组 $\boldsymbol{AX}=\boldsymbol{0}$ 是线性方程组 $\boldsymbol{AX}=\boldsymbol{B}$ 的导出组，则________.

A. $\boldsymbol{AX}=\boldsymbol{0}$ 有零解时，$\boldsymbol{AX}=\boldsymbol{B}$ 有唯一解

B. $\boldsymbol{AX}=\boldsymbol{0}$ 有非零解时，$\boldsymbol{AX}=\boldsymbol{B}$ 有无穷多解

C. $\boldsymbol{u}$ 是 $\boldsymbol{AX}=\boldsymbol{0}$ 的通解，$\boldsymbol{x}_0$ 是 $\boldsymbol{AX}=\boldsymbol{B}$ 的特解时，$\boldsymbol{x}_0+\boldsymbol{u}$ 是 $\boldsymbol{AX}=\boldsymbol{B}$ 的通解

D. $\boldsymbol{v}_1,\boldsymbol{v}_2$ 是 $\boldsymbol{AX}=\boldsymbol{0}$ 的解时，$\boldsymbol{v}_1-\boldsymbol{v}_2$ 是 $\boldsymbol{AX}=\boldsymbol{B}$ 的解

3. 计算题

(1) λ 为何值时，向量组 $\boldsymbol{\alpha}_1=(-1,-3,3)$，$\boldsymbol{\alpha}_2=(2,1,-1)$，$\boldsymbol{\alpha}_3=(1,3,\lambda)$ 线性相关？

（2）已知

$$\boldsymbol{\alpha}_1=\begin{pmatrix}1\\2\\3\\1\end{pmatrix},\boldsymbol{\alpha}_2=\begin{pmatrix}2\\3\\1\\2\end{pmatrix},\boldsymbol{\alpha}_3=\begin{pmatrix}3\\1\\2\\-2\end{pmatrix},\boldsymbol{\beta}=\begin{pmatrix}0\\4\\2\\5\end{pmatrix},$$

那么向量 $\boldsymbol{\beta}$ 能否由向量组 $\boldsymbol{\alpha}_1,\boldsymbol{\alpha}_2,\boldsymbol{\alpha}_3$ 线性表示？

（3）设线性方程组

$$\begin{cases}x_1\qquad+2x_3=-1,\\-x_1+x_2-3x_3=2,\\2x_1-x_2+5x_3=0,\end{cases}$$

求其系数矩阵和增广矩阵的秩，并判断其解的情况.

（4）求齐次线性方程组

$$\begin{cases}-x_1+x_2-x_3+x_4=0,\\3x_1-3x_2+3x_3-3x_4=0,\\-5x_1+5x_2-5x_3+5x_4=0\end{cases}$$

的基础解系及通解.

（5）求齐次线性方程组

$$\begin{cases} x_1 - 3x_2 + x_3 - 2x_4 = 0, \\ -5x_1 + x_2 - 2x_3 + 3x_4 = 0, \\ -x_1 - 11x_2 + 2x_3 - 5x_4 = 0, \\ 3x_1 + 5x_2 + x_4 = 0 \end{cases}$$

的基础解系及通解.

（6）求非齐次线性方程组

$$\begin{cases} x_1 + x_2 - 3x_3 - x_4 = 1, \\ 3x_1 - x_2 - 3x_3 + 4x_4 = 4, \\ x_1 + 5x_2 - 9x_3 - 8x_4 = 0 \end{cases}$$

的通解.

（7）求非齐次线性方程组

$$\begin{cases} x_1 + 4x_2 - x_3 - x_4 = -1, \\ x_1 - 2x_2 + x_3 + 2x_4 = 3, \\ 2x_1 + 2x_2 + x_4 = 2, \\ 3x_1 + x_3 + 3x_4 = 5 \end{cases}$$

的通解.

附录　常用积分公式

1. 含有 $ax+b$ 的积分

(1) $\int \frac{dx}{ax+b} = \frac{1}{a}\ln|ax+b| + C$

(2) $\int (ax+b)^{\mu}dx = \frac{1}{a(\mu+1)}(ax+b)^{\mu+1} + C \quad (\mu \neq -1)$

(3) $\int \frac{x}{ax+b}dx = \frac{1}{a^2}(ax+b-b\ln|ax+b|) + C$

(4) $\int \frac{x^2}{ax+b}dx = \frac{1}{a^3}\left[\frac{1}{2}(ax+b)^2 - 2b(ax+b) + b^2\ln|ax+b|\right] + C$

(5) $\int \frac{dx}{x(ax+b)} = -\frac{1}{b}\ln\left|\frac{ax+b}{x}\right| + C$

(6) $\int \frac{dx}{x^2(ax+b)} = -\frac{1}{bx} + \frac{a}{b^2}\ln\left|\frac{ax+b}{x}\right| + C$

(7) $\int \frac{x}{(ax+b)^2}dx = \frac{1}{a^2}\left(\ln|ax+b| + \frac{b}{ax+b}\right) + C$

(8) $\int \frac{x^2}{(ax+b)^2}dx = \frac{1}{a^3}\left(ax+b-2b\ln|ax+b| - \frac{b^2}{ax+b}\right) + C$

(9) $\int \frac{dx}{x(ax+b)^2} = \frac{1}{b(ax+b)} - \frac{1}{b^2}\ln\left|\frac{ax+b}{x}\right| + C$

2. 含有 $\sqrt{ax+b}$ 的积分

(10) $\int \sqrt{ax+b}\,dx = \frac{2}{3a}\sqrt{(ax+b)^3} + C$

(11) $\int x\sqrt{ax+b}\,dx = \frac{2}{15a^2}(3ax-2b)\sqrt{(ax+b)^3} + C$

(12) $\int x^2\sqrt{ax+b}\,dx = \frac{2}{105a^3}(15a^2x^2 - 12abx + 8b^2)\sqrt{(ax+b)^3} + C$

(13) $\int \frac{x}{\sqrt{ax+b}}dx = \frac{2}{3a^2}(ax-2b)\sqrt{ax+b} + C$

(14) $\int \frac{x^2}{\sqrt{ax+b}}dx = \frac{2}{15a^3}(3a^2x^2 - 4abx + 8b^2)\sqrt{ax+b} + C$

(15) $$\int \frac{dx}{x\sqrt{ax+b}} = \begin{cases} \frac{1}{\sqrt{b}}\ln\left|\frac{\sqrt{ax+b}-\sqrt{b}}{\sqrt{ax+b}+\sqrt{b}}\right| + C & (b > 0) \\ \frac{2}{\sqrt{-b}}\arctan\sqrt{\frac{ax+b}{-b}} + C & (b < 0) \end{cases}$$

(16) $\int \frac{dx}{x^2\sqrt{ax+b}} = -\frac{\sqrt{ax+b}}{bx} - \frac{a}{2b}\int \frac{dx}{x\sqrt{ax+b}}$

(17) $\int \frac{\sqrt{ax+b}}{x}dx = 2\sqrt{ax+b} + b\int \frac{dx}{x\sqrt{ax+b}}$

(18) $\int \frac{\sqrt{ax+b}}{x^2}dx = -\frac{\sqrt{ax+b}}{x} + \frac{a}{2}\int \frac{dx}{x\sqrt{ax+b}}$

3. 含有 $x^2 \pm a^2$ 的积分

(19) $\int \frac{dx}{x^2+a^2} = \frac{1}{a}\arctan \frac{x}{a} + C$

(20) $\int \frac{dx}{(x^2+a^2)^n} = \frac{x}{2(n-1)a^2(x^2+a^2)^{n-1}} + \frac{2n-3}{2(n-1)a^2}\int \frac{dx}{(x^2+a^2)^{n-1}}$

(21) $\int \frac{dx}{x^2-a^2} = \frac{1}{2a}\ln\left|\frac{x-a}{x+a}\right| + C$

4. 含有 $ax^2+b(a>0)$ 的积分

(22) $\int \frac{dx}{ax^2+b} = \begin{cases} \frac{1}{\sqrt{ab}}\arctan\sqrt{\frac{a}{b}}\,x + C & (b>0) \\ \frac{1}{2\sqrt{-ab}}\ln\left|\frac{\sqrt{a}x-\sqrt{-b}}{\sqrt{a}x+\sqrt{-b}}\right| + C & (b<0) \end{cases}$

(23) $\int \frac{x}{ax^2+b}dx = \frac{1}{2a}\ln|ax^2+b| + C$

(24) $\int \frac{x^2}{ax^2+b}dx = \frac{x}{a} - \frac{b}{a}\int \frac{dx}{ax^2+b}$

(25) $\int \frac{dx}{x(ax^2+b)} = \frac{1}{2b}\ln\frac{x^2}{|ax^2+b|} + C$

(26) $\int \frac{dx}{x^2(ax^2+b)} = -\frac{1}{bx} - \frac{a}{b}\int \frac{dx}{ax^2+b}$

(27) $\int \frac{dx}{x^3(ax^2+b)} = \frac{a}{2b^2}\ln\frac{|ax^2+b|}{x^2} - \frac{1}{2bx^2} + C$

(28) $\int \frac{dx}{(ax^2+b)^2} = \frac{x}{2b(ax^2+b)} + \frac{1}{2b}\int \frac{dx}{ax^2+b}$

5. 含有 ax^2+bx+c $(a>0)$的积分

(29) $\int \frac{dx}{ax^2+bx+c} = \begin{cases} \frac{2}{\sqrt{4ac-b^2}}\arctan\frac{2ax+b}{\sqrt{4ac-b^2}} + C & (b^2<4ac) \\ \frac{1}{\sqrt{b^2-4ac}}\ln\left|\frac{2ax+b-\sqrt{b^2-4ac}}{2ax+b+\sqrt{b^2-4ac}}\right| + C & (b^2>4ac) \end{cases}$

(30) $\int \frac{x}{ax^2+bx+c}dx = \frac{1}{2a}\ln|ax^2+bx+c| - \frac{b}{2a}\int \frac{dx}{ax^2+bx+c}$

6. 含有 $\sqrt{x^2+a^2}$ $(a>0)$的积分

(31) $\int \frac{dx}{\sqrt{x^2+a^2}} = \operatorname{arsh}\frac{x}{a} + C_1 = \ln(x+\sqrt{x^2+a^2}) + C$

(32) $\int \frac{dx}{\sqrt{(x^2+a^2)^3}} = \frac{x}{a^2\sqrt{x^2+a^2}} + C$

(33) $\int \frac{x}{\sqrt{x^2+a^2}}dx = \sqrt{x^2+a^2} + C$

(34) $\int \frac{x}{\sqrt{(x^2+a^2)^3}}dx = -\frac{1}{\sqrt{x^2+a^2}} + C$

(35) $\int \frac{x^2}{\sqrt{x^2+a^2}}dx = \frac{x}{2}\sqrt{x^2+a^2} - \frac{a^2}{2}\ln(x+\sqrt{x^2+a^2}) + C$

(36) $\int \frac{x^2}{\sqrt{(x^2+a^2)^3}}dx = -\frac{x}{\sqrt{x^2+a^2}} + \ln(x+\sqrt{x^2+a^2}) + C$

(37) $\int \frac{dx}{x\sqrt{x^2+a^2}} = \frac{1}{a}\ln\frac{\sqrt{x^2+a^2}-a}{|x|} + C$

(38) $\int \frac{dx}{x^2\sqrt{x^2+a^2}} = -\frac{\sqrt{x^2+a^2}}{a^2x} + C$

(39) $\int \sqrt{x^2+a^2}dx = \frac{x}{2}\sqrt{x^2+a^2} + \frac{a^2}{2}\ln(x+\sqrt{x^2+a^2}) + C$

(40) $\int \sqrt{(x^2+a^2)^3}dx = \frac{x}{8}(2x^2+5a^2)\sqrt{x^2+a^2} + \frac{3}{8}a^4\ln(x+\sqrt{x^2+a^2}) + C$

(41) $\int x\sqrt{x^2+a^2}dx = \frac{1}{3}\sqrt{(x^2+a^2)^3} + C$

(42) $\int x^2\sqrt{x^2+a^2}dx = \frac{x}{8}(2x^2+a^2)\sqrt{x^2+a^2} - \frac{a^4}{8}\ln(x+\sqrt{x^2+a^2}) + C$

(43) $\int \frac{\sqrt{x^2+a^2}}{x}dx = \sqrt{x^2+a^2} + a\ln\frac{\sqrt{x^2+a^2}-a}{|x|} + C$

(44) $\int \frac{\sqrt{x^2+a^2}}{x^2}dx = -\frac{\sqrt{x^2+a^2}}{x} + \ln(x+\sqrt{x^2+a^2}) + C$

7. 含有 $\sqrt{x^2-a^2}$ $(a>0)$ 的积分

(45) $\int \frac{dx}{\sqrt{x^2-a^2}} = \frac{x}{|x|}\operatorname{arch}\frac{|x|}{a} + C_1 = \ln\left|x+\sqrt{x^2-a^2}\right| + C$

(46) $\int \frac{dx}{\sqrt{(x^2-a^2)^3}} = -\frac{x}{a^2\sqrt{x^2-a^2}} + C$

(47) $\int \frac{x}{\sqrt{x^2-a^2}}dx = \sqrt{x^2-a^2} + C$

(48) $\int \frac{x}{\sqrt{(x^2-a^2)^3}}dx = -\frac{1}{\sqrt{x^2-a^2}} + C$

(49) $\int \frac{x^2}{\sqrt{x^2-a^2}}dx = \frac{x}{2}\sqrt{x^2-a^2} + \frac{a^2}{2}\ln\left|x+\sqrt{x^2-a^2}\right| + C$

(50) $\int \frac{x^2}{\sqrt{(x^2-a^2)^3}}dx = -\frac{x}{\sqrt{x^2-a^2}} + \ln\left|x+\sqrt{x^2-a^2}\right| + C$

(51) $\int \frac{dx}{x\sqrt{x^2-a^2}} = \frac{1}{a}\arccos\frac{a}{|x|} + C$

(52) $\int \frac{dx}{x^2\sqrt{x^2-a^2}} = \frac{\sqrt{x^2-a^2}}{a^2 x} + C$

(53) $\int \sqrt{x^2-a^2}\,dx = \frac{x}{2}\sqrt{x^2-a^2} - \frac{a^2}{2}\ln\left|x+\sqrt{x^2-a^2}\right| + C$

(54) $\int \sqrt{(x^2-a^2)^3}\,dx = \frac{x}{8}(2x^2-5a^2)\sqrt{x^2-a^2} + \frac{3}{8}a^4\ln\left|x+\sqrt{x^2-a^2}\right| + C$

(55) $\int x\sqrt{x^2-a^2}\,dx = \frac{1}{3}\sqrt{(x^2-a^2)^3} + C$

(56) $\int x^2\sqrt{x^2-a^2}\,dx = \frac{x}{8}(2x^2-a^2)\sqrt{x^2-a^2} - \frac{a^4}{8}\ln\left|x+\sqrt{x^2-a^2}\right| + C$

(57) $\int \frac{\sqrt{x^2-a^2}}{x}dx = \sqrt{x^2-a^2} - a\arccos\frac{a}{|x|} + C$

(58) $\int \frac{\sqrt{x^2-a^2}}{x^2}dx = -\frac{\sqrt{x^2-a^2}}{x} + \ln\left|x+\sqrt{x^2-a^2}\right| + C$

8. 含有 $\sqrt{a^2-x^2}$ $(a>0)$ 的积分

(59) $\int \frac{dx}{\sqrt{a^2-x^2}} = \arcsin\frac{x}{a} + C$

(60) $\int \frac{dx}{\sqrt{(a^2-x^2)^3}} = \frac{x}{a^2\sqrt{a^2-x^2}} + C$

(61) $\int \frac{x}{\sqrt{a^2-x^2}}dx = -\sqrt{a^2-x^2} + C$

(62) $\int \frac{x}{\sqrt{(a^2-x^2)^3}}dx = \frac{1}{\sqrt{a^2-x^2}} + C$

(63) $\int \frac{x^2}{\sqrt{a^2-x^2}}dx = -\frac{x}{2}\sqrt{a^2-x^2} + \frac{a^2}{2}\arcsin\frac{x}{a} + C$

(64) $\int \frac{x^2}{\sqrt{(a^2-x^2)^3}}dx = \frac{x}{\sqrt{a^2-x^2}} - \arcsin\frac{x}{a} + C$

(65) $\int \frac{dx}{x\sqrt{a^2-x^2}} = \frac{1}{a}\ln\frac{a-\sqrt{a^2-x^2}}{|x|} + C$

(66) $\int \frac{dx}{x^2\sqrt{a^2-x^2}} = -\frac{\sqrt{a^2-x^2}}{a^2 x} + C$

(67) $\int \sqrt{a^2-x^2}\,dx = \frac{x}{2}\sqrt{a^2-x^2} + \frac{a^2}{2}\arcsin\frac{x}{a} + C$

(68) $\int \sqrt{(a^2-x^2)^3}\,dx = \frac{x}{8}(5a^2-2x^2)\sqrt{a^2-x^2} + \frac{3}{8}a^4\arcsin\frac{x}{a} + C$

(69) $\int x\sqrt{a^2-x^2}\,dx = -\frac{1}{3}\sqrt{(a^2-x^2)^3} + C$

(70) $\int x^2\sqrt{a^2-x^2}\,dx = \frac{x}{8}(2x^2-a^2)\sqrt{a^2-x^2} + \frac{a^4}{8}\arcsin\frac{x}{a} + C$

(71) $\int \frac{\sqrt{a^2-x^2}}{x}dx = \sqrt{a^2-x^2} + a\ln\frac{a-\sqrt{a^2-x^2}}{|x|} + C$

(72) $\int \frac{\sqrt{a^2-x^2}}{x^2}\mathrm{d}x = -\frac{\sqrt{a^2-x^2}}{x} - \arcsin\frac{x}{a} + C$

9．含有 $\sqrt{\pm ax^2+bx+c}$ $(a>0)$ 的积分

(73) $\int \frac{\mathrm{d}x}{\sqrt{ax^2+bx+c}} = \frac{1}{\sqrt{a}}\ln\left|2ax+b+2\sqrt{a}\sqrt{ax^2+bx+c}\right| + C$

(74) $\int \sqrt{ax^2+bx+c}\,\mathrm{d}x = \frac{2ax+b}{4a}\sqrt{ax^2+bx+c} +$

$\frac{4ac-b^2}{8\sqrt{a^3}}\ln\left|2ax+b+2\sqrt{a}\sqrt{ax^2+bx+c}\right| + C$

(75) $\int \frac{x}{\sqrt{ax^2+bx+c}}\mathrm{d}x = \frac{1}{a}\sqrt{ax^2+bx+c} -$

$\frac{b}{2\sqrt{a^3}}\ln\left|2ax+b+2\sqrt{a}\sqrt{ax^2+bx+c}\right| + C$

(76) $\int \frac{\mathrm{d}x}{\sqrt{c+bx-ax^2}} = -\frac{1}{\sqrt{a}}\arcsin\frac{2ax-b}{\sqrt{b^2+4ac}} + C$

(77) $\int \sqrt{c+bx-ax^2}\,\mathrm{d}x = \frac{2ax-b}{4a}\sqrt{c+bx-ax^2} + \frac{b^2+4ac}{8\sqrt{a^3}}\arcsin\frac{2ax-b}{\sqrt{b^2+4ac}} + C$

(78) $\int \frac{x}{\sqrt{c+bx-ax^2}}\mathrm{d}x = -\frac{1}{a}\sqrt{c+bx-ax^2} + \frac{b}{2\sqrt{a^3}}\arcsin\frac{2ax-b}{\sqrt{b^2+4ac}} + C$

10．含有 $\sqrt{\pm\frac{x-a}{x-b}}$ 或 $\sqrt{(x-a)(b-x)}$ 的积分

(79) $\int \sqrt{\frac{x-a}{x-b}}\mathrm{d}x = (x-b)\sqrt{\frac{x-a}{x-b}} + (b-a)\ln(\sqrt{|x-a|} + \sqrt{|x-b|}) + C$

(80) $\int \sqrt{\frac{x-a}{b-x}}\mathrm{d}x = (x-b)\sqrt{\frac{x-a}{b-x}} + (b-a)\arcsin\sqrt{\frac{x-a}{b-a}} + C$

(81) $\int \frac{\mathrm{d}x}{\sqrt{(x-a)(b-x)}} = 2\arcsin\sqrt{\frac{x-a}{b-a}} + C \quad (a<b)$

(82) $\int \sqrt{(x-a)(b-x)}\,\mathrm{d}x = \frac{2x-a-b}{4}\sqrt{(x-a)(b-x)} +$

$\frac{(b-a)^2}{4}\arcsin\sqrt{\frac{x-a}{b-a}} + C \quad (a<b)$

11．含有三角函数的积分

(83) $\int \sin x\,\mathrm{d}x = -\cos x + C$

(84) $\int \cos x\,\mathrm{d}x = \sin x + C$

(85) $\int \tan x\,\mathrm{d}x = -\ln|\cos x| + C$

(86) $\int \cot x\,\mathrm{d}x = \ln|\sin x| + C$

(87) $\int \sec x\,\mathrm{d}x = \ln\left|\tan\left(\frac{\pi}{4}+\frac{x}{2}\right)\right| + C = \ln|\sec x + \tan x| + C$

(88) $\int \csc x\mathrm{d}x = \ln\left|\tan\frac{x}{2}\right| + C = \ln|\csc x - \cot x| + C$

(89) $\int \sec^2 x\mathrm{d}x = \tan x + C$

(90) $\int \csc^2 x\mathrm{d}x = -\cot x + C$

(91) $\int \sec x\tan x\mathrm{d}x = \sec x + C$

(92) $\int \csc x\cot x\mathrm{d}x = -\csc x + C$

(93) $\int \sin^2 x\mathrm{d}x = \frac{x}{2} - \frac{1}{4}\sin 2x + C$

(94) $\int \cos^2 x\mathrm{d}x = \frac{x}{2} + \frac{1}{4}\sin 2x + C$

(95) $\int \sin^n x\mathrm{d}x = -\frac{1}{n}\sin^{n-1}x\cos x + \frac{n-1}{n}\int \sin^{n-2}x\mathrm{d}x$

(96) $\int \cos^n x\mathrm{d}x = \frac{1}{n}\cos^{n-1}x\sin x + \frac{n-1}{n}\int \cos^{n-2}x\mathrm{d}x$

(97) $\int \frac{\mathrm{d}x}{\sin^n x} = -\frac{1}{n-1}\cdot\frac{\cos x}{\sin^{n-1}x} + \frac{n-2}{n-1}\int\frac{\mathrm{d}x}{\sin^{n-2}x}$

(98) $\int \frac{\mathrm{d}x}{\cos^n x} = \frac{1}{n-1}\cdot\frac{\sin x}{\cos^{n-1}x} + \frac{n-2}{n-1}\int\frac{\mathrm{d}x}{\cos^{n-2}x}$

(99) $\int \cos^m x\sin^n x\mathrm{d}x = \frac{1}{m+n}\cos^{m-1}x\sin^{n+1}x + \frac{m-1}{m+n}\int\cos^{m-2}x\sin^n x\mathrm{d}x$

$$= -\frac{1}{m+n}\cos^{m+1}x\sin^{n-1}x + \frac{n-1}{m+n}\int\cos^m x\sin^{n-2}x\mathrm{d}x$$

(100) $\int \sin ax\cos bx\mathrm{d}x = -\frac{1}{2(a+b)}\cos(a+b)x - \frac{1}{2(a-b)}\cos(a-b)x + C$

(101) $\int \sin ax\sin bx\mathrm{d}x = -\frac{1}{2(a+b)}\sin(a+b)x + \frac{1}{2(a-b)}\sin(a-b)x + C$

(102) $\int \cos ax\cos bx\mathrm{d}x = \frac{1}{2(a+b)}\sin(a+b)x + \frac{1}{2(a-b)}\sin(a-b)x + C$

(103) $\int \frac{\mathrm{d}x}{a+b\sin x} = \frac{2}{\sqrt{a^2-b^2}}\arctan\frac{a\tan\frac{x}{2}+b}{\sqrt{a^2-b^2}} + C \quad (a^2 > b^2)$

(104) $\int \frac{\mathrm{d}x}{a+b\sin x} = \frac{1}{\sqrt{b^2-a^2}}\ln\left|\frac{a\tan\frac{x}{2}+b-\sqrt{b^2-a^2}}{a\tan\frac{x}{2}+b+\sqrt{b^2-a^2}}\right| + C \quad (a^2 < b^2)$

(105) $\int \frac{\mathrm{d}x}{a+b\cos x} = \frac{2}{a+b}\sqrt{\frac{a+b}{a-b}}\arctan\left(\sqrt{\frac{a-b}{a+b}}\tan\frac{x}{2}\right) + C \quad (a^2 > b^2)$

(106) $\int \frac{\mathrm{d}x}{a+b\cos x} = \frac{1}{a+b}\sqrt{\frac{a+b}{b-a}}\ln\left|\frac{\tan\frac{x}{2}+\sqrt{\frac{a+b}{b-a}}}{\tan\frac{x}{2}-\sqrt{\frac{a+b}{b-a}}}\right| + C \quad (a^2 < b^2)$

(107) $\int \frac{dx}{a^2\cos^2 x + b^2\sin^2 x} = \frac{1}{ab}\arctan\left(\frac{b}{a}\tan x\right) + C$

(108) $\int \frac{dx}{a^2\cos^2 x - b^2\sin^2 x} = \frac{1}{2ab}\ln\left|\frac{b\tan x + a}{b\tan x - a}\right| + C$

(109) $\int x\sin ax\,dx = \frac{1}{a^2}\sin ax - \frac{1}{a}x\cos ax + C$

(110) $\int x^2\sin ax\,dx = -\frac{1}{a}x^2\cos ax + \frac{2}{a^2}x\sin ax + \frac{2}{a^3}\cos ax + C$

(111) $\int x\cos ax\,dx = \frac{1}{a^2}\cos ax + \frac{1}{a}x\sin ax + C$

(112) $\int x^2\cos ax\,dx = \frac{1}{a}x^2\sin ax + \frac{2}{a^2}x\cos ax - \frac{2}{a^3}\sin ax + C$

12. 含有反三角函数的积分(其中 $a>0$)

(113) $\int \arcsin\frac{x}{a}dx = x\arcsin\frac{x}{a} + \sqrt{a^2 - x^2} + C$

(114) $\int x\arcsin\frac{x}{a}dx = \left(\frac{x^2}{2} - \frac{a^2}{4}\right)\arcsin\frac{x}{a} + \frac{x}{4}\sqrt{a^2 - x^2} + C$

(115) $\int x^2\arcsin\frac{x}{a}dx = \frac{x^3}{3}\arcsin\frac{x}{a} + \frac{1}{9}(x^2 + 2a^2)\sqrt{a^2 - x^2} + C$

(116) $\int \arccos\frac{x}{a}dx = x\arccos\frac{x}{a} - \sqrt{a^2 - x^2} + C$

(117) $\int x\arccos\frac{x}{a}dx = \left(\frac{x^2}{2} - \frac{a^2}{4}\right)\arccos\frac{x}{a} - \frac{x}{4}\sqrt{a^2 - x^2} + C$

(118) $\int x^2\arccos\frac{x}{a}dx = \frac{x^3}{3}\arccos\frac{x}{a} - \frac{1}{9}(x^2 + 2a^2)\sqrt{a^2 - x^2} + C$

(119) $\int \arctan\frac{x}{a}dx = x\arctan\frac{x}{a} - \frac{a}{2}\ln(a^2 + x^2) + C$

(120) $\int x\arctan\frac{x}{a}dx = \frac{1}{2}(a^2 + x^2)\arctan\frac{x}{a} - \frac{a}{2}x + C$

(121) $\int x^2\arctan\frac{x}{a}dx = \frac{x^3}{3}\arctan\frac{x}{a} - \frac{a}{6}x^2 + \frac{a^3}{6}\ln(a^2 + x^2) + C$

13. 含有指数函数的积分

(122) $\int a^x dx = \frac{1}{\ln a}a^x + C$

(123) $\int e^{ax}dx = \frac{1}{a}e^{ax} + C$

(124) $\int xe^{ax}dx = \frac{1}{a^2}(ax - 1)e^{ax} + C$

(125) $\int x^n e^{ax}dx = \frac{1}{a}x^n e^{ax} - \frac{n}{a}\int x^{n-1}e^{ax}dx$

(126) $\int xa^x dx = \frac{x}{\ln a}a^x - \frac{1}{(\ln a)^2}a^x + C$

(127) $\int x^n a^x dx = \frac{1}{\ln a}x^n a^x - \frac{n}{\ln a}\int x^{n-1}a^x dx$

(128) $\int e^{ax}\sin bx\,dx = \frac{1}{a^2+b^2}e^{ax}(a\sin bx - b\cos bx) + C$

(129) $\int e^{ax}\cos bx\,dx = \frac{1}{a^2+b^2}e^{ax}(b\sin bx + a\cos bx) + C$

(130) $\int e^{ax}\sin^n bx\,dx = \frac{1}{a^2+b^2n^2}e^{ax}\sin^{n-1}bx(a\sin bx - nb\cos bx) + \frac{n(n-1)b^2}{a^2+b^2n^2}\int e^{ax}\sin^{n-2}bx\,dx$

(131) $\int e^{ax}\cos^n bx\,dx = \frac{1}{a^2+b^2n^2}e^{ax}\cos^{n-1}bx(a\cos bx + nb\sin bx) + \frac{n(n-1)b^2}{a^2+b^2n^2}\int e^{ax}\cos^{n-2}bx\,dx$

14. 含有对数函数的积分

(132) $\int \ln x\,dx = x\ln x - x + C$

(133) $\int \frac{dx}{x\ln x} = \ln|\ln x| + C$

(134) $\int x^n\ln x\,dx = \frac{1}{n+1}x^{n+1}\left(\ln x - \frac{1}{n+1}\right) + C$

(135) $\int (\ln x)^n dx = x(\ln x)^n - n\int (\ln x)^{n-1}dx$

(136) $\int x^m(\ln x)^n dx = \frac{1}{m+1}x^{m+1}(\ln x)^n - \frac{n}{m+1}\int x^m(\ln x)^{n-1}dx$

15. 含有双曲函数的积分

(137) $\int \mathrm{sh}\,x\,dx = \mathrm{ch}\,x + C$

(138) $\int \mathrm{ch}\,x\,dx = \mathrm{sh}\,x + C$

(139) $\int \mathrm{th}\,x\,dx = \ln \mathrm{ch}\,x + C$

(140) $\int \mathrm{sh}^2 x\,dx = -\frac{x}{2} + \frac{1}{4}\mathrm{sh}\,2x + C$

(141) $\int \mathrm{ch}^2 x\,dx = \frac{x}{2} + \frac{1}{4}\mathrm{sh}\,2x + C$

16. 定积分

(142) $\int_{-\pi}^{\pi} \cos nx\,dx = \int_{-\pi}^{\pi} \sin nx\,dx = 0$

(143) $\int_{-\pi}^{\pi} \cos mx\sin nx\,dx = 0$

(144) $\int_{-\pi}^{\pi} \cos mx\cos nx\,dx = \begin{cases} 0, & m \neq n \\ \pi, & m = n \end{cases}$

(145) $\int_{-\pi}^{\pi} \sin mx\sin nx\,dx = \begin{cases} 0, & m \neq n \\ \pi, & m = n \end{cases}$

(146) $\int_0^{\pi}\sin mx\sin nx\,dx=\int_0^{\pi}\cos mx\cos nx\,dx=\begin{cases}0, & m\neq n\\ \frac{\pi}{2}, & m=n\end{cases}$

(147) $I_n=\int_0^{\frac{\pi}{2}}\sin^n x\,dx=\int_0^{\frac{\pi}{2}}\cos^n x\,dx$

$$I_n=\frac{n-1}{n}I_{n-2}$$

$$=\begin{cases}\frac{n-1}{n}\cdot\frac{n-3}{n-2}\cdot\cdots\cdot\frac{4}{5}\cdot\frac{2}{3}\ (n\text{ 为大于 1 的正奇数}), & I_1=1\\ \frac{n-1}{n}\cdot\frac{n-3}{n-2}\cdot\cdots\cdot\frac{3}{4}\cdot\frac{1}{2}\cdot\frac{\pi}{2}\ (n\text{ 为正偶数}), & I_0=\frac{\pi}{2}\end{cases}$$

参考文献

[1] 贾明斌，沙淑波：《高等数学》（修订版），上海交通大学出版社，2009 年.
[2] 刘书田，冯翠莲，侯明华：《高等数学》（第二版），北京大学出版社，2004 年.
[3] 刘书田，孙惠玲：《微积分》，北京大学出版社，2006 年.
[4] 沙淑波：《高等数学》，人民出版社，2006 年.
[5] 沙淑波，王金平：《高等数学学习指导》，中国海洋大学出版社，2003 年.
[6] 冉兆平：《高等数学》，上海财经大学出版社，2006 年.
[7] 张凤祥，刘贵基：《高等数学——微积分》，兰州大学出版社，2002 年.
[8] 顾静相：《经济数学基础》（第二版），高等教育出版社，2004 年.
[9] 关叶青，张凤林：《经济数学》，立信会计出版社，2006 年.
[10] 贺新瑜：《应用数学》（高职分册），东北财经大学出版社，2003 年.
[11] 金路：《微积分》，北京大学出版社，2006 年.
[12] 高汝熹：《高等数学》（经济和管理类专业用），复旦大学出版社，1988 年.
[13] 邓成梁：《经济管理数学》（第二版），华中科技大学出版社，2001 年.
[14] 冯翠莲，赵益坤：《应用经济数学》，高等教育出版社，2006 年.
[15] 同济大学概率统计教研组：《概率统计》（第二版），同济大学出版社，2000 年.
[16] 夏勇，汪晓空：《经济数学基础——微积分及其应用》，清华大学出版社，2004 年.
[17] 叶鹰，李萍，刘小茂：《概率论与数理统计》（第二版），华中科技大学出版社，2004 年.
[18] 于信，徐史明：《高等应用数学》，北京大学出版社，2007 年.

国家示范性高职高专教改系列特色教材

高等数学习题册

—— 机械类 ——

班　　级 ________________

学生姓名 ________________

学　　号 ________________

江苏大学出版社
JIANGSU UNIVERSITY PRESS

日期：____________　　　　| 分数 | |

1.1　初等函数

1. 求下列函数的反函数

(1) $y=\frac{1-x}{1+x}$.　　　　(2) $y=3+\ln(x+1)$.

(3) $y=\sqrt[3]{2x-1}$.　　　　(4) $y=1-x^2(x<0)$.

2. 下列函数是由哪几个简单函数复合而成的

(1) $y=\sin x^3$.　　　　(2) $y=\arccos\frac{1}{x}$.

(3) $y=\cos\sqrt{x}$.　　　　(4) $y=\ln\tan 3x$.

(5) $y=\sin^2(1+2x)$.

3. 解答题

(1) 设 $f(x)=2^x$，$g(x)=\sqrt{x}$，求

① $g[f(x)]$；　　　　② $f[g(x)]$.

(2)【个人所得税】我国于2011年6月30日公布了《全国人民代表大会常务委员会关于修改〈中华人民共和国个人所得税法〉的决定》将个税免征额将从2 000元/月上调至3 500元/月，个人所得税税率表（工资、薪金所得适用）如下.

级数	全月应纳税所得额	税率(%)
1	不超过1 500元的	3
2	超过1 500元至4 500元的部分	10
3	超过4 500元至9 000元的部分	20
4	超过9 000元至35 000元的部分	25
5	超过35 000元至55 000元的部分	30
6	超过55 000元至80 000元的部分	35
7	超过80 000元的部分	45

若某单位所有人的月收入都不超多6 200元，请建立月收入与纳税金额之间的函数关系.

日期：＿＿＿＿＿＿＿＿＿＿

分数	

1.2 数列的极限

1. 观察并写出下列数列的极限值

(1) $y_n=\dfrac{n}{n+1}$＿＿＿＿＿＿＿＿＿＿.

(2) $y_n=n(-1)^n$ ＿＿＿＿＿＿＿＿＿＿.

(3) $y_n=\sin\dfrac{n\pi}{2}$＿＿＿＿＿＿＿＿＿＿.

(4) $y_n=1-\dfrac{1}{10^n}$＿＿＿＿＿＿＿＿＿＿.

2. 求极限

(1) $\lim\limits_{n\to\infty}\left(3-\dfrac{1}{n}\right)$.

(2) $\lim\limits_{n\to\infty}\dfrac{3n^2-2n+1}{8-n^2}$.

(3) $\lim\limits_{n\to\infty}\left[\dfrac{1}{1\times3}+\dfrac{1}{2\times4}+\dfrac{1}{3\times5}+\cdots+\dfrac{1}{n\times(n+2)}\right]$.

3. 求下列无穷递缩等比数列的和

(1) $3, 1, \frac{1}{3}, \frac{1}{9}, \cdots$.

(2) $1, -\frac{1}{2}, \frac{1}{4}, -\frac{1}{8}, \cdots$.

(3) $1, -x, x^2, -x^3, \cdots (|x|<1)$.

日期：____________

分数	

1.3 函数的极限

1. 求下列函数的极限

(1) $\lim\limits_{x\to+\infty}\left(\frac{1}{10}\right)^x$.

(2) $\lim\limits_{x\to-\infty}2^x$.

(3) $\lim\limits_{x\to\frac{\pi}{4}}\tan x$.

(4) $\lim\limits_{x\to3}(x^2-6x+8)$.

2. 证明题

证明函数 $f(x)=\begin{cases}x^2+1, & x<1,\\ 1, & x=1,\\ -1, & x>1\end{cases}$ 在 $x\to1$ 时极限不存在.

3. 解答题

(1) 设 $f(x)=\begin{cases}x, & x<3,\\ 3x-1, & x\geqslant 3,\end{cases}$ 作出 $f(x)$ 的图形，并讨论当 $x\to 3$ 时 $f(x)$ 的左、右极限.

(2) 设 $f(x)=\begin{cases}x+a, & x>0,\\ e^{\frac{1}{x}}+3, & x<0,\end{cases}$ 若极限 $\lim\limits_{x\to 0}f(x)$ 存在，求常数 a 的值.

(3) 设 $f(x)=\begin{cases}1+\sin x, & x<0,\\ a+e^{x}, & x>0,\end{cases}$ 若极限 $\lim\limits_{x\to 0}f(x)$ 存在，求常数 a 的值.

日期：________________

分数	

1.4 无穷小量与无穷大量

1. 填空题

(1) 当 $x\to$________或________时，$f(x)=\frac{x}{x^2-4}$是无穷小；

当 $x\to$________或________时，$f(x)=\frac{x}{x^2-4}$是无穷大.

(2) 当 $x\to 0$ 时，与下列无穷小等价的无穷小分别是：

$\sin kx\sim$__________$(k\neq 0)$；　　$\tan kx\sim$__________$(k\neq 0)$；

$e^{2x}-1\sim$__________；　　$1-\cos 3x^2\sim$__________；

$\ln(1+10x)\sim$__________；　　$\sqrt{1+x^2}-1\sim$__________.

2. 选择题

(1) 当 $x\to 0$ 时，下列变量是无穷大的是__________.

A. $\cos\frac{1}{x}$　　B. $\arctan\frac{1}{|x|}$　　C. e^{-x}　　D. $\ln|x|$

(2) 当 $x\to 1$ 时，$1-x$ 是$\frac{1}{2}(1-x^2)$的__________无穷小.

A. 低阶　　B. 同阶　　C. 等价　　D. 高阶

(3) 当 $n\to\infty$时，$\sin^2\frac{1}{n}$与$\frac{1}{n^k}$是等价无穷小，则 $k=$__________.

A. 1　　B. 2　　C. 3　　D. 4

3. 解答题

当 $x\to 1$ 时，$1-x$ 与 $1-\sqrt[3]{x}$是同阶无穷小还是等价无穷小.

4. 证明题

证明当 $x\to -3$ 时，x^2+6x+9 是 $x+3$ 的高阶无穷小.

日期：____________________

分数	

1.5 极限的运算

1. 填空题

(1) $\lim\limits_{x\to 0}\dfrac{\sin kx}{x}=$__________$(k\neq 0)$.

(2) $\lim\limits_{x\to 0^+}\dfrac{\sin\sqrt{x}}{\sqrt{x}}=$__________.

(3) $\lim\limits_{x\to 2}\dfrac{\sin(x-2)}{x-2}=$__________.

(4) $\lim\limits_{x\to 0}\dfrac{\sin 3x}{5x}=$__________.

2. 选择题

(1) $\lim\limits_{x\to\infty} x\sin\dfrac{1}{x}=$__________.

A. 1　　B. -1　　C. 0　　D. 不存在

(2) $\lim\limits_{x\to 1}\dfrac{\sin(1-x^2)}{1-x}=$__________.

A. 1　　B. -1　　C. 2　　D. $\dfrac{1}{2}$

3. 求下列各极限

(1) $\lim\limits_{x\to 1}\dfrac{x^2-1}{2x^2-x-1}$.

(2) $\lim\limits_{x\to -1}\dfrac{\sqrt{x+5}-2}{x+1}$.

(3) $\lim\limits_{x\to 0}\dfrac{x^2}{1-\sqrt{1+x^2}}$.

(4) $\lim\limits_{n\to\infty}\dfrac{2n+1}{\sqrt{n^2+n}}$.

(5) $\lim\limits_{x\to 0}\dfrac{\tan 2x}{\sin 3x}$.

(6) $\lim\limits_{x\to\infty}\left(1+\dfrac{3}{x}\right)^x$.

日期：____________ | 分数 | |

1.6 函数的连续性(一)

1. 填空题

(1) 函数 $f(x)=\frac{x^2-1}{x^2+2x-3}$ 的间断点有__________，其中__________是第__________类间断点；__________是第__________类间断点.

(2) 已知函数 $f(x)$ 在 $x=x_0$ 处连续，且 $f(x_0)=\pi$，则 $\lim\limits_{x\to x_0}[3f(x)+5]=$__________.

2. 选择题

(1) 设 $f(x)=\begin{cases} e^x, & x<0, \\ a+x, & x\geqslant 0 \end{cases}$ 在 $x=0$ 处连续，则 $a=$__________.

A. 2　　B. 1　　C. -1　　D. 0

(2) $x=1$ 是可去间断点的函数为__________.

A. $y=\frac{1}{x+1}$　　B. $y=\frac{1}{x-1}$

C. $y=\frac{x^2+x-2}{x-1}$　　D. $y=\begin{cases} x-1, x\leqslant 1 \\ 3-x, x>1 \end{cases}$

3. 求下列函数的间断点，并指明其类型

(1) $y=\frac{\sin x}{x}$.　　(2) $y=\frac{x^2+x-2}{x^2-1}$.

4. 应用题

(冰融化所需要的热量)　设 1 g 冰从 -40℃升到 100℃所需要的热量(单位：J)函数为

$$f(x)=\begin{cases} 2.1x+84, & -40\leqslant x<0, \\ 4.2x+420, & x\geqslant 0. \end{cases}$$

试问当 $x=0$ 时，函数是否连续？若不连续，指出其间断点的类型，并解释其几何意义.

日期：____________

分数	

1.7 函数的连续性(二)

1. 选择题

设函数 $f(x)$ 在 $[a,b]$ 上有定义，则方程 $f(x)=0$ 在 (a,b) 内有唯一实根的条件是__________.

A. $f(x)$ 在 $[a,b]$ 上连续

B. $f(x)$ 在 $[a,b]$ 上连续，且 $f(a)f(b)<0$

C. $f(x)$ 在 $[a,b]$ 上单调，且 $f(a)f(b)<0$

D. $f(x)$ 在 $[a,b]$ 上连续单调，且 $f(a)f(b)<0$

2. k 为何值时，$f(x)$ 在其定义域内连续

(1) $f(x)=\begin{cases}\dfrac{\sin 2x}{x}, & x<0,\\ 3x^2-2x+k, & x\geqslant 0.\end{cases}$

(2) $f(x)=\begin{cases}1+x\sin\dfrac{1}{x}, & x<0,\\ (x+k)^2, & x\geqslant 0.\end{cases}$

3. 证明题

(1) 证明方程 $x^3-4x^2+1=0$ 在区间 $(0,1)$ 内至少有一个根.

(2) 证明方程 $x=a\sin x+b(a>0,b>0)$ 至少有一个正根,且不超过 $a+b$.

日期：____________　　| 分数 | |

1.8　第 1 模块习题课

1. 填空题

(1) 函数 $f(x)=\ln(2^x-4)+\arccos\frac{2x-1}{7}$ 的定义域是________.

(2) 若 $f(e^x)=x^2-2x$，则 $f(x)=$________.

(3) 函数 $y=\sin^2(\ln x)$ 是由________复合而成.

(4) $\lim\limits_{n\to\infty}\frac{1+3+5+\cdots+(2n-1)}{(2n-1)(2n+1)}=$________.

(5) 设 $\lim\limits_{x\to-3}\frac{x-a}{x^3+27}=b$，则 $a=$________，$b=$________.

(6) 设函数 $f(x)=\begin{cases}2, x\neq 2,\\ 0, x=2,\end{cases}$ 则 $\lim\limits_{x\to 2}f(x)=$________.

2. 选择题

(1) 若 $f\left(x+\frac{1}{x}\right)=x^2+\frac{1}{x^2}$，则 $f(x)$________.

A. x^2-2　　B. $2-x^2$　　C. $x+\frac{1}{x}$　　D. $2x^2+\frac{1}{x^2}$

(2) 设 $f(x)$ 为奇函数，$g(x)$ 为偶函数，则以下函数是奇函数的是________.

A. $f[f(x)]$　　B. $g[f(x)]$　　C. $f[g(x)]$　　D. $g[g(x)]$

(3) 下列式子正确的是________.

A. $\lim\limits_{x\to 0}x\sin\frac{1}{x}=1$　　B. $\lim\limits_{x\to\infty}x\sin\frac{1}{x}=0$

C. $\lim\limits_{x\to 0}\frac{\sin x}{x}=1$　　D. $\lim\limits_{x\to\frac{\pi}{2}}\frac{\sin x}{x}=1$

3. 求下列极限

(1) $\lim\limits_{x\to 2}(x^2+5x+3)$.　　(2) $\lim\limits_{x\to 1}\frac{\sqrt{x^2+3}-2}{x-1}$.

(3) $\lim\limits_{x\to 0}\dfrac{(e^{2x}-1)\tan x}{x\ln(1+3x)}$.

4. 解答题

设函数 $f(x)=\begin{cases}1+\sin x, & x\leqslant 0,\\ a+e^{x}, & x>0,\end{cases}$ 问 a 为何值时，$f(x)$ 在其定义区间上连续？

日期：________________　　　　分数 | 　

2.1 导数及其运算法则

1. 设 $f'(x_0)=A$，用导数定义求下列极限

(1) $\lim\limits_{\Delta x\to 0}\dfrac{f(x_0+2\Delta x)-f(x_0)}{\Delta x}$.

(2) $\lim\limits_{\Delta x\to 0}\dfrac{f(x_0)-f(x_0+\Delta x)}{\Delta x}$.

2. 求下列函数的导数

(1) $y=\sin x+3^x+\tan\dfrac{\pi}{4}$.

(2) $y=x^3-2\cos x+\mathrm{e}^x+5$.

(3) $y=\left(x-\dfrac{1}{x}\right)\left(x^2+\dfrac{1}{x^2}\right)$.

(4) $y=\dfrac{\ln x+x}{x^2}$.

(5) $y=\dfrac{x-1}{x^2+1}$.

(6) $y=\dfrac{x}{\sin x}+\dfrac{\sin x}{x}$.

日期：________________

分数	

2.2 求导法则

1. 求下列函数的导数

(1) $y=\ln(\sec x)$.

(2) $y=\sin\sqrt{x^2+1}$.

(3) $y=(x^3+2x^2)^5$.

(4) $y=x^{(1+x^2)}\ (x>0)$.

2. 求下列方程确定的隐函数的导数 $\frac{\mathrm{d}y}{\mathrm{d}x}$

(1) $x^2+2xy-y^2=2x$.

(2) $\arctan\frac{y}{x}=\ln\sqrt{x^2+y^2}$.

3. 求由下列各参数方程所确定的函数 $y=f(x)$ 的导数 $\frac{dy}{dx}$

(1) $\begin{cases} x=\dfrac{1}{t+1}, \\ y=\dfrac{t}{(t+1)^2}. \end{cases}$

(2) $\begin{cases} x=e^t\cos t, \\ y=e^t\sin t, \end{cases}$ 求 $\left.\frac{dy}{dx}\right|_{t=\frac{\pi}{2}}$.

4. 求下列函数的 n 阶导数

(1) $y=e^{ax}$.

(2) $y=\ln(x+1)$.

日期：____________

分数	

2.3 函数的微分

1. 选取适当函数填入括号内,使下列等式成立

(1) $a\mathrm{d}x=\mathrm{d}$ ________.

(2) $bx\mathrm{d}x=\mathrm{d}$ ________.

(3) $\frac{1}{2\sqrt{x}}\mathrm{d}x=\mathrm{d}$ ________.

(4) $\frac{1}{x}\mathrm{d}x=\mathrm{d}$ ________.

(5) $\frac{1}{1+x^2}\mathrm{d}x=\mathrm{d}$ ________.

(6) $\frac{1}{\sqrt{1-x^2}}\mathrm{d}x=\mathrm{d}$ ________.

(7) $\sin 2x\mathrm{d}x=\mathrm{d}$ ________.

(8) $\cos ax\mathrm{d}x=\mathrm{d}$ ________.

(9) $\mathrm{e}^{-3x}\mathrm{d}x=\mathrm{d}$ ________.

(10) $\sec x\cdot\tan x\mathrm{d}x=\mathrm{d}$ ________.

2. 求下列函数的微分 $\mathrm{d}y$

(1) $y=\arcsin\sqrt{1-x^2}$.

(2) $y=\sin^2[\ln(3x+1)]$.

3. 计算近似值

(1) 近似计算 $\mathrm{e}^{1.001}$ 的值.

(2) 近似计算 $\ln 0.98$ 的值.

日期：________________

分数	

2.4 微分中值定理

1. 验证下列函数满足罗尔定理的条件，并求出定理中的 ξ

(1) $f(x)=x^2-x-5, x\in[-2,3]$.

(2) $f(x)=x\sqrt{3-x}, x\in[0,3]$.

2. 验证下列函数满足拉格朗日中值定理的条件，并求出定理中的 ξ

(1) $f(x)=\ln x, x\in[1,e]$.

(2) $f(x)=1-x^2, x\in[0,3]$.

3. 解答题

设 $f(x)=(x-1)(x-2)(x-3)(x-4)$，用罗尔定理说明方程 $f'(x)=0$ 中根的个数，并说出根所在的范围.

4. 证明题

证明恒等式 $\arctan x=\arcsin \frac{x}{\sqrt{1+x^2}}$.

日期：________________

分数	

2.5 洛必达法则

1. 用洛必达法则求下列极限

(1) $\lim\limits_{x\to 0}\dfrac{\ln(x+1)}{x}$.

(2) $\lim\limits_{x\to 0}\dfrac{e^{x}-e^{-x}}{\sin x}$.

(3) $\lim\limits_{x\to a}\dfrac{\sin x-\sin a}{x-a}$.

(4) $\lim\limits_{x\to \pi}\dfrac{\sin 3x}{\tan 5x}$.

(5) $\lim\limits_{x\to \frac{\pi}{2}}\dfrac{\ln\sin x}{(\pi-2x)^{2}}$.

(6) $\lim\limits_{x\to a}\dfrac{x^{m}-a^{m}}{x^{n}-a^{n}}$.

2. 解答题

设函数 $f(x)$ 二阶连续可导，且 $f(0)=0, f'(0)=1, f''(0)=2$，试求 $\lim\limits_{x\to 0}\dfrac{f(x)-x}{x^{2}}$.

日期：____________________

分数	

2.6 函数的单调性与极值

1. 求下列函数的单调增减区间

(1) $y=x^3-3x^2+5$.

(2) $y=x-\ln(1+x)$.

(3) $y=x-e^x$.

2. 求下列函数的极值

(1) $f(x)=x^3-9x^2-27$.

（2）$f(x)=x-\frac{3}{2}x^{\frac{2}{3}}$.

（3）$f(x)=x^3(x-5)^2$.

3. 证明题

证明当 $x>0$ 时，$1+\frac{1}{2}x>\sqrt{1+x}$.

日期：____________

分数	

2.7 函数的最值、曲线的凹凸性与拐点

1. 求下列函数的最大值与最小值

(1) $f(x)=(x^2-3)(x^2-4x+1), x\in[-2,4]$.

(2) $f(x)=1-\frac{2}{3}(x-2)^{\frac{2}{3}}, x\in[0,3]$.

2. 讨论下列曲线的凹凸区间与拐点

(1) $y=2x^2-x^3$.

(2) $y=\ln(1+x^2)$.

(3) $y=x+\frac{1}{x}$.

3. 应用题

欲做一个容积为 300 m^3 的无盖圆柱形蓄水池，已知池底单位造价为周围单位造价的两倍，问蓄水池的尺寸怎样设计才能使总造价最低？

日期：__________________

分数	

2.8 第2模块习题课

1. 选择题

(1) 函数 $f(x)$在点 x_0 处连续是在该点可导的__________.

A. 必要非充分条件　　B. 充分非必要条件

C. 充要条件　　D. 无关条件

(2) 下列函数中，其导数为 $\sin 2x$ 的是__________.

A. $\cos 2x$　　B. $\cos^2 x$　　C. $-\cos 2x$　　D. $\sin^2 x$

(3) 已知 $f(x)$为奇函数，则 $f'(x)$是__________.

A. 奇函数　　B. 偶函数

C. 非奇非偶函数　　D. 不确定

(4) 设 $y=f(\sin x)$且函数 $f(x)$可导，则 $\mathrm{d}y=$__________.

A. $f'(\sin x)\mathrm{d}x$　　B. $f'(\cos x)\mathrm{d}x$

C. $f'(\sin x)\cos x\mathrm{d}x$　　D. $f'(\cos x)\cos x\mathrm{d}x$

(5) 设 $f(x)$在(a,b)可导，且 $a<x_1<x_2<b$，则至少有一点 $\xi\in(a,b)$，使__________.

A. $f(b)-f(a)=f'(\xi)(b-a)$　　B. $f(b)-f(a)=f'(\xi)(x_2-x_1)$

C. $f(x_2)-f(x_1)=f'(\xi)(b-a)$　　D. $f(x_2)-f(x_1)=f'(\xi)(x_2-x_1)$

(6) 设函数 $f(x)$在 x_0 点可导，则 $f'(x_0)=0$ 是 $f(x)$在 $x=x_0$ 取得极值的__________.

A. 必要非充分条件　　B. 充分非必要条件

C. 充要条件　　D. 无关条件

(7) 设函数 $f(x)$在 x_0 点二阶可导，且 $f'(x_0)=0$，$f''(x_0)=0$，则 $f(x)$在 $x=x_0$ 处__________.

A. 一定有极大值　　B. 一定有极小值

C. 不一定有极值　　D. 一定没有极值

2. 填空题

(1) 曲线 $y=(1+x)\ln x$ 在点(1,0)处的切线方程为__________________.

(2) 设 $f'(x_0)=A$，则极限 $\lim\limits_{\Delta x\to 0}\dfrac{f(x_0+\Delta x)-f(x_0-\Delta x)}{\Delta x}=$__________________.

(3) 已知函数 $f(x)=\begin{cases}e^x, & x\leqslant 0,\\ ax+b, & x>0\end{cases}$ 在 $x=0$ 处可导，则 $a=$________，$b=$________.

3. 求下列函数的导数

(1) $y=(x^3-x)^5$.　　(2) $y=\ln\dfrac{a+x}{a-x}$.

(3) $y=\arcsin\sqrt{1-x^2}$.

4. 解答题

(1) 求由方程 $\cos(xy)=x$ 确定的隐函数的导数$\frac{\mathrm{d}y}{\mathrm{d}x}$.

(2) 已知函数 $y=\frac{(x-1)^3}{2(x+1)^2}$,求函数的增减区间、极值和函数图形的凹凸区间及拐点.

(3) 试确定 a,b,c 的值,使 $y=x^3+ax^2+bx+c$ 在点$(1,-1)$处有拐点,且在 $x=0$ 处有极大值且为 1,并求此函数的极小值.

日期：____________

分数	

3.1 不定积分的概念与性质

1. 填空题

(1) 若 $f(x)$是 $\sin x$ 的一个原函数，则 $f(x)=$____________.

(2) 设 $\int f(x)\mathrm{d}x=\sin 3x+x^5+C$，则 $f(x)=$____________.

(3) 若 $\ln x$ 是 $f(x)$的一个原函数，则 $\int f(x)\mathrm{d}x=$____________，

$\int f'(x)\mathrm{d}x=$____________，$\mathrm{d}\left[\int f(x)\mathrm{d}x\right]$____________.

2. 求下列不定积分

(1) $\int \frac{1}{x^3}\mathrm{d}x$.

(2) $\int x^2\sqrt{x}\mathrm{d}x$.

(3) $\int \frac{\mathrm{d}x}{x\sqrt[3]{x}}$.

3. 解答题

设曲线通过点(1,2),且其上任一点处的切线斜率等于这点横坐标的两倍,求此曲线的方程.

日期：__________________

分数	

3.2 直接积分法

求下列不定积分

(1) $\int \frac{2x^2}{1+x}\mathrm{d}x$.

(2) $\int \frac{x-1}{\sqrt{x}+1}\mathrm{d}x$.

(3) $\int \frac{3+2x^2}{x^2(1+x^2)}\mathrm{d}x$.

(4) $\int \frac{\sqrt{1+x^2}}{\sqrt{1-x^4}}\mathrm{d}x$.

(5) $\int \frac{x^3+5x^2-13}{x+2}\mathrm{d}x$.

(6) $\int 7^x \mathrm{e}^{3x}\mathrm{d}x$.

(7) $\int \frac{1}{\sin^2 x\cos^2 x}\mathrm{d}x$.

(8) $\int \frac{\mathrm{d}x}{1+\cos 2x}$.

(9) $\int \frac{\cos 2x}{\sin^2 x\cos^2 x}\mathrm{d}x$.

(10) $\int \frac{1-2\tan^2 x}{\sin^2 x}\mathrm{d}x$.

(11) $\int \frac{3\cos 2x}{\sin x-\cos x}\mathrm{d}x$.

(12) $\int \frac{2\sin x}{\cos^2 x}\mathrm{d}x$.

日期：＿＿＿＿＿＿＿＿

分数	

3.3 第一类换元积分法

1. 填空题

(1) $dx=$＿＿＿＿＿$d\left(1-\frac{x}{a}\right)$.

(2) $\sin 2x dx=$＿＿＿＿＿$d(\cos 2x)$.

(3) $\frac{x dx}{\sqrt{1-x^2}}=$＿＿＿＿＿$d(\sqrt{1-x^2})$.

(4) $e^{ax} dx=$＿＿＿＿＿$d(e^{ax}+5)$.

2. 求下列积分

(1) $\int \frac{dx}{1-2x}$.

(2) $\int \frac{dx}{1+9x^2}$.

(3) $\int \frac{x dx}{1+9x^2}$.

(4) $\int \frac{2x-1}{\sqrt{1-x^2}} dx$.

(5) $\int \frac{x+1}{x^2+1} dx$.

(6) $\int e^{\sin x} \cos x dx$.

(7) $\int \sin^5 x dx$.

(8) $\int \sin^2 x \cos^3 x dx$.

(9) $\int \frac{\cos \sqrt{x}}{\sqrt{x}} dx$.

日期：______________　　| 分数 | |

3.4　第二类换元积分法

求下列积分

(1) $\int \frac{2x-1}{\sqrt{1-x^2}}\mathrm{d}x$.　　(2) $\int x\sqrt{x-2}\,\mathrm{d}x$.

(3) $\int \frac{1}{1+\mathrm{e}^x}\mathrm{d}x$.　　(4) $\int \frac{\mathrm{d}x}{\sqrt{x}+\sqrt[3]{x}}$.

(5) $\int x\sqrt{x-2}\,\mathrm{d}x$.　　(6) $\int \frac{\mathrm{d}x}{x^2\sqrt{4-x^2}}$.

(7) $\int \frac{x+1}{x^2+1}\mathrm{d}x$.　　(8) $\int \frac{1}{1+\mathrm{e}^x}\mathrm{d}x$.

日期：______________

分数	

3.5 分部积分法

1. 填空

(1) $\int e^{\sin x}\sin x\cos x\mathrm{d}x=$ ______________.

(2) $\int x\cos 2x\mathrm{d}x=$ ______________.

(3) 设 e^{-2x} 是 $f(x)$ 的一个原函数，则 $\int xf(x)\mathrm{d}x=$ ______________.

2. 求下列不定积分

(1) $\int x\cos\frac{x}{2}\mathrm{d}x$.

(2) $\int x^2e^{-x}\mathrm{d}x$.

(3) $\int x^4\ln x\mathrm{d}x$.

(4) $\int e^{2x}\cos 3x\mathrm{d}x$.

(5) $\int \arctan x\mathrm{d}x$.

3. 利用积分表求下列积分

(1) $\int \sqrt{3x^2-2}\,\mathrm{d}x$.

(2) $\int \frac{\mathrm{d}x}{x(2+3x)^2}$.

日期：____________

分数	

3.6 第3模块习题课

1. 填空题

(1) $\dfrac{d}{dx}\left(\int xe^{2x}dx\right)=$________.

(2) 设 $f(x)$是函数 $\sin x$ 的一个原函数,则 $\int f(x)dx=$________.

(3) $\int(\tan x+\cot x)^2dx=$________.

(4) 设 e^{-x}是 $f(x)$的一个原函数,则 $\int xf(x)dx=$________.

(5) $\int(1-\sin^3 x)\dfrac{1}{1+x^2}dx=$________.

(6) $\int\dfrac{1}{x}\cos\ln x dx=$________.

(7) $\int e^{2x}=$________.

(8) $\int\dfrac{f'(x)dx}{\sqrt{f(x)}}=$________.

2. 选择题

(1) 设函数 $f(x)$的一个原函数为 $\ln x$,则 $f'(x)=$________.

A. $\dfrac{1}{x}$　　B. $-\dfrac{1}{x^2}$　　C. $x\ln x$　　D. e^x

(2) $\int(3e)^x dx=$________.

A. $(3e)^x+C$　　B. $3e^x+C$　　C. $\dfrac{1}{3}(3e)^x+C$　　D. $\dfrac{(3e)^x}{\ln 3+1}+C$

(3) $\int\left(\dfrac{1}{\cos^2 x}-1\right)d\cos x=$________.

A. $\tan x-x+C$　　B. $\tan x-\cos x+C$

C. $-\dfrac{1}{\cos x}-x+C$　　D. $-\dfrac{1}{\cos x}-\cos x+C$

(4) $\int e^{\sin x}\sin x\cos x dx=$________.

A. $e^{\sin x}+C$　　B. $e^{\sin x}\sin x+C$

C. $e^{\sin x}\cos x+C$　　D. $e^{\sin x}(\sin x-1)+C$

3. 计算题

(1) $\int \frac{4x^2-1}{1+x^2}\mathrm{d}x$.

(2) $\int \frac{1+\sin 2x}{\cos x+\sin x}\mathrm{d}x$.

(3) $\int \frac{\sqrt{x-1}}{x}\mathrm{d}x$.

(4) $\int \frac{\mathrm{d}x}{x(1+\ln x)}$.

(5) $\int x^2 \sin x \mathrm{d}x$.

(6) $\int \frac{\mathrm{d}x}{x^2+2x+2}$.

日期：____________　　| 分数 | |

4.1　定积分的概念

1. 解答题

(1)（变速直线运动的路程）　设物体作直线运动，已知速度 $v=v(t)$ 是时间间隔 $[T_1, T_2]$ 上 t 的连续函数，且 $v(t)\geqslant 0$，计算在这段时间内物体所经过的路程 s.

具体步骤是：

第一步：分割.

第二步：取近似.

第三步：求和.

第四步：取极限.

(2) 设生产某产品的总产量 $P(t)$ 对时间的变化率为 $y=f(t)$，在生产连续进行时，用定积分表示从 t_1 到 t_2 这段时间内的总产量.

2. 根据定积分的几何意义,求下列定积分的值,并画出图形

(1) $\int_{0}^{3}(2x+1)\mathrm{d}x$.

(2) $\int_{-4}^{4}\sqrt{16-x^{2}}\,\mathrm{d}x$.

(3) $\int_{-1}^{1}x^{3}\mathrm{d}x$.

(4) $\int_{0}^{2\pi}\sin x\mathrm{d}x$.

日期：____________

分数	

4.2 定积分的性质

1. 用定积分的性质比较下列各组积分值的大小

(1) $\int_0^1 x^n \mathrm{d}x$ 与 $\int_0^1 x^{n+1} \mathrm{d}x$.

(2) $\int_{\mathrm{e}}^5 \ln x \mathrm{d}x$ 与 $\int_{\mathrm{e}}^5 \ln^2 x \mathrm{d}x$.

(3) $\int_3^1 \mathrm{e}^x \mathrm{d}x$ 与 $\int_3^1 \mathrm{e}^{2x} \mathrm{d}x$.

2. 解答题

(1) 已知 $\int_2^3 f(x)\mathrm{d}x = 8$, $\int_2^5 f(x)\ \mathrm{d}x = 3$, 求 $\int_3^5 f(x)\mathrm{d}x$.

(2) 若 $f(x)=\begin{cases} 2, & x<0, \\ \sqrt{25-x^2}, & 0\leqslant x\leqslant 5, \end{cases}$ 求 $f(x)$ 在 $[-1,5]$ 上的平均值.

日期：__________________

分数	

4.3 牛顿-莱布尼茨公式

1. 计算下列定积分

(1) $\int_a^b x^5\,\mathrm{d}x$.

(2) $\int_1^{\sqrt{3}} \frac{1}{1+x^2}\mathrm{d}x$.

(3) $\int_{\frac{\pi}{4}}^{\frac{\pi}{3}} \frac{1}{\sin^2 x\cos^2 x}\mathrm{d}x$

(4) $\int_0^3 |2-x|\,\mathrm{d}x$.

(5) $\int_0^{2\pi} |\sin x|\,\mathrm{d}x$.

(6) $\int_{\frac{\pi}{4}}^{0} \frac{1}{1-\sin^2 x}\mathrm{d}x$.

(7) $\int_1^2 \frac{1}{\sqrt{x}}\mathrm{d}x$.

(8) $\int_0^{\frac{\pi}{4}} \tan^2 x\,\mathrm{d}x$

2. 求下列各式对 x 的导数

(1) $\int_0^{\sqrt{x}} \sin t^2\,\mathrm{d}t$.

(2) $\int_1^5 \frac{\sin x}{x^3(1+x)}\mathrm{d}x$

(3) $\int_{x}^{x^2} e^{-t^2}\, dt$.

(4) $\int_{1}^{\sin x} e^{2t}\, dt$.

3. 求下列极限

(1) $\lim\limits_{x\to 0} \dfrac{\int_{0}^{x^2} \ln(1+t)\, dt}{x^4}$.

(2) $\lim\limits_{x\to 0} \dfrac{\int_{0}^{x} \sin t\, dt}{x^2}$.

(3) $\lim\limits_{x\to 0} \dfrac{1}{x^2}\int_{0}^{x} \arctan t\, dt$.

4. 解答题

求函数 $y=\int_{0}^{x} (t^3-1)\, dt$ 的极值.

日期：____________　　分数 ____

4.4 换元法

1. 填空题

(1) $\left[\int_a^b f(x)\mathrm{d}x\right]' =$ ________，$\int_a^b f'(x)\mathrm{d}x=$ ________，$\mathrm{d}\left[\int_a^b f(x)\mathrm{d}x\right]=$ ________.

(2) $\left[\int_a^x \frac{\ln t}{t}\mathrm{d}t\right]' =$ ________，$\mathrm{d}x=$ ________ $\mathrm{d}\left(1-\frac{x}{a}\right)$，$\sin 2x\mathrm{d}x=$ ________ $\mathrm{d}(\cos 2x)$.

(3) $\frac{x\mathrm{d}x}{\sqrt{1-x^2}}=$ ________ $\mathrm{d}(\sqrt{1-x^2})$，$\mathrm{e}^{ax}\mathrm{d}x=$ ________ $\mathrm{d}(\mathrm{e}^{ax}+5)$.

2. 求下列积分

(1) $\int_1^2 \frac{1}{x^2}\mathrm{e}^{\frac{1}{x}}\mathrm{d}x$.

(2) $\int_0^{\frac{\pi}{2}} \sin x\cos^3 x\mathrm{d}x$.

(3) $\int_0^{\pi} \cos^2 x\mathrm{d}x$.

(4) $\int_0^1 \frac{t}{(t^2+3)^2}\mathrm{d}t$.

(5) $\int_1^{\mathrm{e}} \frac{\cos(\ln x)}{x}\mathrm{d}x$.

(6) $\int_{-1}^0 \frac{(2x+3)\mathrm{d}x}{x^2+2x+2}$.

(7) $\int_0^1 \frac{\sqrt{x}}{2-\sqrt{x}}\mathrm{d}x$.

(8) $\int_1^{\sqrt{3}} \frac{\mathrm{d}x}{x\sqrt{1+x^2}}$.

(9) $\int_0^1 x^2\sqrt{1-x^2}\,\mathrm{d}x$.

3. 证明题

(1) 设函数 $f(x)$在$[0,a]$上连续,证明:$\int_0^a f(x)\mathrm{d}x = \int_0^a f(a-x)\mathrm{d}x$.

(2) 设 $f(x)$是以 T 为周期的函数,且 $f(x)$在任意有限区间上连续,证明对任意的常数 a 有:

① $\int_0^a f(x)\mathrm{d}x = \int_T^{a+T} f(x)\mathrm{d}x$;

② $\int_0^T f(x)\mathrm{d}x = \int_a^{a+T} f(x)\mathrm{d}x$.

日期：__________________　　　　| 分数 | |

4.5　分部积分法

求下列定积分

(1) $\int_1^e \ln x\mathrm{d}x$.　　　　(2) $\int_0^1 \arctan x\mathrm{d}x$.

(3) $\int_0^1 xe^{-x}\mathrm{d}x$.　　　　(4) $\int_0^{\pi} x\cos 2x\mathrm{d}x$.

(5) $\int_0^{\frac{\pi}{2}} x^2\sin x\mathrm{d}x$.　　　　(6) $\int_0^{\frac{\pi}{2}} e^{2x}\cos x\mathrm{d}x$.

日期：____________

分数	

4.6 定积分的几何应用

求由下列各曲线所围成的图形面积

(1) $y=x^3, y=\sqrt{x}$.

(2) $y=\frac{1}{x}, y=2x, x=4$.

(3) $y^2=2-x, y=x$.

(4) $y=\sin x, y=\cos x, x=0, x=\frac{\pi}{2}$.

(5) $y^2=x, x+y-2=0$.

日期：______________　　　　　　　　分数 |

4.7　第 4 模块习题课

1. 填空题

(1) $\frac{\mathrm{d}}{\mathrm{d}x}\left(\int_0^1 x\mathrm{e}^{2x}\mathrm{d}x\right)=$ ________.

(2) 设 $f(x)=\begin{cases}x, & 0\leqslant x\leqslant 1,\\ x^2+1, & 1<x\leqslant 2,\end{cases}$ 则 $\int_0^2 f(x)\mathrm{d}x=$ ________.

(3) $\int_{-1}^1(1-\sin^3 x)\frac{1}{1+x^2}\mathrm{d}x=$ ________.

(4) $\int_1^{\mathrm{e}}\frac{1}{x}\cos\ln x\mathrm{d}x=$ ________.

2. 选择题

(1) 设函数 $f(x)$ 在闭区间 $[a,b]$ 上连续，则由曲线 $y=f(x)$，直线 $x=a$，$x=b$ 及 x 轴所围成的平面图形的面积等于________.

A. $\int_a^b f(x)\mathrm{d}x$　　　　B. $-\int_a^b f(x)\mathrm{d}x$

C. $\left|\int_a^b f(x)\mathrm{d}x\right|$　　　　D. $\int_a^b |f(x)|\mathrm{d}x$

(2) 如果 $\int_0^x f(t)\mathrm{d}t=x\sin x$，则 $f(x)=$ ________.

A. $\sin x+x\cos x$　　　　B. $\sin x-x\cos x$

C. $-\sin x+x\cos x$　　　　D. $-\sin x-x\cos x$

(3) $\int_{\mathrm{e}^2}^{\mathrm{e}^5}\frac{1}{x\sqrt{\ln x-1}}\mathrm{d}x=$ ________.

A. 2　　　　B. 1　　　　C. $2(\mathrm{e}^{\frac{5}{2}}-\mathrm{e})$　　　　D. $\frac{14}{3}$

3. 计算下列积分

(1) $\int_1^{\mathrm{e}}\frac{\mathrm{d}x}{x(1+\ln x)}$.　　　　(2) $\int_0^{\frac{\pi}{2}}x^2\sin x\mathrm{d}x$.

(3) $\int_0^1 \frac{\mathrm{d}x}{\mathrm{e}^x + \mathrm{e}^{-x}}$.

4. 解答题

(1) 求极限 $\lim\limits_{x \to 0} \frac{1}{x^2} \int_0^x \sin 2t\mathrm{d}t$.

(2) 求由 $\int_0^y \mathrm{e}^t \mathrm{d}t + \int_0^x \cos t\mathrm{d}t = 0$ 所确定的隐函数 y 对 x 的导数 $\frac{\mathrm{d}y}{\mathrm{d}x}$.

(3) 求由曲线 $y=x^2-2x+2$, $y=x+6$ 所围成的平面图形的面积.

日期：______________　　分数 |

5.1　微分方程的概念

1. 讨论下列微分方程的阶数

(1) $x^2y'+y+1=0$ 为__________阶.

(2) $\frac{d^3y}{dx^3}+2\cos x\frac{d^2y}{dx^2}+\sin y=0$ 为__________阶.

(3) $y''+y\cdot y'+4=0$ 为__________阶.

(4) $y=xy'+\frac{2}{3}(y')^{\frac{2}{3}}$ 为__________阶.

2. 验证下列各题中的函数是否为所给微分方程的解

(1) $\frac{dy}{dx}=y, y=Ce^x$.

(2) $xy'=2y, y=5x^2$.

(3) $y''+y=0, y=3\sin x-4\cos x$.

(4) $y''-2y'+y=0, y=x^2e^x$.

(5) $y''-(\lambda_1+\lambda_2)y'+\lambda_1\lambda_2y=0, y=C_1e^{\lambda_1x}+C_2e^{\lambda_2x}$.

3. 确定满足所给初始条件的函数值

(1) $x^2-y^2=C, y\Big|_{x=0}=5$.

(2) $y=(C_1+C_2x)e^{2x}, y\Big|_{x=0}=0, y'\Big|_{x=0}=1$.

日期：____________

分数	

5.2 可分离变量的一阶微分方程

1. 求下列方程的通解

（1）$(1+y^2)\mathrm{d}x=x\mathrm{d}y$.

（2）$\dfrac{\mathrm{d}y}{\mathrm{d}x}=\sqrt{1-y^2}$.

（3）$(1+x^2)\mathrm{d}y+xy\mathrm{d}x=0$.

（4）$x^2\mathrm{d}x+(x^3+5)\mathrm{d}y=0$.

2. 求下列方程满足初始条件的特解

$\dfrac{\mathrm{d}y}{\mathrm{d}x}+yx^2=0, y\Big|_{x=0}=1$.

日期：__________________　　| 分数 | |

5.3 齐次微分方程

1. 求下列方程的通解

(1) $(x+2y)\mathrm{d}x-x\mathrm{d}y=0$.

(2) $\dfrac{\mathrm{d}y}{\mathrm{d}x}=\dfrac{x^2+y^2}{xy}$.

2. 求下列方程满足初始条件的特解

(1) $3xy^2\mathrm{d}y=(2y^3-x^3)\mathrm{d}x, y\Big|_{x=1}=0$.

(2) $\mathrm{d}y=\mathrm{e}^{-\frac{y}{x}}\mathrm{d}x+\dfrac{y}{x}\mathrm{d}x, y\Big|_{x=0}=1$.

日期：____________

分数	

5.4 一阶线性微分方程

1. 求下列方程的通解

(1) $y'+2y=e^{-x}$.

(2) $y'+3y=2$.

(3) $xy'+y=x^2+3x+2$.

2. 求下列方程满足初始条件的特解

(1) $x^2+xy'=y, y\big|_{x=1}=0$.

(2) $y'-y\tan x=\sec x, y\big|_{x=0}=0$.

日期：____________________

分数	

5.5 微分方程的简单应用举例

(1) 设一机械设备在任意时刻 t 以常数比率贬值.若设备全新时价值 10 000 元,5 年末价值 6 000 元,求该设备在出厂 20 年末的价值.

(2) 如果国民生产总值每年的递增率是 10%,问多少年后国民生产总值翻两番?

(3) 若净利润 L 是广告费 x 的函数,并且它们之间的关系满足方程 $\frac{\mathrm{d}L}{\mathrm{d}x}=k-a(L+x)$,其中 a,k 为常数.设初始条件 $L(0)=L_0$,求 $L(x)$.

日期：________________　　　　分数 | |

5.6 第5模块习题课

解下列微分方程

(1) $\ln y' = x$.

(2) $xy' = y + \sqrt{x^2 - y^2}$.

(3) $y' - 2xy = 2xe^{x^2}$.

(4) $y'\sin x = y\ln y, y\Big|_{x=\frac{\pi}{2}} = e$.

(5) $\dfrac{dy}{dx} = \dfrac{y}{x} + \tan\dfrac{y}{x}, y\Big|_{x=6} = \pi$.

(6) $y' + y\cos x = \cos x, y\Big|_{x=0} = 1$.

日期：____________　　　　| 分数 | |

6.1　二阶与三阶行列式

计算下列行列式的值

(1) $\begin{vmatrix} 2 & 3 \\ 5 & -4 \end{vmatrix}$.

(2) $\begin{vmatrix} 4a-5b & 2b \\ -6a & -3b \end{vmatrix}$.

(3) $\begin{vmatrix} x+1 & x \\ x^2 & x^2-x+1 \end{vmatrix}$.

(4) $\begin{vmatrix} 1 & \log_b a \\ \log_a b & 1 \end{vmatrix}$.

(5) $\begin{vmatrix} 0 & a & 0 \\ b & c & d \\ 0 & e & 0 \end{vmatrix}$.

(6) $\begin{vmatrix} 1 & -2 & -1 \\ 2 & 0 & 0 \\ 3 & 1 & 1 \end{vmatrix}$.

(7) $\begin{vmatrix} 1 & 0 & 2 \\ -1 & 2 & 3 \\ 2 & -1 & 1 \end{vmatrix}$.

(8) $\begin{vmatrix} 2 & 1 & -1 \\ 0 & 2 & 1 \\ -1 & 3 & 5 \end{vmatrix}$.

(9) $\begin{vmatrix} 10 & 8 & 2 \\ 15 & 12 & 3 \\ 20 & 32 & 12 \end{vmatrix}$.

日期：____________

分数	

6.2 n 阶行列式

1. 计算下列行列式的值

(1) $\begin{vmatrix} 2 & 1 & 0 & 0 \\ 0 & -3 & 0 & 2 \\ 1 & 0 & -2 & 0 \\ 0 & 0 & 3 & 1 \end{vmatrix}$.

(2) $\begin{vmatrix} 1 & 2 & 3 & -1 \\ 1 & -1 & 0 & 2 \\ 0 & 1 & 0 & 1 \\ 0 & 0 & -1 & 2 \end{vmatrix}$.

(3) $\begin{vmatrix} 0 & & & & n \\ 1 & 0 & & & \\ & 2 & \ddots & & \\ & & \ddots & 0 & \\ & & & n-1 & 0 \end{vmatrix}$.

2. 证明题

(1) $$\begin{vmatrix} a_1 & 0 & 0 & b_1 \\ 0 & a_2 & b_2 & 0 \\ 0 & c_2 & d_2 & 0 \\ c_1 & 0 & 0 & d_1 \end{vmatrix} = \begin{vmatrix} a_1 & b_1 \\ c_1 & d_1 \end{vmatrix} \begin{vmatrix} a_2 & b_2 \\ c_2 & d_2 \end{vmatrix}.$$

(2) $$\begin{vmatrix} a_{11} & a_{12} & c_{11} & c_{12} \\ a_{21} & a_{22} & c_{21} & c_{22} \\ 0 & 0 & b_{11} & b_{12} \\ 0 & 0 & b_{21} & b_{22} \end{vmatrix} = \begin{vmatrix} a_{11} & a_{12} \\ a_{21} & a_{22} \end{vmatrix} \begin{vmatrix} b_{11} & b_{12} \\ b_{21} & b_{22} \end{vmatrix}.$$

3. 解方程

$$\begin{vmatrix} x-1 & 2 & 3 & -1 \\ 0 & x+1 & 0 & 2 \\ 0 & 0 & x-2 & 1 \\ 0 & 0 & 0 & x+2 \end{vmatrix} = 0.$$

日期：____________

分数	

6.3 行列式的性质

利用行列式的性质证明

(1) $\begin{vmatrix} a^2c & ac & ab \\ ab & b & c \\ ad & d & a \end{vmatrix}=0.$

(2) $\begin{vmatrix} a^2 & ab & b^2 \\ 1 & 1 & 1 \\ 2a & a+b & 2b \end{vmatrix}=(b-a)^3.$

(3) $\begin{vmatrix} a_1+tb_1 & a_2+tb_2 & a_3+tb_3 \\ b_1+c_1 & b_2+c_2 & b_3+c_3 \\ c_1 & c_2 & c_3 \end{vmatrix}=\begin{vmatrix} a_1 & a_2 & a_3 \\ b_1 & b_2 & b_3 \\ c_1 & c_2 & c_3 \end{vmatrix}.$

(4) $\begin{vmatrix} b+c & c+a & a+b \\ q+r & r+p & p+q \\ y+z & z+x & x+y \end{vmatrix} = 2\begin{vmatrix} a & b & c \\ p & q & r \\ x & y & z \end{vmatrix}$.

(5) $\begin{vmatrix} 0 & a & b & a \\ a & 0 & a & b \\ b & a & 0 & a \\ a & b & a & 0 \end{vmatrix} = b^2(b^2-4a^2)$.

日期：________________

分数	

6.4 行列式的计算

计算下列行列式的值

(1) $\begin{vmatrix} 1 & -2 & 3 \\ 7 & -8 & 9 \\ 4 & -5 & 7 \end{vmatrix}$.

(2) $\begin{vmatrix} 1 & 2 & 3 & 4 \\ 4 & 3 & 2 & 1 \\ 0 & 1 & 0 & -1 \\ 3 & 2 & 4 & 1 \end{vmatrix}$.

(3) $\begin{vmatrix} 1 & 2 & 3 & -1 \\ 1 & -1 & 0 & 2 \\ 0 & 1 & 0 & 1 \\ 0 & 0 & -1 & 3 \end{vmatrix}$.

(4) $\begin{vmatrix} x & a & \cdots & a \\ a & x & \cdots & a \\ \vdots & \vdots & & \vdots \\ a & a & \cdots & x \end{vmatrix}$.

(5) $\begin{vmatrix} 1 & 1 & 1 & 1 \\ 1 & 1-x & 1 & 1 \\ 1 & 1 & 2-x & 1 \\ 1 & 1 & 1 & 3-x \end{vmatrix}$.

(6) $\begin{vmatrix} 2 & 1 & 0 & 0 & 0 \\ 1 & 2 & 1 & 0 & 0 \\ 0 & 1 & 2 & 1 & 0 \\ 0 & 0 & 1 & 2 & 1 \\ 0 & 0 & 0 & 1 & 2 \end{vmatrix}$.

日期：____________________

分数	

6.5 克莱姆法则

1. 用克莱姆法则求解下列方程组

(1) $\begin{cases} x+2y-z=-3, \\ 2x-y+3z=9, \\ -x+y+4z=6. \end{cases}$

(2) $\begin{cases} x+y-2z=-3, \\ 5x-2y+7z=22, \\ 2x-5y+4z=4. \end{cases}$

(3) $\begin{cases} x_1+x_2-x_3-x_4=0, \\ x_1-2x_2-x_3+x_4=1, \\ x_1+2x_2-2x_4=1, \\ 7x_1-3x_2+5x_3-2x_4=38. \end{cases}$

2. 解答题

(1) 求满足 $f(-1)=-6, f(1)=-2, f(2)=-3$ 的一个二次多项式 $f(x)=ax^2+bx+c$.

(2) λ 取何值时，齐次线性方程组

$$\begin{cases}(1-\lambda)x_1-2x_2+4x_3=0,\\2x_1+(3-\lambda)x_2+x_3=0,\\x_1+x_2+(1-\lambda)x_3=0\end{cases}$$

有非零解？

3. 证明题

证明当 a,b,c 互不相等时，线性方程组 $\begin{cases}x_1+ax_2+a^2x_3=a^3,\\x_1+bx_2+b^2x_3=b^3,\\x_1+cx_2+c^2x_3=c^3\end{cases}$ 有唯一解.

日期：____________　　　| 分数 | |

6.6　第 6 模块习题课(一)

1. 计算行列式

$$\begin{vmatrix} 5 & -1 & 6 & 7 \\ 1 & 3 & -1 & 2 \\ 4 & 5 & 0 & 1 \\ -1 & 6 & 2 & 4 \end{vmatrix}.$$

2. 用克莱姆法则求解下列方程组

(1) $\begin{cases} x+y+z=0, \\ 2x-5y-3z=10, \\ 4x+8y+2z=4. \end{cases}$

(2) $\begin{cases} x+y-z=a, \\ -x+y+z=b, \\ x-y+z=c. \end{cases}$

(3) $\begin{cases} x - y + z = 2, \\ x + 2y = 1, \\ x - z = 4, \end{cases}$

3. 解答题

求满足 $f(1)=-1, f(-1)=9, f(2)=-2$ 的一个二次多项式 $f(x)=ax^2+bx+c$.

4. 证明题

证明线性方程组 $\begin{cases} x_1 + 3x_2 - x_3 + 2x_4 = 0, \\ x_1 - 5x_2 + 3x_3 - 4x_4 = 0, \\ 2x_2 + x_3 - x_4 = 0, \\ -5x_1 + x_2 + 3x_3 - 3x_4 = 0 \end{cases}$ 只有零解.

日期：____________

分数	

6.7 矩阵的概念与矩阵的运算(一)

解答题

(1) 设$\begin{pmatrix} x & y \\ 2 & x-y \end{pmatrix}=\begin{pmatrix} 3 & -1 \\ 2 & z \end{pmatrix}$,求 x,y,z.

(2) 设$\boldsymbol{A}=\begin{pmatrix} a & -1 & 3 \\ 0 & b & -4 \\ -5 & 8 & 7 \end{pmatrix}$,$\boldsymbol{B}=\begin{pmatrix} -2 & -1 & c \\ 0 & 1 & -4 \\ d & 8 & 7 \end{pmatrix}$,且 $\boldsymbol{A}=\boldsymbol{B}$,求 a,b,c,d.

(3) 设$\boldsymbol{A}=\begin{pmatrix} 2 & -1 & 4 \\ 0 & 3 & 2 \end{pmatrix}$,$\boldsymbol{B}=\begin{pmatrix} 7 & 4 & 0 \\ -1 & 3 & 2 \end{pmatrix}$,求 $2\boldsymbol{A}+3\boldsymbol{B}$,$2\boldsymbol{A}-3\boldsymbol{B}$.

(4) 设 $\boldsymbol{A}=\begin{pmatrix}-1 & 2 & 3 & 1\\ 0 & 2 & -1 & 3\\ 4 & 2 & 0 & 5\end{pmatrix}$，$\boldsymbol{B}=\begin{pmatrix}1 & 2 & -1 & 0\\ 4 & -3 & 1 & 1\\ 1 & 0 & 2 & 5\end{pmatrix}$，求 $2\boldsymbol{A}+3\boldsymbol{B}$，$2\boldsymbol{A}-3\boldsymbol{B}$.

(5) 设矩阵 $\boldsymbol{X}$ 满足 $\begin{pmatrix}-1 & 2 & 5\\ 0 & 1 & 2\end{pmatrix}+2\boldsymbol{X}=3\begin{pmatrix}5 & 0 & -1\\ 3 & 7 & 2\end{pmatrix}$，求 $\boldsymbol{X}$.

(6) 已知 $\boldsymbol{A}=\begin{pmatrix}3 & 0 & -1 & 2\\ 2 & 8 & 3 & 1\end{pmatrix}$，$\boldsymbol{B}=\begin{pmatrix}5 & 6 & 3 & 2\\ 2 & 4 & 7 & -1\end{pmatrix}$，且 $\boldsymbol{A}+2\boldsymbol{X}=\boldsymbol{B}$，求 $\boldsymbol{X}$.

日期：__________　　　　| 分数 | |

6.8　矩阵的运算(二)

1. 解答题

(1) 已知 $\boldsymbol{A}=\begin{pmatrix} 3 & 6 & 2 \\ 2 & 4 & 7 \\ -1 & 2 & 5 \end{pmatrix}$，求 $\boldsymbol{A}+\boldsymbol{A}^{\mathrm{T}}$ 及 $\boldsymbol{A}-\boldsymbol{A}^{\mathrm{T}}$.

(2) 已知 $\boldsymbol{A}=\begin{pmatrix} 2 & -1 & 4 \\ 0 & 3 & -2 \end{pmatrix}$，$\boldsymbol{B}=\begin{pmatrix} 7 & 4 & 0 \\ -1 & 3 & 2 \end{pmatrix}$，求 $\boldsymbol{A}^{\mathrm{T}}\boldsymbol{B}$，$\boldsymbol{B}^{\mathrm{T}}\boldsymbol{A}$.

(3) 已知 $\boldsymbol{A}=\begin{pmatrix} 3 & 1 & 1 \\ 2 & 1 & 2 \\ 1 & 2 & 3 \end{pmatrix}$，$\boldsymbol{B}=\begin{pmatrix} 1 & 1 & -1 \\ 2 & -1 & 0 \\ 1 & 0 & 1 \end{pmatrix}$，求 $\boldsymbol{AB}-\boldsymbol{BA}$.

2. 计算题

(1) $\begin{pmatrix}1 & 0\\0 & 1\end{pmatrix}\begin{pmatrix}3 & 2\\5 & 6\end{pmatrix}$.

(2) $\begin{pmatrix}2\\1\\-1\\2\end{pmatrix}(-2 \quad 1 \quad 0)$.

(3) $\begin{pmatrix}\lambda & 1 & 0\\0 & \lambda & 1\\0 & 0 & \lambda\end{pmatrix}^3$.

3. 证明题

(1) 已知 $\boldsymbol{AB}=\boldsymbol{BA}$, $\boldsymbol{AC}=\boldsymbol{CA}$，求证：$\boldsymbol{A}(\boldsymbol{B}+\boldsymbol{C})=(\boldsymbol{B}+\boldsymbol{C})\boldsymbol{A}$.

(2) 设 $\boldsymbol{A}$, $\boldsymbol{B}$ 为 n 阶矩阵，且 $\boldsymbol{A}$ 为对称矩阵，求证：$\boldsymbol{B}^{\mathrm{T}}\boldsymbol{AB}$ 也是对称矩阵.

日期：____________

分数	

6.9 矩阵的初等变换与矩阵的秩

1. 用初等行变换将下列矩阵化为行最简阶梯形矩阵，并求矩阵的秩

(1) $\boldsymbol{A}=\begin{pmatrix}3 & 2 & 1 & 1\\ 1 & 2 & -3 & 2\\ 4 & 4 & -2 & 3\end{pmatrix}$.

(2) $\boldsymbol{A}=\begin{pmatrix}1 & -1 & 2\\ 2 & -2 & 4\\ 3 & 0 & 6\\ 2 & 1 & 4\end{pmatrix}$.

2. 用初等行变换求下列矩阵的秩

(1) $\boldsymbol{A}=\begin{pmatrix}1 & 2 & -3\\ -1 & -3 & 4\\ 1 & 1 & -2\end{pmatrix}$.

(2) $\boldsymbol{A}=\begin{pmatrix}1 & 2 & 2 & 11\\ 1 & -3 & -3 & -14\\ 3 & 1 & 1 & 8\end{pmatrix}$.

(3) $\boldsymbol{A}=\begin{pmatrix}1 & 2 & 2 & 11\\ 1 & 2 & -3 & -14\\ 3 & 1 & 1 & 3\\ 2 & 5 & 5 & 28\end{pmatrix}$.

(4) $\boldsymbol{A}=\begin{pmatrix}1 & 0 & -1 & -1 & 2\\ 0 & -1 & 2 & 3 & 1\\ 1 & -1 & 1 & 2 & 3\\ 1 & 2 & -5 & -7 & 0\end{pmatrix}$.

日期：____________

分数	

6.10 逆矩阵的概念与求解

1. 求下列矩阵的逆矩阵

(1) $\boldsymbol{A}=\begin{pmatrix}1 & 2 & -3\\ 0 & 1 & 2\\ 0 & 0 & 1\end{pmatrix}$.

(2) $\boldsymbol{A}=\begin{pmatrix}1 & 0 & 0 & 0\\ a & 1 & 0 & 0\\ a^2 & a & 1 & 0\\ a^3 & a^2 & a & 1\end{pmatrix}$.

(3) $\boldsymbol{A}=\begin{pmatrix}1 & 0 & 1\\ 2 & 1 & 0\\ -3 & 2 & -5\end{pmatrix}$.

2. 解答题

(1) 判断方阵 $\boldsymbol{A}=\begin{pmatrix}1 & 1 & 1 & 1\\ 1 & -2 & -2 & -1\\ 2 & 5 & -1 & 4\\ 4 & 1 & 1 & 2\end{pmatrix}$是否可逆？若可逆，求 $\boldsymbol{A}^{-1}$.

(2) 已知矩阵 $\boldsymbol{A}=\begin{pmatrix}1 & 0 & 1\\ 2 & 1 & 0\\ -3 & 2 & -5\end{pmatrix}$，求$(\boldsymbol{E}-\boldsymbol{A})^{-1}$.

日期：________________

分数	

6.11　第6模块习题课（二）

1. 求下列矩阵的秩

（1）$\boldsymbol{A}=\begin{pmatrix}1 & 0 & 2 & -1\\ 2 & 0 & 3 & 1\\ 3 & 0 & 4 & 3\end{pmatrix}$.

（2）$\boldsymbol{A}=\begin{pmatrix}2 & -1 & 3 & -2 & 4\\ 4 & -2 & 5 & 1 & 7\\ 2 & -1 & 1 & 8 & 2\end{pmatrix}$.

（3）$\boldsymbol{A}=\begin{pmatrix}1 & 0 & 1\\ 1 & 1 & 0\\ 0 & 1 & 1\\ 0 & 0 & 1\\ 0 & 1 & 0\end{pmatrix}$.

2. 求下列矩阵的逆矩阵

(1) $\mathbf{A}=\begin{pmatrix}\cos\theta & -\sin\theta\\ \sin\theta & \cos\theta\end{pmatrix}$.

(2) $\mathbf{A}=\begin{pmatrix}\lambda_1 & & & \\ & \lambda_2 & & \\ & & \ddots & \\ & & & \lambda_n\end{pmatrix}(\lambda_1\lambda_2\cdots\lambda_n\neq 0)$.

(3) $\mathbf{A}=\begin{pmatrix}3 & -2 & 0 & -1\\ 0 & 2 & 2 & 1\\ 1 & -2 & -3 & -2\\ 0 & 1 & 2 & 1\end{pmatrix}$.

日期：________________　　分数 [　]

6.12 线性方程组的解法

1. 解答题

(1) 利用逆矩阵法求线性方程组 $\begin{cases} x_1 - x_2 - x_3 = 2, \\ 2x_1 - x_2 - 3x_3 = 1, \\ 3x_1 + 2x_2 - 5x_3 = 0. \end{cases}$

(2) 设 $\boldsymbol{A} = \begin{pmatrix} 1 & 2 & 3 \\ 2 & 2 & 1 \\ 3 & 4 & 3 \end{pmatrix}$，$\boldsymbol{B} = \begin{pmatrix} 2 & 1 \\ 5 & 3 \end{pmatrix}$，$\boldsymbol{C} = \begin{pmatrix} 1 & 3 \\ 2 & 0 \\ 3 & 1 \end{pmatrix}$，求矩阵 $\boldsymbol{X}$，使满足 $\boldsymbol{AXB} = \boldsymbol{C}$.

2. 利用初等行变换求下列线性方程组

(1) $\begin{cases} x_1+3x_2+5x_3+2x_4=2, \\ 3x_1+5x_2+6x_3+4x_4=4, \\ x_1+7x_2+14x_3+4x_4=4, \\ 3x_1+x_2-3x_3+2x_4=5. \end{cases}$

(2) $\begin{cases} 2x_1-x_2+3x_3=1, \\ 4x_1+2x_2+5x_3=4, \\ 2x_1+2x_3=6. \end{cases}$

(3) $\begin{cases} x_1+5x_2-x_3-x_4=-1, \\ x_1-2x_2+x_3+3x_4=3, \\ 3x_1+8x_2-x_3+x_4=1, \\ x_1-9x_2+3x_3+7x_4=7. \end{cases}$

日期：____________

分数	

6.13 线性方程组解的判定

1. 解线性方程组

$$\begin{cases} x_1 - x_2 - x_3 + x_4 = 0, \\ x_1 - x_2 + x_3 - 3x_4 = 0, \\ x_1 - x_2 - 2x_3 + 3x_4 = 0. \end{cases}$$

2. 解答题

（1）判断方程组 $\begin{cases} x_1 + 2x_2 - 3x_3 = -11, \\ -x_1 - x_2 + x_3 = 7, \\ -3x_1 + x_2 + 2x_3 = 4, \\ 2x_1 - 3x_2 + x_3 = 6 \end{cases}$ 解的情况

(2) k 为何值时，方程组$\begin{cases} -2x_1+x_2+x_3=-2, \\ x_1-2x_2+x_3=k, \\ x_1+x_2-2x_3=k^2 \end{cases}$有无穷多解、无解、有唯一解？

(3) t 为何值时，方程组$\begin{cases} -x_1-4x_2+x_3=1, \\ tx_2-3x_3=3, \\ x_1+3x_2+(t+1)x_3=0 \end{cases}$有无穷多解、无解、有唯一解？

日期：________________

分数	

6.14 向量与向量组

解答题

(1) 已知向量 $\boldsymbol{\alpha}=(3,2,5)$，$\boldsymbol{\beta}=(-1,0,2)$，$\boldsymbol{\gamma}=(1,-2,-3)$.

① 求 $3\boldsymbol{\alpha}+2\boldsymbol{\beta}-\boldsymbol{\gamma}$ 的值；

② 若 $2\boldsymbol{\eta}+\boldsymbol{\alpha}-2\boldsymbol{\beta}-\boldsymbol{\gamma}=\mathbf{0}$，求 $\boldsymbol{\eta}$.

(2) 设 $\boldsymbol{\beta}=\begin{pmatrix}0\\4\\2\end{pmatrix}$，$\boldsymbol{\alpha}_1=\begin{pmatrix}1\\2\\3\end{pmatrix}$，$\boldsymbol{\alpha}_2=\begin{pmatrix}2\\3\\1\end{pmatrix}$，$\boldsymbol{\alpha}_3=\begin{pmatrix}3\\1\\2\end{pmatrix}$，问 $\boldsymbol{\beta}$ 能否表示成 $\boldsymbol{\alpha}_1,\boldsymbol{\alpha}_2,\boldsymbol{\alpha}_3$ 的线性组合？若能，写出具体表达式.

(3) 判断向量组 $\boldsymbol{\alpha}_1=(3,4,-2,5)$，$\boldsymbol{\alpha}_2=(2,-5,0,-3)$，$\boldsymbol{\alpha}_3=(5,0,-1,2)$，$\boldsymbol{\alpha}_4=(3,3,-3,5)$是否线性相关.

(4) 求向量组 $\boldsymbol{\alpha}_1=\begin{pmatrix}1\\2\\-1\\4\end{pmatrix}$，$\boldsymbol{\alpha}_2=\begin{pmatrix}9\\100\\10\\4\end{pmatrix}$，$\boldsymbol{\alpha}_3=\begin{pmatrix}-2\\-4\\2\\-8\end{pmatrix}$的秩.

日期：____________________

分数	

6.15 齐次线性方程组解的结构

1. 求下列齐次方程组的基础解系及通解

(1) $\begin{cases} 2x_1-4x_2+5x_3+3x_4=0, \\ 3x_1-6x_2+4x_3+2x_4=0, \\ 4x_1-8x_2+17x_3+11x_4=0. \end{cases}$

(2) $\begin{cases} x_1+x_2-x_3+2x_4+x_5=0, \\ x_3+3x_4-x_5=0, \\ 2x_3+x_4-2x_5=0. \end{cases}$

2. 解答题

已知方程组$\begin{cases} x_1+2x_2+x_3+2x_4=0, \\ x_2+cx_3+cx_4=0, \\ x_1+cx_2+x_4=0 \end{cases}$的系数矩阵的秩等于 2,求方程组的基础解系及通解.

日期：____________

分数	

6.13 线性方程组解的判定

1. 解线性方程组

$$\begin{cases} x_1-x_2-x_3+x_4=0, \\ x_1-x_2+x_3-3x_4=0, \\ x_1-x_2-2x_3+3x_4=0. \end{cases}$$

2. 解答题

(1) 判断方程组 $\begin{cases} x_1+2x_2-3x_3=-11, \\ -x_1-x_2+x_3=7, \\ -3x_1+x_2+2x_3=4, \\ 2x_1-3x_2+x_3=6 \end{cases}$ 解的情况

日期：____________

分数	

6.16 非齐次线性方程组解的结构

1. 求下列非齐次方程组的通解.

(1) $\begin{cases} x_1+2x_2-x_3+x_4=1, \\ 2x_1+4x_2-2x_3+x_4=2, \\ x_1+2x_2-x_3-x_4=1. \end{cases}$

(2) $\begin{cases} x_1+x_2=5, \\ 2x_1+x_2+x_3+2x_4=1, \\ 5x_1+3x_2+2x_3+2x_4=3. \end{cases}$

2. 解答题

当参数 a 为何值时，线性方程组 $\begin{cases} x_1 + x_2 + x_3 = 0, \\ -2x_1 + x_3 = -1, \\ x_1 + 3x_2 + 4x_3 = a \end{cases}$ 有解？并求出它的通解.

日期：____________

分数	

6.17 第6模块习题课(三)

解答题

(1) 已知线性方程组 $\boldsymbol{AX}=\boldsymbol{B}$ 的增广矩阵经初等行变换化为

$$\overline{\boldsymbol{A}}\rightarrow\cdots\rightarrow\begin{pmatrix}1 & -1 & 6 & -3 & 1\\ 0 & 1 & -3 & 3 & 0\\ 0 & 0 & 0 & 0 & \lambda-3\end{pmatrix}.$$

当 λ 取何值时，方程组 $\boldsymbol{AX}=\boldsymbol{B}$ 有解？当方程组有解时，求方程组 $\boldsymbol{AX}=\boldsymbol{B}$ 的通解.

(2) 求齐次线性方程组 $\begin{cases}x_1+x_2+2x_3=0,\\ 2x_1-x_2-3x_3+x_4=0,\\ -3x_1+x_3-x_4=0\end{cases}$ 的基础解系及通解.

(3) 当 λ 取何值时，线性方程组 $\begin{cases} x_1+x_2+x_3=1, \\ 2x_1+x_2-4x_3=\lambda, \\ -x_1+5x_3=1 \end{cases}$ 有解？并求其通解.